JN196247

設計技術シリーズ

自律走行ロボットの制御技術
—モータ制御からSLAM技術まで—

［著］

茨城大学
非常勤講師

正木 良三

科学情報出版株式会社

目　　　次

1．はじめに

2．走行ロボットの分類

3．DCモータ及びそのモータ制御

4．制御理論の概説

5．走行ロボット制御技術の基本

6．SLAM技術の概要

7. SLAM技術を用いた自律走行ロボット制御システムの構築

8. まとめ

1.
はじめに

本書で対象とする走行ロボットは、複数の車輪を備え、目的地まで自動的に移動する車両型ロボットである。1970 年代には既に導入され始めた無人搬送車（Automated Guided Vehicle、以下、AGV と称する。）も同等の機能を有しており、本書の対象である。本書では、便宜上、ロボット本体の位置を検出するための誘導ガイドを床面あるいは床内に設置して動かすロボットをガイド式走行ロボットとよび、床にガイドを設置しないロボットをガイドレス式走行ロボットとよぶこととする。また、ガイドレス式走行ロボットのうち、環境内に誘導体や誘導装置などを設置することなく、自己位置を検出して移動するロボットを、特に、自律走行ロボットとよぶ。従来の AGV の概念を表現したい場合には、ガイド式走行ロボットを、敢えて AGV、あるいは、ガイド式 AGV と記載した。

1.1　本書の目的

　かつてロボットといえば、産業用ロボットが主流であり、工場内の決められたエリアで活躍する様子を、我々はロボットを隔てる柵の外から眺めるものであったが、今や、身近でロボットと触れ合える時代へと変わりつつある。多関節型ロボットや人型ロボットは機構が複雑で、それらを動かすためには高い技術力、解析力が求められる。このようなロボットに関しては、既に優れた技術書・解説書が数多く出版され、ロボットの研究開発に貢献している。特に、米田らが執筆した一連の「ロボット創造設計」のシリーズはロボット技術者の必読書といっても過言ではない[1][2]

　それに対して、AGV や自律走行ロボットのような車輪型走行ロボットは、小学生でも、ロボット工作として一人で容易に組み立てて動かすことができる。制御技術としても、走行ロボットの理論は比較的わかりやすく、学術的に新しい研究・開発を必要としていないと思われがちである。そのため、ロボットに関する技術書・解説書では、最も簡単なロボットの構成として、走行ロボットの構成方法、機構、動作原理などは記述しているものの、制御方法などの詳細な内容までは述べられていないことが多い。

　そこで、自律走行ロボットを自作したり、ガイド式走行ロボットをガイドレス化しようと考えたりする技術者に向けて、走行ロボットの基本知識から制御技術まで統一的にまとめて記述した技術書の必要性を感じ、本書を執筆した。走行ロボットのように、簡単な制御理論で構成されているものであっても、その理論式を深く探求することにより、気づく真実もある。それを用いて、より複雑な制御システムを構築していく手法も、研究開発における優れたやり方の 1 つと考える。

　制御技術を学びたいと考えている学生、走行ロボットの動作原理を理解したい人、すでに AGV を熟知している設計者・設備担当者、自律走行ロボットを実際にどのように制御すればよいのかをすぐに知りたい技術者などを、本書の主な対象者としている。

　実際に AGV を動かした技術者の中には、「制御理論どおり動かすと、

なぜか、ロボットの位置決めに時間がかかる。」、「速度応答を速くすると、なぜか、過電流になってしまう。」、「AGV を後進すると、なぜか、脱線する。」といった経験を持っている方がおられるかもしれない。なぜ、そのような動作になってしまうか、それらの疑問に対する回答は比較的簡単なものも多いが、複雑に動き回る AGV を前にすると、思考が止まってしまうこともある。そのような疑問の解決策を 1 つでも本書の中から見い出していただければ、筆者としては幸いである。もちろん、技術系以外の方が本書を手に取っていただけることは望外の喜びである。

1.2　本書の構成

　本書は、大きく分けて、走行ロボットをいくつかの切り口で分類した第2章、走行ロボットを動かすために必要なモータ、及び、その制御理論を概説した第3章、第4章、本書のタイトルである自律走行ロボットの制御技術の基本をまとめた第5章、自律走行ロボットに欠かせないSLAM技術の概要を紹介した第6章、SLAM技術を活用した自律走行ロボットシステムの構築方法の一例を示した第7章から構成される。

　第2章の走行ロボットの分類については、よく知られた技術を網羅的にまとめたものである。走行ロボットは、走行経路に従って移動するための誘導方式、ロボット本体を駆動する駆動方式により分類されることを述べる。主な駆動方式については、それぞれ、その原理を紹介するとともに、それらの理論式を導出する。技術的には容易な内容である。初心者や技術系以外の方がこの分野を知識として大まかに把握するために一読することをお勧めする。走行ロボットの知識をある程度持っておられる方は第3章以降から読み始めてもよい。また、企業において、研究開発者がロボット研究の方向性を検討したり、設計者がロボット製品を開発したりする際、第2章を共通知識として参考にしながら、関係者と議論を進めることも有効と思われる。

　第3章は走行ロボットを駆動するモータとその制御に関する基本技術を述べる。ロボットを動かすとき、その内部でモータが働いているが、全体の動きを考える際には、モータとその制御の存在自体を忘れがちになってしまう。想定通りに動いている状態ではモータの特性をほぼ無視して考えて問題はないが、何らかのトラブルがあったときには、モータの動きに着目しなければ問題解決が遅くなってしまうことも多い。そのような存在であることを認識しつつ、最低限、基本的なモータの特性を知識として持っていただきたい。

　第4章は制御理論を概説したものであるが、独自の視点から制御技術をまとめた。線形制御理論を実用的に活用する上での留意点を指摘している。古典制御とよばれている1入力・1出力のフィードバック制御系において、その内側に複数のフィードバックを有する多重フィードバッ

ク制御はリミッタにより制御系を自動的に切り替える機能を内在している点を再認識してほしい。

　第5章の走行ロボットの制御技術では、よく知られている基本的な走行制御手法を説明するとともに、それらの課題を指摘した。その課題に対応するための位置決め制御方法の一例を紹介する。これらの方法は高速移動と精密位置決めを行う必要がある半導体製造装置などのテーブル制御に良く適用されているものである。また、経路に追従させるためのライン追従制御については、あまり知られていない見方を含めて述べている。この制御方式の中に、ガイド式とガイドレス式の制御を結びつけるヒントが隠されていることに注目していただきたい。

　第6章はSLAM技術について概説する。SLAM技術は近年めざましく進展している分野であり、レーザスキャナによるSLAM技術を適用した自律走行ロボットが製品化されている。ここでは、その原理を解説するとともに、筆者が開発にかかわったレーザスキャナだけを用いた位置検出方法についても紹介する。

　第7章はSLAM技術により得られた情報を用いて自律走行ロボットを実現する方法の事例を紹介する。AGVキットを活用する方法、走行軌跡に注目した方法を説明する。

　なお、適宜、関係する箇所にコラムを設け、独断を含めた筆者の個人的な意見や技術論を掲載した。参考にしていただければ幸いである。

2.

走行ロボットの分類

２．１　誘導方式による分類

　日本工業規格 JIS D6801-1994「無人搬送システム‐用語」において、無人搬送車は「誘導方式」により分類されている[3]。本書でも「無人搬送車」を「走行ロボット」に置き換えて、図 2.1 に示すように分類した。「誘導方式」による分類という概念は主にガイド式を中心としたものであり、「自律走行型ガイドレス式」から考えると若干違和感を覚える分類ではあるが、ここでは、JIS の規格に準拠した。

　ここで分類した走行ロボットの各方式について、その概要を表 2.1 に説明した。なお、表 2.1 において、アンダーラインの個所は JIS D6801-1994 で定義された用語と異なる表現方法をしていることを示し

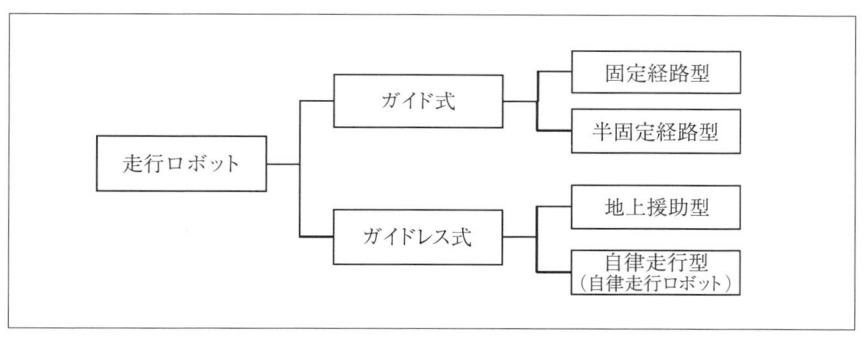

〔図 2.1〕誘導方式による走行ロボットの分類

〔表 2.1〕分類した走行ロボットの概要

分類		概要
ガイド式		連続または断続した誘導体を<u>誘導路（床）</u>に設置することにより<u>誘</u>導して走行する方式
	固定経路型	連続して誘導路（床）に誘導体を設置することにより<u>誘導して走行</u>する方式
	半固定経路型	連続することなく、断続して誘導路（床）に誘導体を設置することにより誘導して走行する方式
ガイドレス式		誘導体を<u>誘導路（床）</u>に設置せずに、<u>自己位置、あるいは、走行路</u>を検出して走行する方式
	地上援助型	誘導体に頼らず、地上側に設置された誘導装置を用いて<u>自己位置、あるいは、走行路を検出して走行する方式</u>
	自律走行型	誘導体を使わずに、<u>搭載したセンサを用いて自己位置、あるいは、走行路を検出して走行する方式</u>

たものであり、本書独自の表現方法であることに留意する必要がある。

走行ロボットは、ガイド式とガイドレス式に大別される。

ガイド式はロボットが走行する誘導路の床面あるいは床内に誘導体を設置することにより、ロボットを誘導し走行するものであり、誘導体を連続して設置する固定経路型と、断続的に設置する半固定経路型に分類することができる。

固定経路型では、走行ロボットが走行する床に直接誘導体を連続的に設置するため、ロボット本体に取り付けたセンサにより誘導体の位置を読み取り、ロボット本体から誘導体までの距離を検出する。これにより、誘導体が形成する経路に沿って設定された走行ルートを自動的に走行することができる。この方法がいわゆる「ライントレース」といわれるものであり、その走行制御（ライン追従制御）は比較的簡単に実現できる特徴がある。

半固定経路型については、連続ではなく、断続して誘導路に誘導体を設置することで誘導し走行する方式である。誘導体の種類と長さにより各種の方法が考えられる。断続する距離が短く、誘導体でほぼ誘導路を形成している場合には、床に設置しただけで走行することは可能である。それに対して、誘導体が短く、断続する距離のほうが長い場合には、ロボット本体に移動量を計測あるいは推測できる内界センサを併用する必要がある。例えば、後述するジャイロ誘導方式などのように、内界センサを基本としてロボットの位置を検出し、床に設置した誘導体によりロボットの位置を補正する場合は一般的にはガイドレス式に分類されることも多いが、ここでは、床に誘導体（磁気マーカ）を設置するので、半固定経路型ガイド式として分類している。

一方、ガイドレス式は誘導体を誘導路に設置せずに、自己位置、あるいは、走行路を検出し、走行するものであり、床に誘導体を設置する必要がないので、床面の性質や走行環境による床への影響などを考慮する必要がないという特徴がある。このガイドレス式は地上援助型と自律走行型に分けることができる。

地上援助型は、床に設置された誘導体ではなく、地上側に設置された

誘導装置を用いて自己位置、あるいは、走行路を検出して走行するものである。そのため、誘導装置を走行ロボットが確実に検出できれば、比較的容易に自動走行を実現できる特徴を持っている。しかしながら、作業者が走行ロボットの走行経路付近に立っている場合や、誘導装置の近くに物品が一時仮置きされた場合に、走行ロボットが誘導装置の位置を検出できないことがある。床に設置するガイド式に比べると、走行ロボットと誘導装置の間の距離が長く、そのような状態が発生する頻度を低減するように配慮することが走行ロボットを導入した現場に求められる。

　自律走行型は、床に設置された誘導体や、地上に設置された誘導装置を用いることなく、ロボット本体に搭載したセンサを用いて自己位置、あるいは、走行路を検出して走行するものである。ここでは、この自律走行型方式ガイドレス式の走行ロボットを、狭義の意味で、自律走行ロボットとよぶことにする。

★コラム１：
無人で自動的に移動する車両を頑なに AGV とよぶのか？

　現状、日本で生産されている無人搬送車の 90％以上はガイド式が採用されており、JIS 規格で定義されている無人搬送システムの規格に則っている。そのため、それらは無人搬送車（AGV）と呼ぶにふさわしいといえる。先に述べたように、JIS 規格では、自律走行型ガイドレス式も無人搬送車として定義されている。

　現状では、自律走行型ガイドレス式であっても、あらかじめ設定された経路あるいはその付近を移動することが基本であり、ガイド式と同じように運用されることが多い。従って、自律走行型であっても、AGV と表現しても妥当と考える。

　しかし、今後、自律走行型が主流になって、複数の経路の中からそのときの状況により走行する経路を選択したり、任意の経路をその都度設定したりして走行するようになると、まさに、走行ロボットと呼ぶほうが適しているように思われる。そのためには、走行ロボット技術の進展につれて、JIS 規格やその用語の見直しも必要になるであろう。そのようなフレキシブルな運用が可能になるように、自律走行ロボットの制御技術も、いっそう高度化していかなければならない。

2.1.1 ガイド式

　床面あるいは床内に誘導物を設置する主なガイド式を表2.2にまとめている。これらのうち、固定経路型ガイド式としては、磁気誘導方式、光学誘導方式、電磁誘導方式などがある。また、半固定経路型ガイド式としては、ジャイロ誘導方式の他、磁気誘導方式、光学誘導方式がある。現在、生産される走行ロボットの大半はガイド式である。また、ガイドレス式を採用している場合でも、位置決めの高精度化や経路支援のため、ガイド式を一部併用することもある。以下、それぞれの方式について説明する。

A) 磁気誘導方式

　この方法は誘導路上の床に設置した磁気テープや磁石棒の磁束を、走行ロボットに搭載した磁気センサで計測することにより、経路からの距離を検知するものである。磁気棒は床内に埋設する必要があるが、磁気テープの場合には、床面に貼るだけなので、磁気テープのほうが取扱いは容易である。そのため、磁気誘導式の多くは磁気テープを用いていると考えてよく、他の誘導方式に比べて、コストパフォーマンスが高いといえる。磁気センサの高性能化、磁気テープの低コスト化に伴い、走行ロボットの生産実績のうち、最近の最も多い誘導方式は従来の電磁誘導方式から磁気誘導方式に変化してきた。（一社）日本産業車両協会の発表によれば、日本で生産されたAGV、走行ロボットのうち、2017年度には約91％の割合で磁気誘導式が採用されている。このように、磁気誘導方式の走行ロボットはいろいろな環境で広く活用されている。

　床面が金属製であるとき、床付近に不要な磁界が発生しているとき、地中に帯磁したものが存在するときなど、利用できない環境もあるので、留意しなければならない。また、貼付した床面がはがれやすい素材である場合や、フォークリフトなどの車両や作業者の通行がある場合には、テープが剥がれていないことを常に確認する必要がある。

　走行ルートを変更する場合には、磁気テープを撤去し、再設置する作業を行わなければならない。残留磁気が残っている場合には再設置の前

〔表 2.2〕ガイド式の分類

	磁気誘導方式	光学誘導方式	電磁誘導方式	ジャイロ誘導方式
分類 （設置物）	ガイド式	ガイド式	ガイド式	ガイド式
分類 （位置特定）	固定経路型 / 半固定経路型	固定経路型 / 半固定経路型	固定経路型	半固定経路型
原理	床面あるいは床内に設置した磁気テープ、磁石棒の磁束でずれ幅を検知。	床面に設置した反射テープに、光を当てて、反射光でずれ幅を検知。	床に埋設した誘導線に電流を流し、ピックアップコイルの誘起電圧でずれ幅を検知。	ジャイロセンサにより姿勢角を求め、走行距離データとを用いて位置を算出し、床に配置した磁気マーカで位置補正する。
概略図 （側面図）				
性能 位置決め精度	◎：精度±10mm 以下	◎：精度±10mm 以下	◎：精度±10mm 以下	◎：精度±10mm 以下
性能 検出安定性	○：安定して検出可能（強磁場発生時は NG）	△：テープの汚れ、粉塵、ゴミの除去が必要、光の影響等	○：安定して検出可能（強磁場発生時は NG）	○：安定して検出可能（強磁場発生時は NG）
費用 検出装置・センサ	○：安価（長距離は費用アップ）	◎：反射テープは安価	◎：安価	◎：安価
費用 施工時	△～○：設置に時間がかかる	△～○：設置に時間がかかる	×：埋設工事要	△：磁気マーカの埋設工事要
費用 保守	△～○：剥れあり	△～○：剥れあり、清掃要	○：容易（断線時は工事要）	○：容易
費用 レイアウト変更	△：貼替作業（消磁が必要な場合、有）	○：貼替作業	×：埋設工事要工事期間が長い	△：磁気マーカの埋直し工事要
適用範囲 （苦手な条件）	・金属面や強磁場では不可 ・複雑な経路は難しい ・剥れやすい床面は NG	・車両走行領域は不可 ・複雑な経路は難しい ・照度変化がある環境は難・棚移動システムの適用多し	・金属面や強磁場では不可 ・複雑な経路は難しい ・埋込工事の発展のため、クリーンな工事は不適。	・磁気不検出の場所を避けるように磁気マーカを配置するので、適用範囲が広がる。
採用割合	90 ～ 95% (2013 年～2017 年)[4),5)]	4%（2013 年）[5)]	1990 年以前は大半の AGV に採用されたが、現在は僅か。	―
文献など	4) 日本産業車両協会：平成 29 年無人搬送車システム納入実績 5) 矢野経済研：AGV 市場 2014	5) 矢野経済研：AGV 市場に関する調査結果 2014 6) 日立ニュースリリース 2015	7) 津村：計測と制御.解説 1987 8) 柏原：電学論 D. 解説 1994	9) 住友重機械ニュースリリース 2001

に消磁が必要なこともある。そのため、走行ロボットが走る環境のレイアウト変更を行うときには、ルート変更に要する時間をあらかじめ考慮しておかなければならない。

B) 光学誘導方式

　光学誘導方式は、誘導路上の床面に光を反射しやすい反射テープを貼り、光を照射し、反射光を受光センサで検出することにより、経路からの距離を検知するものである。一般的に、反射テープは磁気テープに比べて安価であり、センサと誘導体を合わせたハードウェアのコストは他の誘導方式より優位である。

　テープの汚れ、粉塵、ゴミにより反射光を受光できないことがあり、清掃をこまめに行うなどの配慮が必要である。また、外部からの光がセンサに誤動作を生じさせることがあり、外光が入らないように遮蔽することが必要な場合もある。磁気テープと同様に、反射テープは床面からの剥がれがあることを考えなければならない。そのため、誘導体が安価であるにもかかわらず、光学誘導方式の割合はわずか数％に留まっていた。

　最近、大型物流センタなどの仕分け業務に採用されているシステムとして、商品を格納する棚自体を移動させる棚搬送システムが注目され、そのシステムの採用件数が増加している。システムの特性上、棚搬送ロボット以外の移動体や作業員が侵入しない環境で運用することもあり、数 m 毎に床に貼付された 2 次元バーコードなどの位置データを読み取る光学誘導方式が多く採用されている。

C) 電磁誘導方式

　床に埋設した誘導線に交流電流を流し、発生した磁界をコイルピックアップなどの磁界センサにより得られた誘起電圧から経路を検出する方法であり、比較的簡単なセンサで実現できる特徴がある。そのため、1990 年代までは最も採用されていた誘導方式がこの電磁誘導方式であった。[7]

　しかしながら、電線の埋設工事を行うために長い工事期間を必要とし、導入するための高い障壁になっていた。生産現場のレイアウトを変更す

る場合には、誘導線埋設溝の掘り直しを伴うので、長期間の生産停止、粉塵の発生など、課題が多い。特に、クリーン度を保持しなければならないクリーンルームなどの設備では、電磁誘導方式は不適切である。電線がループ状になっていないと電流を流せないため、電磁誘導方式は比較的単純な経路しか実現できないという課題もある。

そのため、2000年以降、電磁誘導方式は徐々に磁気誘導方式に置き換えられて、現在では、あまり採用されていない。

早くから省人化の切り札として注目されていたAGVが期待したとおりに普及していない要因や課題をこのような技術の変遷から見直すことも、今後の自律走行ロボットの普及・発展につながる近道の1つと考える。

D）ジャイロ誘導方式

ジャイロセンサは搭載した走行ロボットのヨー方向の角速度を高精度に計測するものであり、計測された角速度を積分することにより、その走行ロボットの角度を算出できる。移動体の車輪に取り付けたエンコーダなどのオドメトリ情報から算出した走行距離データと、ジャイロセンサにより得られた角度を用いることで、走行ロボットの位置と角度を得る方法がジャイロ誘導方式の基本的な原理である。しかしながら、積分により算出する角度情報は長時間経過すると、わずかな角速度のオフセットでも影響され、徐々にずれてくる可能性がある。オドメトリ情報にも、車輪のスリップなどの影響で誤差を生じることがあるので、床に配置した認識物体で、所々で位置の補正を行う必要がある。認識物体としては、磁気マーカが採用されることが多い。そのため、この方式は半固定経路型ガイド式に分類した。

磁気マーカを埋め込む埋設工事以外は、比較的容易に実現することができるので、AGVの誘導方式の1つとして、いくつかのAGVメーカが製品化している。限定的ではあるものの、無人フォークリフトなど、狭い通路での走行や保管場所の省スペース化に有効であり、倉庫の格納効率を向上できるといわれている。

２．１．２　地上支援型ガイドレス式

　ガイド式走行ロボットの場合、床面に何らかの工事あるいは作業が必要であり、発塵などを嫌うクリーンな環境には適さない。また、磁場が強い環境や金属製の床面などがある場所でも、ガイド式は導入しにくいことがある。その場合、床面ではなく、走行路周辺の地上側に誘導装置を設置して、自己位置、あるいは、走行路を検出する地上支援型ガイドレス式が１つの解である。この方式は床面の材質や状態に影響されないことが特徴である。

　表2.3に主な地上支援型ガイドレス式を示す。以下、それらの方式を概説する。

A）レーザ誘導方式

　環境内の壁や固定物に反射板を複数設置し、走行ロボットに搭載したレーザスキャナからレーザを照射して、反射板までの距離と角度を計測する方式がレーザ誘導方式である。ここで得られた複数の反射板までの距離と角度を用いることにより、幾何学的に走行ロボットの位置と角度を算出するものである。そのため、この方式により走行ロボットの位置と角度が確実に検出できれば、比較的容易に自律走行を実現できる特徴を持っている。

　一般的に、位置検出精度は±10 mm以内であれば、AGVの位置決め性能として満足されるレベルであり、レーザ誘導方式の性能はそれを満足させるものである。中には、製品仕様として精度±5 mmを実現している製品もある。

　この誘導方式の主な課題としては、反射板の設置場所がある。搭載されたレーザスキャナから常に複数の反射板が見えることが必須であり、見通しの良い場所に反射板を設置できるか、どれだけ少ない反射板で走行ロボットの移動領域をカバーできるか、ということが重要である。特に、現場の作業者や走行車両が走行ロボットと反射板の間に入って反射板を隠してしまうことがないように、配慮しなければならない。

　そのための対応策として、走行ロボットの高い位置にレーザスキャナ

〔表 2.3〕地上援助型ガイドレス式の分類

		レーザ誘導方式	画像認識方式	超音波方式	GPS 方式
分類 (設置物)		ガイドレス方式	ガイドレス方式	ガイドレス方式	ガイドレス方式
分類 (位置特定)		地上援助型	地上援助型	地上援助型	(地上援助型)
原理		環境内設置した複数の反射板までの距離、方向をレーザ光により計測し、位置を算出。	天井や壁に描かれた2次元コードやARマーカのような記号を読み取り、位置を把握する。(床に配置する場合を除く)	超音波ソナーからの信号に応答したランドマーカから、ID信号を発信。その伝搬時間と時間差から、位置と角度を算出。	【GPS：屋外】4つ以上のGPS衛星からの信号により、位置を計測する。
概略図 (側面図)					
性能	位置決め 精度	◎：精度±5mm ～	◎：数 10mm ～	△～○：精度（σ）±50mm、8Hz	×：準天頂方式で精度は向上
	検出 安定性	○：移動体によるレーザ遮断でNG。配慮要。	△：外乱光で影響されるので、窓の遮蔽等、配慮が必要。	△：測位距離の拡張が課題（目標10m 以下）	○：ビルなどの電波反射の影響あり。
費用	検出装置・ センサ	△：センサ高価	○：比較的安価	○：安価	○：比較的安価
	施工時	△：反射板取付・調整	○：2次元コードの設置	△：多数のランドマーカ設置	○：設置物は不要
	保守	○：反射板チェックのみ	○：容易	○：容易	○：保守不要
	レイアウト 変更	△：反射板の調整が必要なこともある	○：2次元コードの貼り直し要	△：ランドマークの設置変更が必要	○：経路の再設定のみ
適用範囲 (苦手な条件)		・反射板の視認が必須→反射板の高所取付が有効 ・狭い場所は苦手	・2次元コードの視認性による	・ランドマーカの取付場所の確保が重要	・屋外利用に適している ・屋内は IMES により対応可能
採用割合		2 ～ 7% 4)	—	—	—
文献など		4) 日本産業車両協会：平成 29 年無人搬送車システム納入実績 10) 三菱ロジ：プレスリリース 2017	11) 松下：明電時報Vol335,No.2,2012	12) 田畑：SICE 論文集 Vol48,No.1,2012	13) 日立産機システムホームページ：製品情報＞ICHIDASシリーズ

を設置し、現場の高所に反射板を取り付けて位置を検出する方法がよく採用されている。車高が比較的高いフォークリフトなどでは簡単に配置することができるので、無人フォークリフトとして製品化されている例が多い。

　また、現場の敷地面積が広い欧米では、見通しの良い環境を作りやすく、レーザ誘導方式の採用には有利である。それに対して、現場の面積が欧米に比べて比較的狭い日本では、誘導方式として採用されている割合は、日本産業車両協会の 16 年度までの統計によれば、走行ロボットの 2～3% 程度で推移していた。なお、17 年度の統計では、レーザ誘導方式は 6.7% に上昇している。[4]

　この方式の場合、反射板が検出できず、位置を検出できないときには、走行ロボットを自動減速することにより、安全に停止させることができる。

　レーザ誘導方式を用いた走行ロボットの適用先としては、床面への誘導体の設置工事が不要であることから、塵埃の発生を嫌う食品、医薬品、化粧品などの製造現場や、半導体工場のクリーンルームなどが適しているといえる。また、貸倉庫などのように床工事すること自体ができない現場も、この誘導方式の適用対象になる。

B) 画像認識方式

　画像認識方式は、壁や天井に設置した特定の記号を走行ロボットに搭載したカメラにより読み取ることで、カメラの位置を把握するものである。なお、先に説明した棚搬送システムで採用されているものは形態としてガイド式の光学誘導方式に分類したが、技術的には、画像認識方式と同じである。

　設置する記号としてよく用いられるものは水平方向と垂直方向に情報を持つ 2 次元コードであり、いくつかの形式が提案されている。その代表的なものが QR コードである。1 次元のバーコードに比べて、情報量が格段に増えるため、使い勝手は優れている。

　床に配置する方式は剥がれという問題はあるものの、その影響がなければ安定的に位置情報を得られるのに対して、壁や天井に配置する画像

認識方式には、別のいくつかの課題がある。壁に配置する場合には、レーザ誘導方式と同様に、記号が描かれている設置物を常に読み取れるように配置する必要があり、その場所をどのように決定するかが課題である。また、通行する作業者や車両の影響を受けないように、設置する高さについても検討しなければならない。天井に配置する場合には、設置物との間に遮蔽物が入る可能性は少ないが、天井までの距離、照度などを事前に評価しておくことが重要である。さらに、外乱光により読取りの性能が影響されやすいので、安定して位置検出するためには、外光が入らないように現場の窓の遮蔽などを行うこともある。

　比較的実現しやすい方式と考えられるが、画像の読取りを失敗したときの対応方法などをどのように行うかという問題もある。そのため、この画像認識方式だけ実用化されている事例は多いとはいえない。[11]

C) 超音波方式

　走行ロボットにおいて、超音波センサを用いて障害物を検知することはよく行われているが、超音波を走行ロボットの主な位置検出手段や誘導手段として実用化された事例は多いとはいえない。近年、超音波誘導方式を用いた走行ロボットの開発が進められているので、紹介しておきたい。[12]

　田畑らが開発している走行ロボットの誘導方式は、設置したランドマーカと、ロボットに搭載したフェーズドアレイ構造の超音波ソナーから構成され、次のような手順により実現している。

(1) 目標マーカの探索：超音波ソナーがフェーズドアレイによるビーム走査を行い，探索対象のマーカ ID を送信し，対象マーカを探索する。

(2) 探索対象のマーカの応答：受信したマーカ ID が一致したマーカは，所定の信号を送信して応答する。

(3) マーカの位置計測：応答信号を受信した超音波ソナーはマーカからの応答時間をもとにマーカと超音波ソナーの相対位置、角度を計測する。

　走行ロボットが移動した場合には、目標マーカを変更しながら、超音波ソナーの位置、角度を計測し続けることで、所定の経路を走行するも

のである。

　この誘導方式はレーザスキャナなどの方式に比較すると、安価に構成することができる点が魅力である。測位距離の拡張、位置検出精度の向上など、実用化に向けての課題は多く、今後の研究開発に期待したい。

D) GPS 方式

　既に、カーナビゲーションなどで広く普及している衛星測位システム GPS（Global Positioning System）は、屋外に限定すると、走行ロボットの誘導方式としても有力である。3 つ以上の GPS 衛星からの信号を受信できる場所であれば、GPS 受信機だけで、どこでも自己位置を検出できる特徴がある。実際には、4 つ以上の GPS 衛星の信号を受信することで位置精度を確保している。しかし、衛星が見えにくい場所や電波の反射の影響を受けやすいビルとビルの間など、位置検出の精度が低下する環境もあり、課題の 1 つとなっている。

　最近、日本では、準天頂衛星システム「みちびき」が運用できる体制が整い、2018 年から、みちびきが衛星 4 機の体制になり、衛星測位サービスが開始された。アジア・オセアニア地域では常時 3 機の信号を受信することができる。GPS とみちびきを一体で利用することにより、高精度の位置測位が可能になった。このシステムの運用が本格的に始まることで、GPS を補完して、その位置検出精度が格段に向上すると期待されている。屋外を走る走行ロボットは今後 GPS 方式を含めた誘導方式が確立してくるものと推測される。屋外と屋内を広範囲に行き来する走行ロボットの誘導方式に関しては、基本的には、GPS 方式と他の方式の併用が有力と考えられる。しかしながら、その実用化のためには、さらに研究開発を継続する必要がある。

E) その他の地上援助型誘導方式

　地上援助型ガイドレス式走行ロボットに関しては、その誘導方式として期待されているものが、前述した方式以外にもいくつかあるので、それらについて簡単に説明する。

　（1）IMES（Indoor Messaging System）

　　GPS システムで使用されている GPS/QZSS 測位信号と同一の RF

特性を持つ電波を利用して、屋内外のシームレスな測位を行う IMES は、宇宙航空研究開発機構 JAXA が取りまとめた日本独自の技術である。このシステムは、室内に疑似衛星（スードライト）を配置して、そこから発信される電波を受信機により受信して、位置情報を受け取るように構成されている。

しかしながら、屋内では電波の反射が多いため、GPS と同じ計算手法による位置測位は現在のところ行っていない。従って、走行ロボットのように、高精度の位置測位を求められる用途には対応できない。

GPS システムと、同じ電波を使用する IMES との組合せが屋内外のシームレス測位では最も明快な手法であり、準天頂衛星のような位置測位精度を向上する画期的なブレークスルー技術が屋内向けでも必要である。

(2) 超広帯域無線通信システム UWB（Ultra Wide Band）

超広帯域無線 UWB で使用する主な周波数帯域は 7.25GHz〜10.25GHz である。ナノ秒（10^{-9}sec）オーダーの短いパルスを用いることで、UWB は Wi-Fi や IMES よりも優れた数 10cm 程度の精度の位置測位ができると考えられている。しかしながら、IMES と同様に、壁や設置物から反射する電波の影響もあり、電波を発生する固定機を増やすことなく、安定して高精度の位置検出を実現することは容易ではない。走行ロボットに適用できる実用化レベルまでには至っていない。

その他にも、RFID（Radio Frequency Identifier）を用いる方法など、実用化が期待されている方式がある。今後の開発状況に注目したい。

2.1.3 自律走行型ガイドレス式

自律走行型ガイドレス式は、走行ロボットが移動する周囲の環境に何らかの誘導装置を設置することなく、ロボット本体に搭載したセンサにより自己位置、あるいは、走行路を検出して走行するものである。「走行ロボット、移動ロボット」という言葉を耳にしたとき、誰もが頭に思

い浮かべる形態がまさに自律走行型ガイドレス走行ロボットであり、狭義の意味で、自律走行ロボットとよぶに相応しいと筆者は考える。

表2.4 に、実用化されつつある主な自律走行型に分類される方式を列挙している。いずれも、SLAM（Simultaneous Localization and Mapping）技術といわれる方法が基本になっている。SLAM とは環境を計測するセンサを用いて、地図を生成（Mapping）しながら、同時（Simultaneous）に、

〔表 2.4〕自律走行型ガイドレス式の分類

		2次元 SLAM 方式	画像処理と3Dモデル比較方式	3次元 SLAM 方式
分類 （設置物）		ガイドレス方式	ガイドレス方式	ガイドレス方式
分類 （位置特定）		自律走行型	自律走行型	自律走行型
原理		レーザスキャナで計算した複数の距離データを用いて地図を作成。この地図と距離データを照合し、位置を同定。	3次元モデルデータから得られる2次元情報とカメラ画像を比較して、搬送ルートを導出し、自律走行する。	ステレオカメラにより撮影した映像から環境の3次元地図の生成とカメラの位置姿勢を推定する。
概略図 （側面図）			カメラ画像→（比較）←3Dモデル	
性能	位置決め精度	◎：精度（3σ）±10mm ～	○：精度±20mm 以下 （検出 250ms 以内）	―
	検出安定性	○：移動体接近時も検出 （大勢に取囲まれると、検出失敗。）	△：CAD データと異なる状態での検出性能が課題。	―
費用	装置・センサ	△：センサは高価	○：センサは安価	○：センサは安価
	施工時	○：地図・経路設定が要	○：3次元 CAD データが必要	―
	保守	○：地図チェック	△：現場状態の CAD からの剥離防止要	―
	レイアウト変更	○：地図更新と経路設定が要	○：3次元 CAD データの変更が必要	―
適用範囲 （苦手な条件）		・生産現場への適用は比較的安価 ・固定物がないと、検出できない ・坂道は要注意	・無人化ニーズが高い用途（危険物管理区域、冷凍倉庫など）への適用を想定。	
採用割合		採用数が増加中	―	―
文献など		14）槙：日本ロボット学会誌 Vol.33、215 15）村田機械ニュースリリース 2016.5.10	16）経産省中国産業局報告書：平成21年度戦略的基盤技術高度化支援事業	17）モルフォプレスリリース、2017.9.1 18）コンセプトホームページ

位置を同定（Localization）するもので、その頭文字をとって「スラム」技術とよんでいる。理論的には、未知の環境に走行ロボットが置かれた状態でも、その場で地図を生成することができるので、事前に何らかの準備をすることなく、自己位置を同定できると考えられている。学術的には、未知の領域を走行することを前提に、システム構築をいかに行うかを研究することに意味がある。しかし、その場合、不確定要素が多く、実際に役立つシステムに仕上げるためには、いくつかの困難がある。

　そのため、あらかじめ決められた機能、性能を実現することを求められている産業分野においては、未知の環境で動く走行ロボットとは異なる手法が適用されることは当然のことである。以下、産業分野で実際に走行ロボットを活用することを前提として、SLAM技術を利用した3つの方法についてそれぞれ概説する。

A）2次元SLAM方式

　走行ロボットを工場内の物品搬送などに利用する場合には、限定された範囲（例えば、工場の敷地内、建屋の中など。）を走行領域として設定することがほとんどである。従って、既知の限定領域の走行を前提にシステム構築を行うことは現実的な考え方である。走行経路については、事前に決められた単一の経路、あるいは、複数の経路の中から選択するものとする。

　2次元SLAM方式の代表的な方法が2次元レーザスキャナを用いたものであり、近年、開発が進み、いくつかのメーカが自律走行型として走行ロボットを製品化している。今後、その採用割合が急速に増加すると予想される。この方式の普及に伴い、搬送の自動化が加速されるだけでなく、IoT（Internet of Things）の進展とともに、生産システムや物流システムなどのシステム全体の自動化改革を急伸させることが期待される。

　以上のことを踏まえて、実際に製品化されているレーザスキャナを用いた2次元SLAM方法は下記のように2ステップの処理で行われることが一般的である。

〔ステップ1〕：レーザスキャナの距離データを用いて地図を生成する。

〔ステップ2〕：上記地図とレーザスキャナの距離データを照合し、データが一致する状態からセンサを搭載した走行ロボットの位置を同定する。

　厳密にいえば、この方法は地図生成と位置同定を同時に行うわけではないので、SLAM と表現することは適切でないと指摘されることもある。しかし、SLAM 技術と同じ原理に基づいて地図を生成するので、ここでは、上記のような2ステップで位置同定する方法も SLAM 技術と表現することにした。

　なお、SLAM 技術に関しては、第6章で詳細な説明を行っているので、参照していただきたい。

B) 画像処理と3次元モデル比較方式

　カメラ画像情報から走行ロボットの位置を推定する方法は、レーザスキャナと比べて安価なカメラを用いるため、その実用化が期待されている。いくつかの方法が提案されているが、その中の1つとして、研究開発が進んでいるカメラ画像と3次元モデルのデータを比較して位置推定する方法を紹介する。[16)]

　具体的には、3次元 CAD ソフトを用いて、対象となる倉庫内の 3D モデルをはじめに作成する。次に、このモデル空間の任意の位置と角度から見たときの 3D モデルを2次元のモデル画像データに変換する。その結果得られたモデル画像と撮影したカメラ画像を比較することにより、画像の特徴量を抽出し、走行ロボットの位置と角度を推定する。なお、複数のカメラから得られる画像情報を用いて同様の手法を行う方法は位置精度を向上するために有効である。そのときの位置決め停止精度は誤差±20mm 以下になっている。従来のガイド式走行ロボットでは、その位置精度の仕様は±10mm 以下であることが多いので、この方法を適用する場合にはその点に留意する必要がある。

　カメラ画像には外乱がないことが望ましいので、適用先としては、人が作業しにくい危険物管理区域や冷凍倉庫で運用される走行ロボットなど、無人化ニーズが高い分野から実用化することが想定されている。

C) 3 次元 SLAM 方式

　3次元データを取得する方法としては、近赤外線のレーザを用いた3次元距離画像センサ、2つのカメラ位置からの視差を利用したステレオカメラなどが開発されている。これらの3次元データから3次元地図の生成とセンサ位置の同定を同時に行う方式が3次元SLAM方式である。

　特に、ステレオカメラを用いたVisualSLAM方式に関しては、リアルタイムで動作するレベルまで開発が進み、テレビ中継における画像処理など、一部の分野では実用化され始めている。画像における特徴点、線情報、画像情報などを利用することにより、リアルタイム性の確保、位置検出の高精度化などに対応している。[17]

★コラム２：
地図生成と地図作成、位置同定と位置推定・位置検出について

　SLAM 技術で地図を作ることを地図生成、あるいは、地図作成とよび、位置を検出することを位置同定、あるいは、位置推定、位置検出とよぶことが一般的である。

　地図作成は「人が介在して地図を作る。」というニュアンスがあるのに対して、地図生成という言葉により、「人が介在することなく自動的に地図ができあがっていく。」ことを表現させられると、筆者は考えている。

　また、位置検出が「センサにより位置を確定的に得る。」という意味合いを、位置推定が「もっとも確からしい位置を推し測る。」という意味合いを持っているのに対して、位置同定は「地図と距離データが一致する位置を一意に特定する。」ということを表現していると考える。

　SLAM 技術で行う手法を地図作成、位置推定とよんでもよいが、上記のような考え方により、筆者は、あえてここでは、地図生成、位置同定という言葉で表現している。

2.2 駆動方式による分類

　本節では、走行ロボットを駆動方式により分類する。主な駆動方式について、その動作原理を概説するとともに、走行ロボットの制御を行う際に必要となる駆動方式の基本式を導出する。そのため、はじめに、走行平面における座標系を定義する。技術的には平易な内容であるが、この本で述べられている制御方式を十分に把握するには、どのように座標系を定義しているかをよく理解することが重要である。

　表2.5が走行ロボットを主な駆動方式により分類したものである。旋回するときの原理により、大きく分けて、差動2輪駆動方式、前輪操舵方式、4輪操舵方式、メカナムホイルやオムニホイルなどの特殊な機構の車輪を用いた駆動方式などに分類される。

2.2.1 座標系の定義

　駆動方式の動作原理を説明するため、2次元の平面座標系を用いる。図2.2において、直交する X_I 軸、Y_I 軸の原点 O を中心とする座標系をグローバル座標系と定義する。図2.2 (a) に示すように、グローバル座標系における座標 $(x_R、y_R)$ を原点 R にし、X_I 軸から角度 θ_R だけ回転した X_R 軸とそれに直交する Y_R 軸からなる座標系を座標系 **R** と定義する。以下、この座標系 **R** はロボット座標系とも表現することとする。つまり、走行ロボットの旋回中心をロボット座標系の原点 R に、走行ロボットの正面方向を X_R 軸とする。従って、図2.2 (b) に示すように、ロボットの位置 $(x_R、y_R)$ と角度 θ_R も、単位ベクトル **R** で表し、走行ロボット **R** と表現する。

　同様に、グローバル座標系における座標 $(x_P、y_P)$ を原点 P にし、X_I 軸から角度 θ_P だけ回転した X_P 軸とそれに直交する Y_P 軸からなる座標系を座標系 **P** と定義する。この座標系 **P** は主に走行ロボット **R** が移動する目標経路上の通過点あるいは停止点などをイメージしたものである。

　また、ロボット座標系 **R** から見た目標点を目標点 **P_R** と表し、その位置は $(x_{PR}、y_{PR})$、その角度は θ_{PR} とする。逆に、位置 $(x_{RP}、y_{RP})$、角度 θ_{RP} は目標点 **P** の座標系から見た走行ロボット **R** の位置と角度を意味し、

走行ロボット R_P と表すものとする。

　これらの記号とその内容を定義したものを表2.6 にまとめた。

　さて、ロボット座標系から見た目標点ベクトル P_R を走行ロボットベクトル R、目標点ベクトル P で表してみよう。

〔表 2.5〕走行ロボットの主な駆動方式

方式	構成	特徴	適用事例
差動 2 輪駆動		機構が比較的簡単。モータは 2 つ。	多くの走行ロボットに適用されている。
前輪操舵・前輪駆動（1 輪駆動・操舵）		モータは 2 つ。後進時に小回りが可能。	フォークリフトの主要な駆動方法の 1 つ。
前輪操舵・後輪駆動（差動機構付）		モータは 2 つ。	FR（Front Engine Rear Drive）式の自動車
4 輪操舵・2 輪駆動		横行・超心地旋回など、様々な走行方法が可能。モータは 6 つ。	狭い通路などに適用するロボットに有効。車体の向きを変えずに移動可能。
メカナムホイル駆動		横行・超心地旋回など、様々な走行方法が可能。モータは 4 つ。	同上
アイコンの説明			
⬭ 非駆動固定輪		⬭ 非駆動自由輪	
⬭ 固定駆動輪		非駆動・操舵輪（1 輪）	
差動機構付き駆動輪		駆動・操舵輪	
非駆動・リンク式操舵輪（2 輪）		メカナムホイル駆動（1）	
		メカナムホイル駆動（2）	

　これらの座標系は下記の関係式で表せることが図 2.2 よりわかる。

$$x_{PR} = \cos\theta_R \cdot (x_P - x_R) + \sin\theta_R \cdot (y_P - y_R) \quad \cdots\cdots\cdots\cdots\cdots\cdots\quad (2\text{-}1)$$

$$y_{PR} = -\sin\theta_R \cdot (x_P - x_R) + \cos\theta_R \cdot (y_P - y_R) \quad \cdots\cdots\cdots\cdots\quad (2\text{-}2)$$

$$\theta_{PR} = \theta_P - \theta_R \quad \cdots\cdots\cdots\cdots\cdots\cdots\cdots\cdots\cdots\cdots\cdots\cdots\cdots\cdots\quad (2\text{-}3)$$

式 (2-1) ～式 (2-3) は、行列式を用いると、式 (2-4) のように記述する

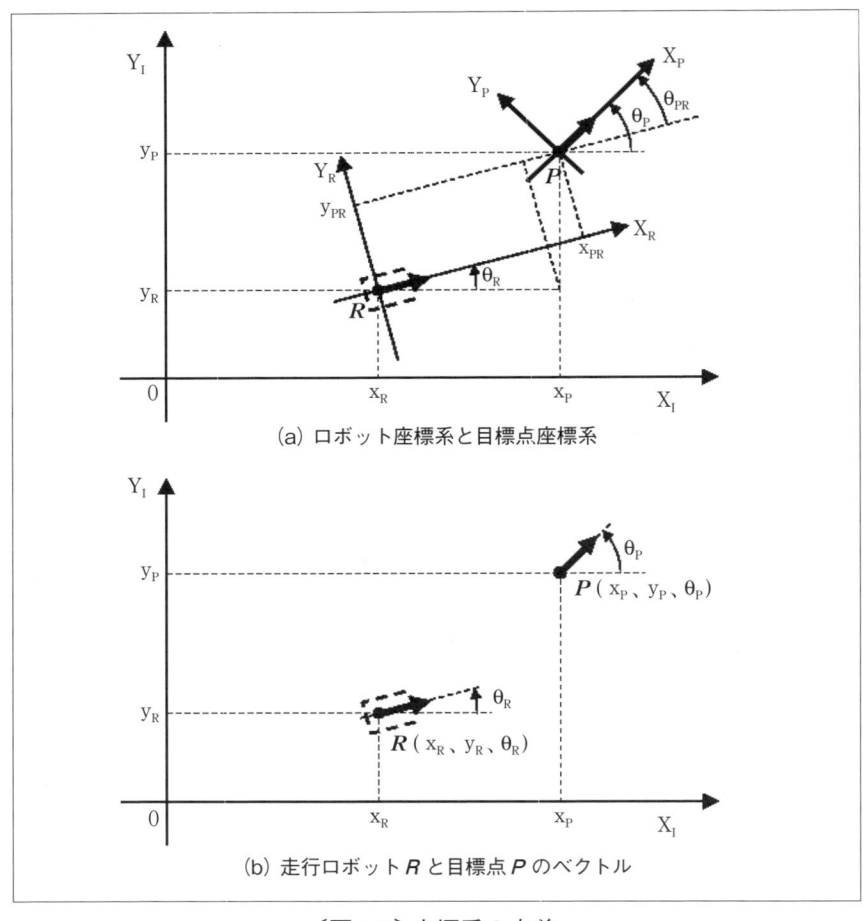

(a) ロボット座標系と目標点座標系

(b) 走行ロボット *R* と目標点 *P* のベクトル

〔図 2.2〕座標系の定義

ことができる。

$$\begin{bmatrix} x_{PR} \\ y_{PR} \\ \theta_{PR} \end{bmatrix} = \begin{bmatrix} \cos\theta_R & \sin\theta_R & 0 \\ -\sin\theta_R & \cos\theta_R & 0 \\ 0 & 0 & 1 \end{bmatrix} \left(\begin{bmatrix} x_P \\ y_P \\ \theta_P \end{bmatrix} - \begin{bmatrix} x_R \\ y_R \\ \theta_R \end{bmatrix} \right) \quad \cdots\cdots\cdots \quad (2\text{-}4)$$

この式は下記のように、まとめて書くこともできる。

$$P_R = C(\theta_R) \cdot (P - R) \quad \cdots\cdots\cdots\cdots\cdots\cdots\cdots\cdots\cdots\cdots \quad (2\text{-}5)$$

〔表 2.6〕座標に関する名称、記号とその内容

分類	名称	記号	内容
座標系	グローバル座標系	O	直交する X_I 軸、Y_I 軸の原点 O を基準とする座標系
	ローカル座標系	A	グローバル座標の任意の点 A $(x_A、y_A)$ を原点とし、X_I 軸から角度 θ_A だけ回転した方向を X_A 軸、それに直交する軸を Y_A 軸とする座標系。ローカル座標系のうち、下記で定義した単位ベクトル $R、P、G、S$ を原点とする座標系は、それぞれロボット座標系 R、目標点座標系 P、始点座標系 S、終点座標系 G とよぶこととする。
単位ベクトル	走行ロボット（ベクトル）	R	グローバル座標における走行ロボットの旋回中心 $(x_R、y_R)$ を原点とし、走行ロボットの正面方向（角度 θ_R）を X_R 軸、それに直交する軸を Y_R 軸とするロボット座標系において、その原点 $(x_R、y_R)$ で X_R 軸を向いた単位ベクトル。略して、走行ロボット R ともよぶ。
	目標点（ベクトル）	P	グローバル座標における目標経路上の目標となる点 $(x_P、y_P)$ を原点とし、目標経路に沿った方向（角度 θ_P）を X_P 軸、それに直交する軸を Y_P 軸とする目標点座標系において、その原点 $(x_P、y_P)$ で X_P 軸を向いた単位ベクトル。略して、目標点 P ともよぶ。
	始点（ベクトル）	S	目標点ベクトルのうち、走行ロボット R が移動を開始する目標点ベクトルのこと。そのベクトルの位置と角度はそれぞれ $(x_S、y_S)$、θ_S とする。略して、始点 S ともよぶ。
	終点（ベクトル）	G	目標点ベクトルのうち、走行ロボット R が移動を停止する目標点ベクトルのこと。そのベクトルの位置と角度はそれぞれ $(x_G、y_G)$、θ_G とする。略して、終点 G ともよぶ。
添え字	ベクトル	B_A	ローカル座標系 A から見た単位ベクトル B を B_A と表す。
	位置、角度	x_B y_B θ_B x_{BA} y_{BA} θ_{BA}	グローバル座標系から見た単位ベクトル B の位置、角度は $[x_B、y_B、\theta_B]^T$ と表し、ローカル座標系 A から見た単位ベクトル B_A の位置、角度は $[x_{BA}、y_{BA}、\theta_{BA}]^T$ と表すものとする。例えば、$(x_{PR}、y_{PR})$ はロボット座標系から見た目標ベクトル P の位置であり、θ_{RP} は目標座標系から見た走行ロボット（ベクトル）R の角度である。

ここで、グローバル座標系の目標点 P、走行ロボット R、走行ロボット R から見た目標点 P_R はそれぞれ

$$P = [x_P \ y_P \ \theta_P]^T 、 R = [x_R \ y_R \ \theta_R]^T 、 P_R = [x_{PR} \ y_{PR} \ \theta_{PR}]^T$$

という行列を意味し、行列 $C(\theta_R)$ は下記のような回転座標変換行列として定義する。

$$C(\theta_R) = \begin{bmatrix} \cos\theta_R & \sin\theta_R & 0 \\ -\sin\theta_R & \cos\theta_R & 0 \\ 0 & 0 & 1 \end{bmatrix} \quad \cdots\cdots\cdots\cdots\cdots\cdots\cdots\cdots (2\text{-}6)$$

なお、転置行列 $[\quad]^T$ は転置行列を表す。例えば、行列 $R = [x_R \quad y_R \quad \theta_R]^T$ とは、

$$R = \begin{bmatrix} x_R \\ y_R \\ \theta_R \end{bmatrix}$$

を意味する。

また、目標点 P は、走行ロボット R と走行ロボットから見た目標点 P_R を用いると、式 (2-7) ～式 (2-9) のように表すこともできる。

$$x_P = x_R + \cos\theta_R \cdot x_{PR} - \sin\theta_R \cdot y_{PR} \quad \cdots\cdots\cdots\cdots\cdots\cdots\cdots (2\text{-}7)$$

$$y_P = y_R + \sin\theta_R \cdot x_{PR} + \cos\theta_R \cdot y_{PR} \quad \cdots\cdots\cdots\cdots\cdots\cdots (2\text{-}8)$$

$$\theta_P = \theta_R + \theta_{PR} \quad \cdots\cdots\cdots\cdots\cdots\cdots\cdots\cdots\cdots\cdots\cdots\cdots\cdots (2\text{-}9)$$

式 (2-7) ～式 (2-9) を式 (2-4) と同様の行列式で表現すると、式 (2-10) となる。

$$\begin{bmatrix} x_P \\ y_P \\ \theta_P \end{bmatrix} = \begin{bmatrix} x_R \\ y_R \\ \theta_R \end{bmatrix} + \begin{bmatrix} \cos\theta_R & -\sin\theta_R & 0 \\ \sin\theta_R & \cos\theta_R & 0 \\ 0 & 0 & 1 \end{bmatrix} \begin{bmatrix} x_{PR} \\ y_{PR} \\ \theta_{PR} \end{bmatrix} \quad \cdots\cdots\cdots\cdots (2\text{-}10)$$

この式は下記のようにまとめて書ける。

$$P = R + C(\theta_R)^{-1} \cdot P_R \quad \cdots\cdots\cdots\cdots\cdots\cdots\cdots\cdots\cdots \quad (2\text{-}11)$$

ここで、行列 $C(\theta_R)^{-1}$ は行列 $C(\theta_R)$ の逆行列といわれるもので、下記のような行列になる。

$$C(\theta_R)^{-1} = \begin{bmatrix} \cos\theta_R & -\sin\theta_R & 0 \\ \sin\theta_R & \cos\theta_R & 0 \\ 0 & 0 & 1 \end{bmatrix} \quad \cdots\cdots\cdots\cdots\cdots\cdots \quad (2\text{-}12)$$

なお、逆行列の定義そのものであるが、行列 C_R と行列 C_R^{-1} の積は単位行列 I である。

$$C(\theta_R) \cdot C(\theta_R)^{-1} = I = \begin{bmatrix} 1 & 0 & 0 \\ 0 & 1 & 0 \\ 0 & 0 & 1 \end{bmatrix} \quad \cdots\cdots\cdots\cdots\cdots \quad (2\text{-}13)$$

　次に、走行ロボット R の動きについて考察しよう。ここでは、走行ロボット R の動きに伴い、ロボット座標系 R 自体が動くとして議論を進める。

　図 2.3 に走行ロボット R の時間的な変化を示す。時刻 t と時刻 t+Δt における走行ロボットのベクトルをそれぞれ R(t)、R(t+Δt) で表している。これを式により展開する。

$$R(t) = [x_R(t) \quad y_R(t) \quad \theta_R(t)]^T \quad \cdots\cdots\cdots\cdots\cdots\cdots \quad (2\text{-}14)$$

$$R(t+\Delta t) = [x_R(t+\Delta t) \quad y_R(t+\Delta t) \quad \theta_R(t+\Delta t)]^T \quad \cdots\cdots \quad (2\text{-}15)$$

時間間隔 Δt における走行ロボット R の変化量、つまり、差分は図 2.3 (a) から下記のようになる。

$$R(t+\Delta t) - R(t) = \begin{bmatrix} x_R(t+\Delta t) - x_R(t) \\ y_R(t+\Delta t) - y_R(t) \\ \theta_R(t+\Delta t) - \theta_R(t) \end{bmatrix} \quad \cdots\cdots\cdots\cdots \quad (2\text{-}16)$$

しかしながら、この式では、走行ロボット R をどのように動かせばよ

いか、不明確である。

　そこで、図 2.3（b）に示すように、時刻 t の走行ロボット **R** の座標系で考察しよう。時刻 t のロボット座標系 **R** において、時間 Δt 経過したときの走行ロボット $\boldsymbol{R_R}(t+\Delta t)$ は、**R**(t) からの変化量、つまり、差分 $\Delta \boldsymbol{R}$ となる。

$$\Delta \boldsymbol{R} = \boldsymbol{R_R}(t+\Delta t) = [\,x_{RR}(\Delta t) \quad y_{RR}(\Delta t) \quad \theta_{RR}(\Delta t)\,]^{T} \quad \cdots\cdots (2\text{-}17)$$

時間に対する X_R 軸、Y_R 軸方向の変化率、および、角度の変化率をそれぞれ前進速度 v_X、横行速度 v_Y、旋回角速度 ω_R とよぶことにすると、下

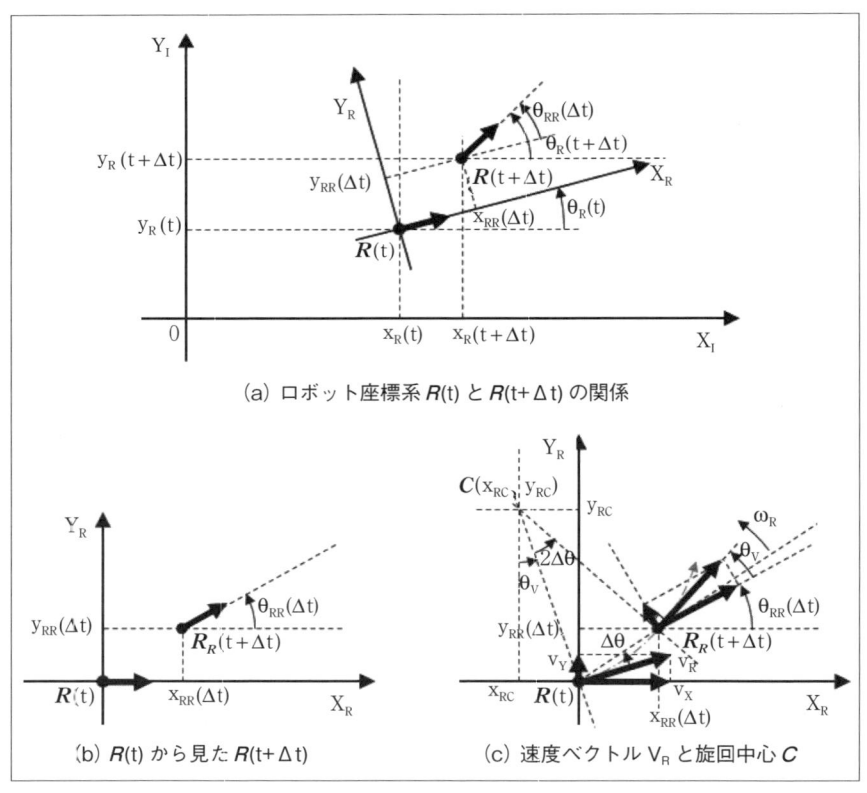

（a）ロボット座標系 **R**(t) と **R**(t+Δt) の関係

（b）**R**(t) から見た **R**(t+Δt)

（c）速度ベクトル V_R と旋回中心 **C**

〔図 2.3〕ロボット座標系の動き

記のように記述できる。

$$v_X = \lim_{\Delta t \to 0} (x_{RR}(\Delta t)/\Delta t) \quad \cdots\cdots\cdots\cdots\cdots\cdots\cdots\cdots\cdots \text{(2-18)}$$

$$v_Y = \lim_{\Delta t \to 0} (y_{RR}(\Delta t)/\Delta t) \quad \cdots\cdots\cdots\cdots\cdots\cdots\cdots\cdots\cdots \text{(2-19)}$$

$$\omega_R = \lim_{\Delta t \to 0} (\theta_{RR}(\Delta t)/\Delta t) \quad \cdots\cdots\cdots\cdots\cdots\cdots\cdots\cdots \text{(2-20)}$$

前進速度 v_X、横行速度 v_Y のベクトル和で表される走行速度 $\boldsymbol{v_R}$ は

$$\boldsymbol{v_R} = v_X + jv_Y = |\boldsymbol{v_R}| \cdot \exp(j\theta_V) \quad \cdots\cdots\cdots\cdots\cdots\cdots\cdots \text{(2-21)}$$

となる。ここで、jは虚数で、x_R 軸と直交する y_R 軸方向の単位ベクトルを表す。また、走行速度 $\boldsymbol{v_R}$ の絶対値は下記の式で算出できる。それをスカラー量の走行速度 v とも表現する。

$$v_R = |\boldsymbol{v_R}| = \sqrt{v_X^2 + v_Y^2} \quad \cdots\cdots\cdots\cdots\cdots\cdots\cdots\cdots \text{(2-22)}$$

走行速度 $\boldsymbol{v_R}$ の方向は、常に走行ロボット $\boldsymbol{R}$ が移動したときの走行軌跡の接線方向になる。そのため、図 2.3（c）に示すように、走行ロボット $\boldsymbol{R}$ の旋回中心 $\boldsymbol{C}(x_{RC}, x_{RC})$ は次のように求められる。

まず、旋回するときの曲率半径 r は

$$r = |\boldsymbol{v_R}|/\omega_R \quad \cdots\cdots\cdots\cdots\cdots\cdots\cdots\cdots\cdots\cdots \text{(2-23)}$$

であることから、x_{RC}、x_{RC} はそれぞれ次式により計算できる。

$$x_{RC} = -r \cdot \sin\theta_V \quad \cdots\cdots\cdots\cdots\cdots\cdots\cdots\cdots\cdots \text{(2-24)}$$

$$y_{RC} = r \cdot \cos\theta_V \quad \cdots\cdots\cdots\cdots\cdots\cdots\cdots\cdots\cdots \text{(2-25)}$$

以上のことから、前進、並進、及び、旋回を同時に行うことにより、速度、角速度が一定であっても様々な運動を行うことができる。なお、次項で説明する駆動方式によっては、並進できるものとできないものがある。表 2.5 の中では、並進できる駆動方式は 4 輪操舵・2 輪駆動方式とメカナムホイル駆動方式である。その他の方式は並進できないので、$v_Y = 0$ となる。

　そのため、制御方法に工夫が必要な場合もあるが、常に旋回中心 **C** を考慮して動作を把握すれば、複雑な制御を必要とする走行ロボットの動きも比較的理解しやすい。

　ここで、表2.7に走行ロボットの動きに関する主な変数をまとめておく。

２.２.２　差動２輪駆動方式

　図2.4に差動２輪駆動方式の一例を示す。左右の後輪をそれぞれ１つのモータで駆動するもので、他の方式に比べてシンプルな構成になっている点が特徴である。この走行ロボットは２つの車輪の回転角速度、つまり、左右の車輪を駆動するモータ角速度 ω_{ML}、ω_{MR} だけで、走行速度 v と旋回角速度 ω_R を制御できる。

　まず、走行ロボット **R** を横方向から見た状態を図2.5に示す。この図において、車輪の半径を r_W とすると、左右の車輪速度 v_L、v_R は下記の

〔表 2.7〕数式で用いる走行ロボットの記号

名称	記号	単位	内容
走行速度	v	m/s	走行ロボット **R** の速度（スカラー量） v_Y=0 のときは、v_X=v=|v| であり、 本書第３章以降の説明では v_Y=0 に限定する。
前進速度 （後進速度）	v_X	m/s	X_R 軸方向の速度（なお、負値のときは、後進速度とよぶ。）
横行速度	v_Y	m/s	Y_R 軸方向の速度
旋回角速度	ω_R	rad/s	走行ロボット **R** の旋回する角速度
曲率半径	r	m	走行ロボット **R** の旋回する円弧の半径
曲率	1/r	m^{-1}	曲率半径の逆数
トレッド	T_r	m	左右の車輪中央の間の距離
ホイールベース	W_h	m	前後の車軸間の距離

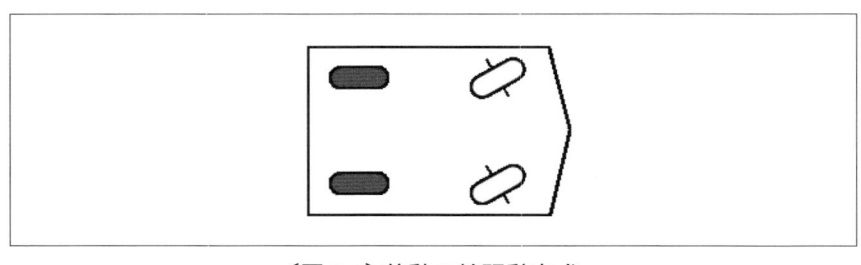

〔図 2.4〕差動２輪駆動方式

ように記述できる。

$$v_L = r_W \cdot \omega_{ML} \quad \cdots\cdots\cdots\cdots\cdots\cdots\cdots\cdots\cdots\cdots\cdots\cdots\cdots\cdots\cdots\cdots\cdots \quad (2\text{-}26)$$

$$v_R = r_W \cdot \omega_{MR} \quad \cdots\cdots\cdots\cdots\cdots\cdots\cdots\cdots\cdots\cdots\cdots\cdots\cdots\cdots\cdots\cdots\cdots \quad (2\text{-}27)$$

なお、差動2輪駆動方式の原点は左右駆動輪の間の中心としている。図2.6

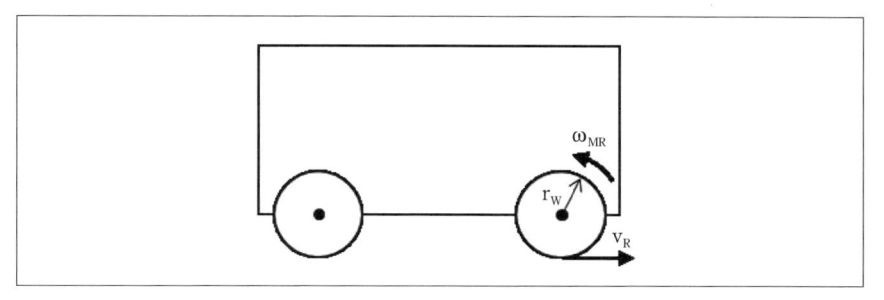

〔図2.5〕モータ角速度と車輪速度

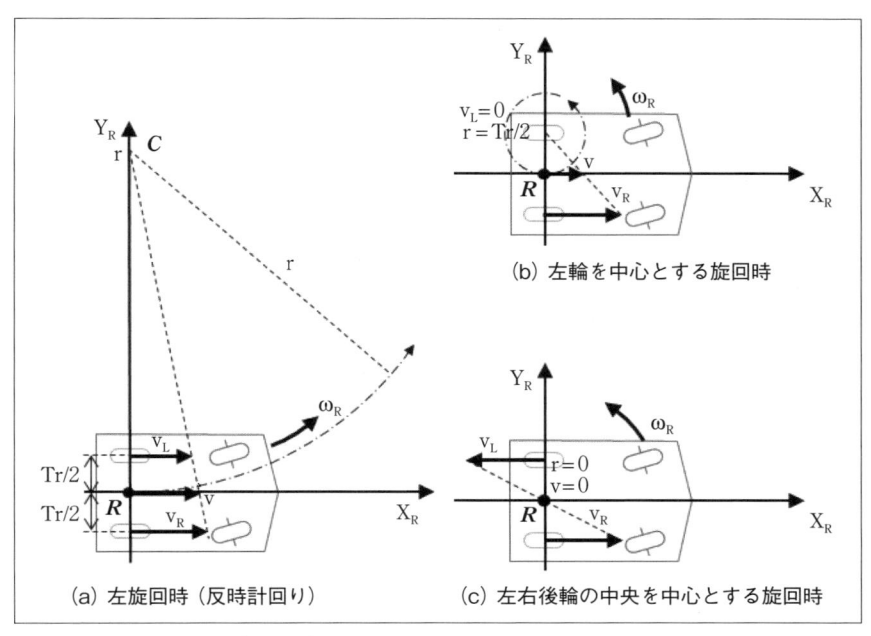

〔図2.6〕差動2輪駆動方式の動作原理

でわかるように、このように設定することで、左右の駆動輪軸と一致する軸上の点を中心として走行ロボット $\boldsymbol{R}$ は旋回することになるので、この駆動方式の動作を理解しやすくなる。

　そのときの走行ロボット $\boldsymbol{R}$ の速度 v と旋回角速度 ω_R は、トレッドを Tr とすると、

$$\omega_R = v/r = v_L/(r - Tr/2) = v_R/(r + Tr/2) \quad \cdots\cdots\cdots\cdots\cdots (2\text{-}28)$$

の関係が成立つ。さらに、走行ロボット $\boldsymbol{R}$ から旋回中心 C までの距離である曲率半径 r は式 (2-29) のように展開できる。

$$r = (Tr/2) \cdot (v_R + v_L)/(v_R - v_L) \quad \cdots\cdots\cdots\cdots\cdots\cdots\cdots (2\text{-}29)$$

　差動 2 輪駆動方式は横行速度 $v_Y = 0$ であり、走行速度 v は前進速度 v_X と同じである。

　これらの式を用いると、走行速度 v、旋回角速度 ω_R は左右の車輪速度 v_L、v_R より、式 (2-30) で求められる。なお、旋回角速度は反時計回りを正値、時計回りを負値とする。曲率半径 r についても、正値は反時計回りを、負値は時計回りを意味すると定義する。

$$\begin{bmatrix} v \\ \omega_R \end{bmatrix} = \begin{bmatrix} 1/2 & 1/2 \\ 1/Tr & -1/Tr \end{bmatrix} \begin{bmatrix} v_R \\ v_L \end{bmatrix} \quad \cdots\cdots\cdots\cdots\cdots\cdots (2\text{-}30)$$

　ここで、図 2.6 (b) に示すように、$v_R > 0$、$v_L = 0$ と制御すると、左後輪を中心に旋回することができる。式 (2-29) より、そのときの曲率半径 r は

$$r = Tr/2 \quad \cdots\cdots\cdots\cdots\cdots\cdots\cdots\cdots\cdots\cdots (2\text{-}31)$$

となる。さらに、図 2.6 (c) のように、$v_R = -v_L$ と制御すると、左右後輪の中央点を中心に旋回を行うことができる。つまり、曲率半径 r、走行速度 v は

$$r = 0 \text{、} \quad v = 0 \quad \cdots\cdots\cdots\cdots\cdots\cdots\cdots\cdots\cdots (2\text{-}32)$$

となる。なお、左右の駆動輪がロボット本体の後部でなく、その中央部に配置されている構造の場合には、ロボット本体の中心を旋回中心とすることができるので、超信地旋回（その場旋回）を実現できる。

また、v_R と v_L の速度比を $kv = (v_R/v_L)$ とすると、式 (2-29) は

$$r = (Tr/2) \cdot (kv + 1)/(kv - 1) \quad \cdots\cdots\cdots\cdots\cdots\cdots\cdots\cdots\cdots\cdots \quad (2\text{-}33)$$

となるので、走行ロボット $\boldsymbol{R}$ が停止状態からでも、速度比 kv を一定の値に制御しながら、左右輪の速度を加速することで、所望の曲率半径 r で動かすことができる点も 1 つの特徴である。

　以上のように、この駆動方式は左右の車輪速度を制御することにより、走行速度 v と旋回角速度 ω_R を同時に目標値にできるので、比較的容易に走行ロボット $\boldsymbol{R}$ を目的地に移動させることができる特徴を持っている。

　この差動 2 輪駆動方式の特性をより深く把握するため、図 2.7、図 2.8 を用いて、特性を考察する。

　図 2.7 は、左車輪速度 v_L を 1m/s 一定として、右車輪速度 v_R に対する走行速度 v、曲率 (1/r)、曲率半径 r の特性を示したものである。当然のことながら、走行速度 v は式 (2-30) より求めることができ、右車輪速度 v_R が 1m/s のとき、走行ロボットは直進する。右車輪速度 v_R が 1m/s を超えるときには、走行ロボットは反時計方向（CCW）に旋回し、1m/s より小さいときには、時計方向（CW）に旋回することが図 2.7 (b) に示されている。また、右車輪速度 v_R が－1m/s のときには、時計方向に超信地旋回する。右車輪速度 v_R が－1m/s より小さいときには、時計方向に旋回しながら、後進することになる。図 2.7 (c) の曲率と、図 2.7 (d) の曲率半径は逆数の関係になる。右車輪速度 v_R が 1m/s で、直進状態のときには、曲率半径は無限大になるが、当然、曲率は 0 になる。曲率で考えると、直進のときの制御と旋回のときの制御を統一的に取り扱うことができる。また、図 2.7 (c) に示すように、走行ロボットが前進しているときで、かつ、曲率 (1/r) が正の場合には、反時計方向で旋回する。これは走行ロボットの角度 θ_R が増加することを意味している。走行速度 v が正で、かつ、曲率 (1/r) が負の場合には、時計方向に旋回する。

しかし、右車輪速度が−1m/s より小さい状態のときには、走行速度 v が負であるが、曲率（1/r）は正値になっているにもかかわらず、時計方向に旋回している。この現象は次のように考える。

　曲率（1/r）が正値であるということが旋回方向を決定するのではなく、旋回中心、つまり、曲率半径 r の中心点 **C** がロボット座標 **R** から見て、左側面、つまり、y_R 軸の正方向にあることを意味している。こ

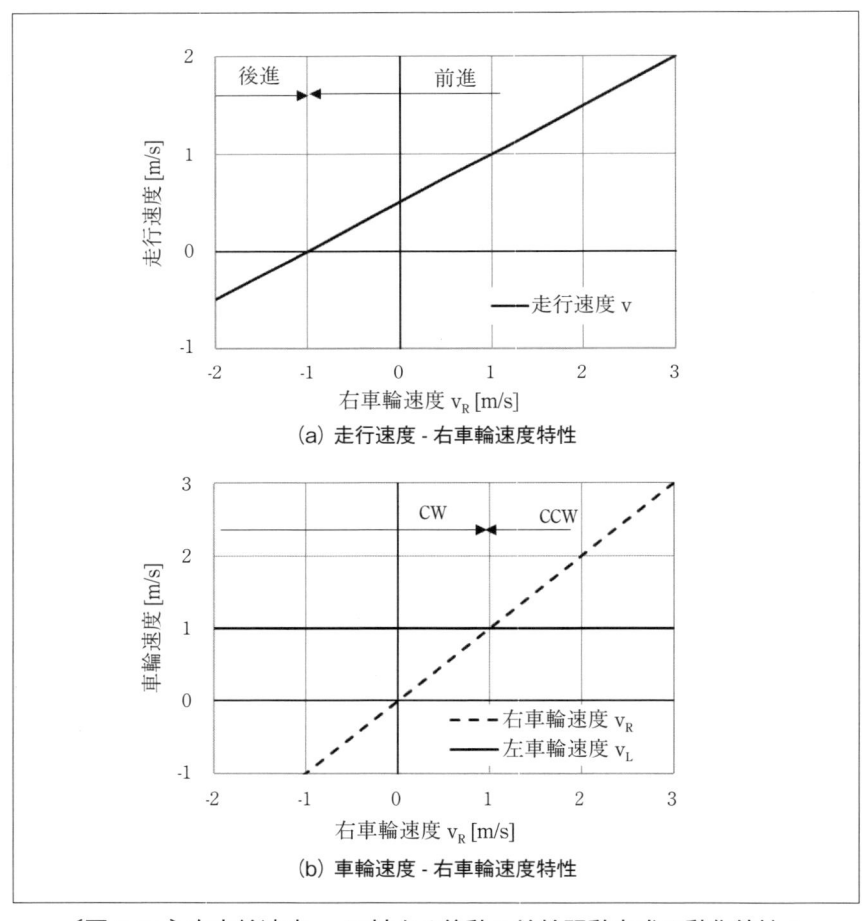

（a）走行速度 - 右車輪速度特性

（b）車輪速度 - 右車輪速度特性

〔図 2.7-1〕右車輪速度 v_R に対する差動 2 輪輪駆動方式の動作特性 1
（左車輪速度 v_L=1m/s 一定のとき）

の特性を利用して、走行制御を構築することが有効であると考える。

　図2.8 には、走行速度 v を 1m/s 一定として、右車輪速度 v_R に対する左車輪速度 v_L、曲率（1/r）、曲率半径 r の特性を示す。走行速度 v を一定にするという条件のため、右車輪速度 v_R を増加させたときには、左車輪速度 v_L の値を減少させている。図2.8（c）に示す曲率は右車輪速度 v_R の増加に対して直線的に増加する。また、その逆数である曲率半径 r は右車輪速度 v_R＝1m/s を軸として反比例の関係になっている。この特

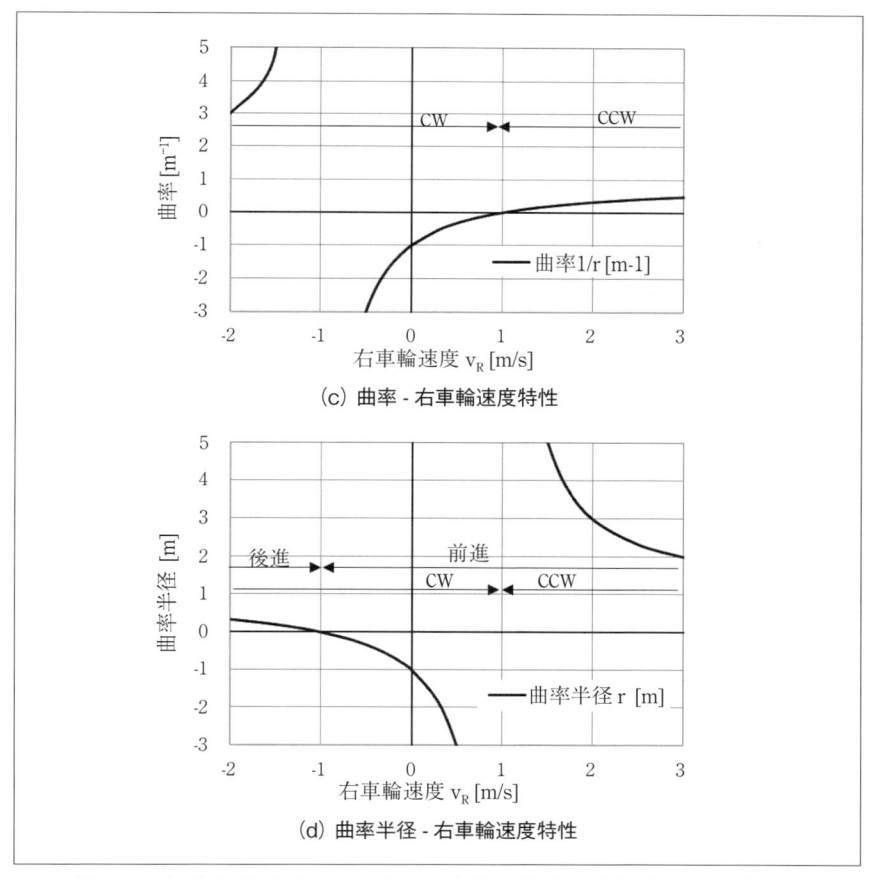

（c）曲率 - 右車輪速度特性

（d）曲率半径 - 右車輪速度特性

〔図 2.7-2〕右車輪速度 v_R に対する差動 2 輪輪駆動方式の動作特性 1
（左車輪速度 v_L＝1m/s 一定のとき）

性は式 (2-29) から容易に理解できる。

　一般に、曲率半径 r は曲率 (1/r) よりもイメージとしてわかりやすいが、第 7 章の制御方法では、曲率半径 r の逆数である曲率 (1/r) を用いて制御する方法を紹介する。その理由は下記のとおりである。

　①曲率半径 r は直線走行の場合に無限大となる。

　②曲率 (1/r) を用いると、直線走行は 0 となり、直線に近い円弧、つまり、曲率半径 r が大きいときほど曲率 (1/r) は 0 に近い値になる。

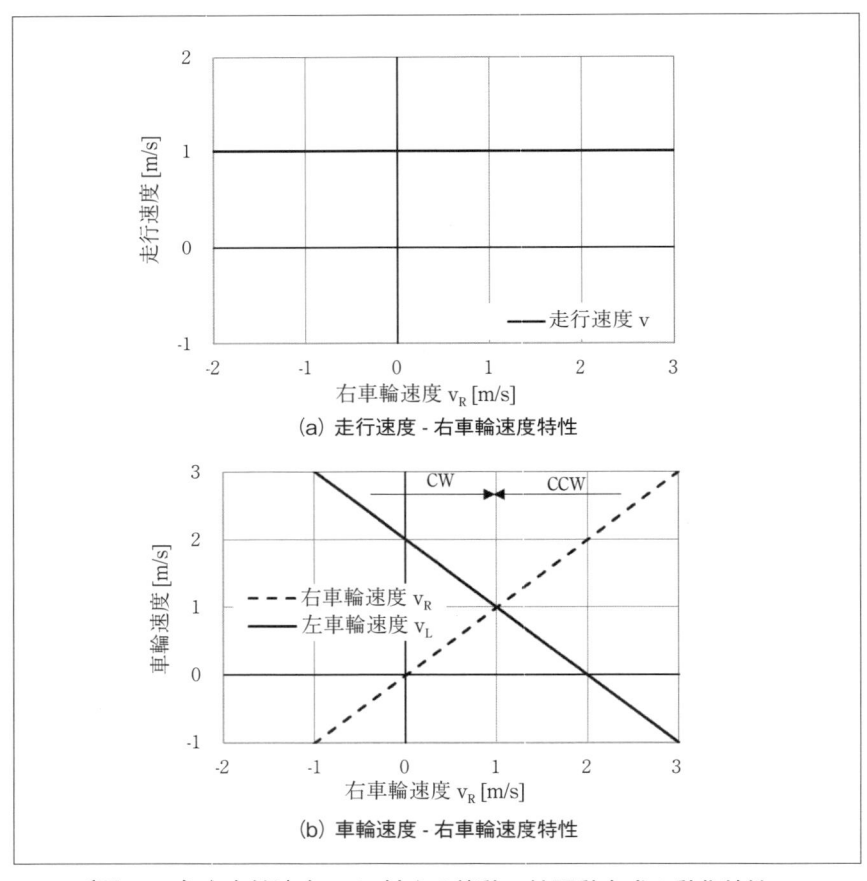

〔図 2.8-1〕右車輪速度 v_R に対する差動 2 輪駆動方式の動作特性 2
（走行速度 v=1m/s 一定のとき）

③走行ロボットが前進する場合には、曲率（1/r）は反時計方向の旋回を正値、時計方向の旋回を負値とする。

このような曲率（1/r）を用いると、走行制御を統一的に取り扱える可能性が高い。なお、後進するときは、曲率（1/r）は時計方向に旋回する場合を正値、反時計方向に旋回する場合を負値とするので、その点も理解した上で、制御系を構成することが重要である。ただし、超信地旋回に関しては、別の制御システムとして取り扱うことが必要になる。

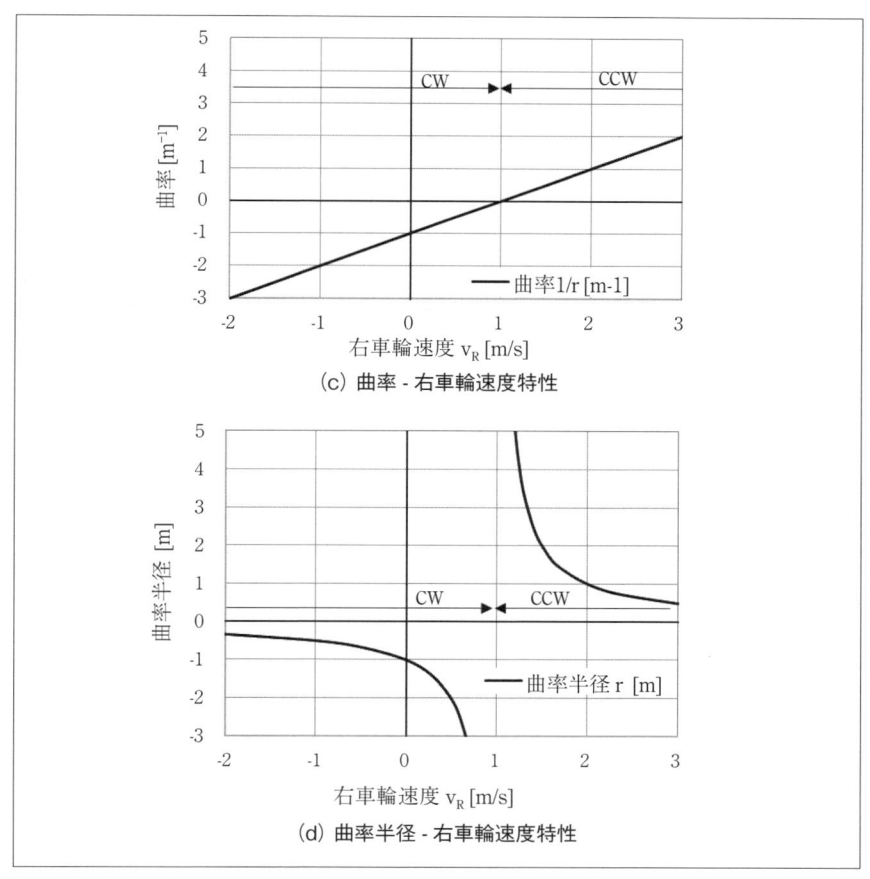

〔図 2.8-2〕右車輪速度 v_R に対する差動 2 輪駆動方式の動作特性 2
（走行速度 v=1m/s 一定のとき）

2.2.3 前輪操舵・前輪駆動方式

　図2.9に前輪操舵・前輪駆動方式の構成例を示す。操舵機構（ステアリング機構）と操舵用モータと駆動用モータが前輪の1個所に集中している点が特徴であり、後進時の小回りが可能なフォークリフトの駆動方式の1つとして採用されている。通常、フォークリフトはフォークがある方向を後部、ない方向を前部と称しているようである。また、4輪と3輪の違いはあるものの、前輪駆動の自動車、いわゆる、FF車（Front-Engine Front-Drive）も同じ駆動方法といえる。

　図2.9に示すような3輪構造の走行ロボットは一般的には操舵角を360°どの方向にも制約なく操舵できる。それに対して、4輪のFF車は操舵のためのリンク機構があるため、操舵角の範囲が制限されており、車両の前面に対して、直交方向に舵角を操作することはできない点が異なる。

　前輪操舵・前輪駆動方式の場合も、差動2輪駆動方式と同様に、後輪の車軸と一致する軸上の点を中心として旋回することになるので、後輪軸上で、かつ、左右の後輪の中間点を原点Rとする。

　次に、図2.10を用いて、駆動時の速度の関係式を導出しよう。

　前輪の操舵角を θ_F、ホイールベースをWh、原点から旋回中心 C までの曲率半径をr、前輪から旋回中心 C までの距離を r_F とすると、幾何学的に、式(2-34)、式(2-35)が成立つ。

$$r = Wh \cdot \cot\theta_F \quad \cdots\cdots\cdots\cdots\cdots\cdots\cdots\cdots\cdots\cdots\cdots\cdots \quad (2\text{-}34)$$

$$Wh = r_F \cdot \sin\theta_F \quad \cdots\cdots\cdots\cdots\cdots\cdots\cdots\cdots\cdots\cdots\cdots\cdots \quad (2\text{-}35)$$

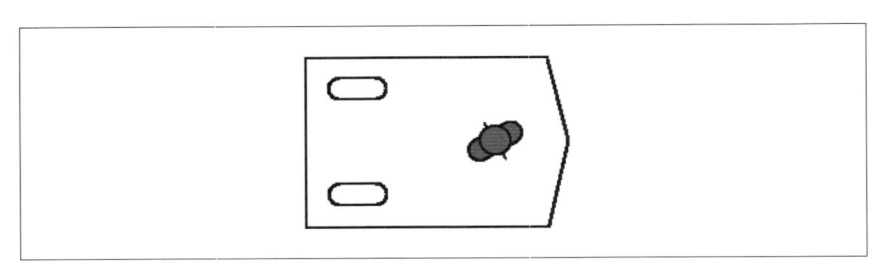

〔図2.9〕前輪操舵・前輪駆動方式

また、旋回角速度 ω_R は、下記の関係式で得られる。

$$\omega_R = v/r = v_F / r_F \quad \cdots\cdots\cdots\cdots\cdots\cdots\cdots\cdots\cdots \quad (2\text{-}36)$$

以上の関係から、前輪速度 v_F と操舵角 θ_F が与えられれば、走行速度 v、旋回角速度 ω_R は

$$\begin{bmatrix} v \\ \omega_R \end{bmatrix} = \begin{bmatrix} \cos\theta_F \\ \sin\theta_F / Wh \end{bmatrix} \begin{bmatrix} v_F \end{bmatrix} \quad \cdots\cdots\cdots\cdots\cdots\cdots\cdots \quad (2\text{-}37)$$

となる。

式 (2-37) を用いて、図 2.9 の駆動方式の特性について考察しよう。

まず、曲率半径 r を考えると、

$$r = v/\omega_R = Wh \cdot \cot\theta_F \quad \cdots\cdots\cdots\cdots\cdots\cdots\cdots \quad (2\text{-}38)$$

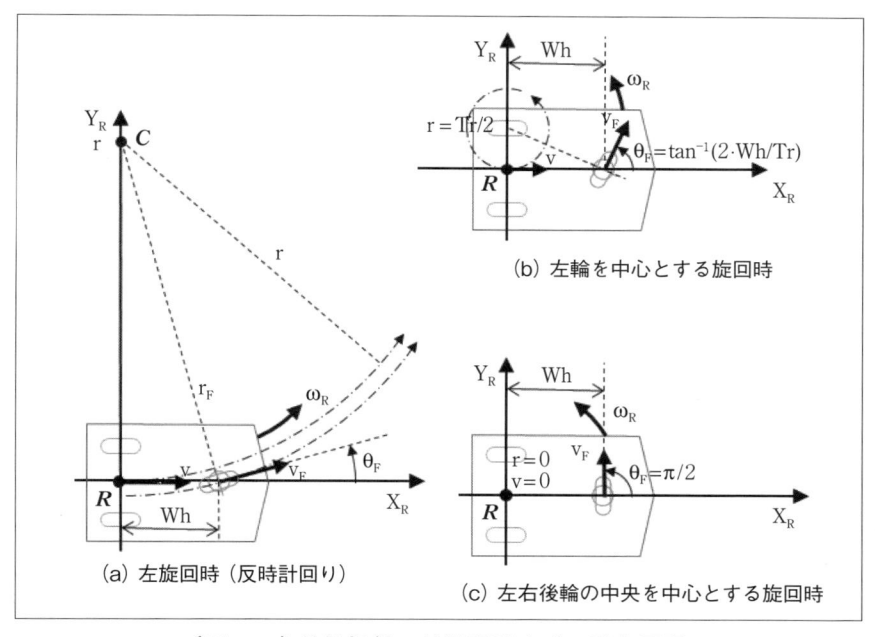

〔図 2.10〕前輪操舵・前輪駆動方式の動作原理

という式を得ることができる。この式により、走行速度 v にかかわらず、図 2.9 の駆動方式は操舵角 θ_F を与えるだけで、曲率半径 r が決まるので、走行経路が確定できる特徴があることを意味している。

　また、この式からわかるように、操舵角 $\theta_F = 0$ のときには、旋回角速度 $\omega_R = 0$ となり、当然のことながら、走行ロボット R は前進することになる。それに対して、操舵角 $\theta_F = 90°$ にすると、

$$v = 0、\quad \omega_R = v_F / Wh$$

となるので、図 2.10（c）のように、左右の後輪の中間点、つまり、原点 R を中心に旋回させることができる。さらに、図 2.6（b）と同じように、左後輪を中心に旋回させるためには、r = Tr/2 とすればよい。これを式（2-38）に代入することで、次式が求められる。

$$\theta_F = \tan^{-1}(2 \cdot Wh/Tr) \quad \cdots\cdots\cdots\cdots\cdots\cdots\cdots\cdots\cdots\cdots\cdots\cdots (2\text{-}39)$$

　このように、操舵角 θ_F を制御するだけで、差動 2 輪駆動方式と同じように、走行ロボットを動かせることが理解できる。

　なお、操舵角 θ_F を所望の角度にするには、操舵モータの位置を制御する必要があるため、時間を要する。希望する走行経路どおりに走行ロボットを動かすためには、ロボットが走行する前に事前に操舵角 θ_F を所定の角度にしておかなければならないので、据切り時間を考慮する必要がある。

　ここで、ガイド式 AGV の駆動方式として、比較的よく採用されている方法を紹介する。この方式は、原理的には前輪操舵・前輪駆動方式と同じである。

　図 2.9 の前輪操舵・前輪駆動機構を、図 2.4 に示した差動 2 輪駆動方式に置換えたものである。図 2.11 にその構成を示す。この駆動方法は複雑な操舵機構を除いて差動 2 輪機構のユニットを採用することで、狭いスペースにコンパクトに操舵機能と駆動機能を 1 つにまとめた点が特徴である。

　図 2.12 にこの動作原理を示す。差動 2 輪機構の前輪ユニットにおいて、

右前輪と左前輪の速度をそれぞれ v_R、v_L とすると、前輪の平均速度 v_F が図 2.10 に示した前輪の速度に相当する。

$$v_F = (v_R + v_L)/2 \quad \cdots\cdots\cdots\cdots\cdots\cdots\cdots\cdots\cdots\cdots (2\text{-}40)$$

前輪ユニットは、バネ等により、停止状態のときに走行ロボットの前方を向く構造を採用していることが多いが、それ以外は、左右の車輪の駆動状態だけにより、図 2.10 の操舵角 θ_F が決定されると考えてよい。

前輪ユニットの操舵角が θ_F の状態であったとすると、走行ロボットの曲率半径 r は前述したとおり、式 (2-38) で与えられる。そのとき、

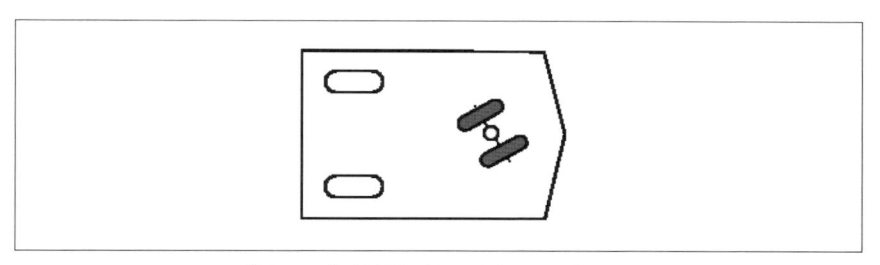

〔図 2.11〕前輪操舵・前輪駆動方式 2

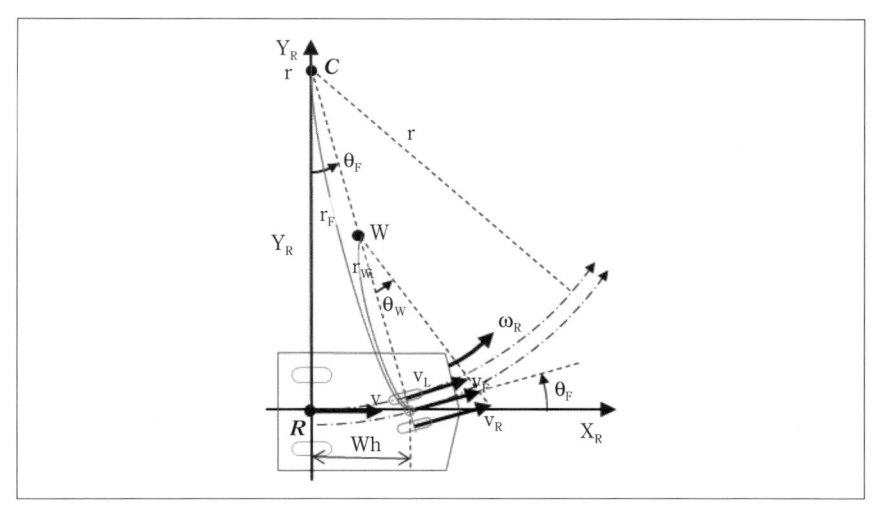

〔図 2.12〕前輪操舵・前輪駆動方式 2 の動作原理

前輪の曲率半径 r_F は式 (2-35) で計算される。また、走行速度 v、旋回角速度 ω_R は式 (2-37) となる。このときの前輪速度 v_F は式 (2-40) である。ここまでは、図 2.10 とほぼ同じ特性である。

　前輪ユニットの差動 2 輪機構により、その操舵角 θ_F をどのように制御するかを次に説明する。前輪ユニットのトレッドを Tr とすると、その角速度 ω_W は、式 (2-30) と同様に、

$$\omega_W = (v_R - v_L)/Tr \quad \cdots\cdots\cdots\cdots\cdots\cdots\cdots\cdots\cdots\cdots (2\text{-}41)$$

で計算される。従って、その曲率半径 r_W は次式となる。

$$r_W = v_F/\omega_W = (v_R + v_L)\,Tr/\{2\,(v_R - v_L)\} \quad \cdots\cdots\cdots\cdots\cdots (2\text{-}42)$$

なお、前輪ユニットの旋回中心 W は図 2.12 に示すとおりである。このように、曲率半径 r_W は左右の前輪速度 v_R、v_L により任意に制御できる。そのため、図 4.12 からわかるように、点 C を中心とする走行ロボットの前輪の曲率半径 r_F と点 W を中心とする前輪ユニットの曲率半径 r_W とは必ずしも一致するとは限らないことに留意する必要がある。

　r_F と r_W が一致しているときには、前輪ユニットの角速度 $\omega_W(=v_F/r_W)$ と、走行ロボットの角速度 $\omega_R(=v_F/r_F)$ が同じになるので、前輪ユニットの操舵角 θ_F は変化することなく、一定である。これにより、走行ロボットは点 C を中心として定常的に円弧状に旋回することができる。

　これに対して、r_F と r_W が異なるときには、前輪ユニットの角速度 ω_W と走行ロボットの角速度 ω_R も異なるので、前輪ユニットの操舵角 θ_F は次のように変化する。

$$d\theta_F/dt = \omega_W - \omega_R = (v_R - v_L)/Tr - (v_R + v_L)\sin\theta_F/(2Wh) \quad (2\text{-}43)$$

この式によれば、左右の前輪速度 v_R、v_L を用いると、操舵角 θ_F を制御できることがわかる。

　この駆動方式は、駆動部を非常にコンパクトにまとめることができるので、ガイド式 AGV の小型キットとしていくつか製品化されている。

２．２．４　前輪操舵・差動機構付後輪駆動方式

　図2.13（a）は前輪操舵・差動機構付後輪駆動方式の構成例である。操舵用モータにより操舵機構を介して、前輪を操舵する。また、駆動用モータからの駆動力を差動機構に出力することで、左右の後輪を駆動する。この駆動方式は後輪駆動の自動車、いわゆる、FR 車（Front Engine Rear Drive）、RR 車（Rear Engine Rear Drive）と同じである。操舵方式、駆動方式ともに、それぞれ2輪ずつの車輪で構成され、それにより、走行軌跡が決まる。

　駆動用モータのトルク τ_M[Nm]、回転速度 ω_M[rad/s]、出力 P_M[W] の関係は次式で表される。

$$P_M = \tau_M \cdot \omega_M \quad\cdots\cdots\cdots\cdots\cdots\cdots\cdots\cdots\cdots (2\text{-}44)$$

このモータトルク τ_M[Nm] により後輪は駆動されるが、差動機構があることにより、左右の後輪に発生する駆動力 F_L、F_R は同じ駆動力 F[N] となる。車輪半径を r_W、差動機構の減速比を n とすると、

$$F = F_L = F_R = \tau_M / (n \cdot r_W) \quad\cdots\cdots\cdots\cdots\cdots\cdots\cdots (2\text{-}45)$$

で与えられる。また、差動機構における回転速度 ω_M[rad/s] と左右の後輪の車輪速度 v_L[m/s]、v_R[m/s] の関係は次のようになる。

$$v_L + v_R = (n \cdot r_W) \omega_M \quad\cdots\cdots\cdots\cdots\cdots\cdots\cdots (2\text{-}46)$$

駆動モータで発生した出力 P_M は差動機構により左後輪出力 P_L と右後輪

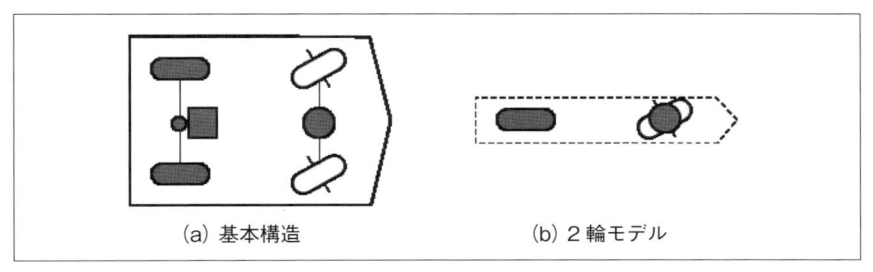

（a）基本構造	（b）2 輪モデル

〔図 2.13〕前輪操舵・差動機構付後輪駆動方式

出力 P_R を分割される。損失がないという前提であれば、当然のことながら、式（2-44）～式（2-46）を用いることにより、下記の式が成り立つことは言うまでもない。

$$P_M = \tau_M \cdot \omega_M = F \cdot (n \cdot r_W) \cdot (v_R + v_L)/(n \cdot r_W)$$
$$= F_L\, v_L + F_R\, v_R = P_L + P_R \qquad \cdots\cdots\cdots\cdots (2\text{-}47)$$

次に、前輪が2輪の場合の前輪操舵方式を図2.14（a）を用いて説明する。左前輪と右前輪は操舵リンク機構により、わずかに異なる角度で操舵される。この図の旋回中心 *C* は、差動2輪駆動方式や前輪操舵・前輪駆動方式と同様に、後輪の車軸と一致する直線上になる。左前輪と右前輪に関して、それぞれの操舵角 θ_{FL}、θ_{FR} が

$$\theta_{FL} = \tan^{-1}\{Wh/(r - Tr/2)\} \qquad \cdots\cdots\cdots\cdots\cdots\cdots\cdots\cdots (2\text{-}48)$$

$$\theta_{FR} = \tan^{-1}\{Wh/(r + Tr/2)\} \qquad \cdots\cdots\cdots\cdots\cdots\cdots\cdots\cdots (2\text{-}49)$$

となるように、操舵リンク機構が働く。これにより、車輪が横すべりを生じることなく、走行ロボットは旋回中心 *C* を中心にスムーズに旋回走行することができる。なお、リンク機構を用いているため、物理的に、図2.13 の前輪操舵・後輪駆動方式の操舵角 θ_{FL}、θ_{FR} は図2.9 の前輪操舵・前輪駆動方式と異なり、

$$-\pi/2 < (\theta_{FL}、\theta_{FR}) < \pi/2 \qquad \cdots\cdots\cdots\cdots\cdots\cdots\cdots (2\text{-}50)$$

に制限される。そのため、図2.10（c）のような左右後輪の中央を中心とする旋回はできない。

さて、既に、旋回中心 *C* を中心に走行ロボットが速度 v で旋回する場合には、旋回角速度 ω_R、左後輪速度 v_L、および、右後輪速度 v_R は式（2-28）となることを説明した。

$$\omega_R = v/r = v_L/(r - Tr/2) = v_R/(r + Tr/2) \qquad \cdots\cdots\cdots\cdots (2\text{-}28)（再記）$$

従って、左後輪出力 P_L と右後輪出力 P_R の値は式（2-51）、式（2-52）に示すように異なることを理解しておくことが重要である。

$$P_L = F_L \cdot v_L = F \cdot v \cdot (r - Tr/2)/r \quad \cdots\cdots\cdots\cdots\cdots\cdots\cdots\cdots\cdots \text{(2-51)}$$

$$P_R = F_R \cdot v_R = F \cdot v \cdot (r + Tr/2)/r \quad \cdots\cdots\cdots\cdots\cdots\cdots\cdots\cdots\cdots \text{(2-52)}$$

　以上のことを理解した上で、簡単化のために、ここでは、図 2.14 (a) は図 2.14 (b) のような 2 輪モデルで置き換えて考えよう。具体的には図 2.14 で説明する。図 2.14 (b) に示す前輪の操舵角 θ_F は、

$$\theta_F = \tan^{-1}(Wh/r) \quad \cdots\cdots\cdots\cdots\cdots\cdots\cdots\cdots\cdots\cdots \text{(2-53)}$$

で表され、図 2.14 (a) の左右前輪の操舵角 θ_{FL}、θ_{FR} の平均値とほぼ考えてよい。

$$\theta_F \fallingdotseq (\theta_{FL} + \theta_{FR})/2 \quad \cdots\cdots\cdots\cdots\cdots\cdots\cdots\cdots\cdots \text{(2-54)}$$

操舵角 θ_F と旋回中心 C の関係は、図 2.10 と図 2.14 の場合で違いはなく、同じである。それに対して、駆動輪の速度が同じであっても、図 2.10

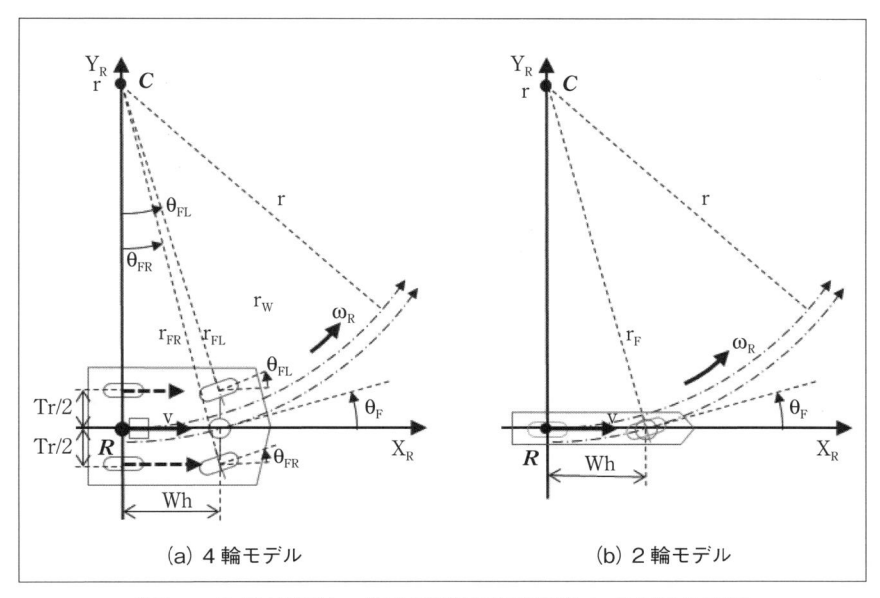

(a) 4 輪モデル　　　　　　　　(b) 2 輪モデル

〔図 2.14〕前輪操舵・差動機構付後輪駆動方式の動作原理

と図 2.14 の場合で、走行ロボットの旋回角速度 ω_R は異なることに留意しておくことが必要である。つまり、図 2.10 の場合、前輪駆動輪の速度 v_F が与えられると、

$$\omega_R = v_F / r_F \quad \cdots\cdots\cdots\cdots\cdots\cdots\cdots\cdots\cdots\cdots\cdots\cdots (2\text{-}55)$$

という旋回角速度 ω_R になるのに対して、図 2.14 の場合には、後輪駆動輪の速度 v のときの旋回角速度 ω_R は次式となる。

$$\omega_R = v / r \quad \cdots\cdots\cdots\cdots\cdots\cdots\cdots\cdots\cdots\cdots\cdots\cdots (2\text{-}56)$$

　従って、$v_F = v$ であっても、$r_F \neq r$ なので、式 (2-51) と式 (2-52) で得られる旋回角速度 ω_R は異なることがわかる。

　また、後輪駆動においては、転がりながら回転する力とともに、横滑りさせる力が前輪に加わる。そのため、$\theta_F = \pi/2$ の場合には、前輪を横滑りする力だけが働くことも理解しておくとよい。

2．2．5　4 輪独立操舵・2 輪独立駆動方式

　図 2.15 に示す 4 輪独立操舵・2 輪独立駆動方式は走行ロボットでいろいろな動かし方をする場合に活用できる方式である。

　4 輪すべてを操舵するために、独立して 4 つの操舵用モータが配置されるとともに、少なくとも、2 輪の車輪を駆動する駆動用モータが備わっている。

　図 2.16 に走行できる走行モードを示す。直線的に走行する動きとしては、直進モード、横行モード、斜行モードがあり、それぞれのモード

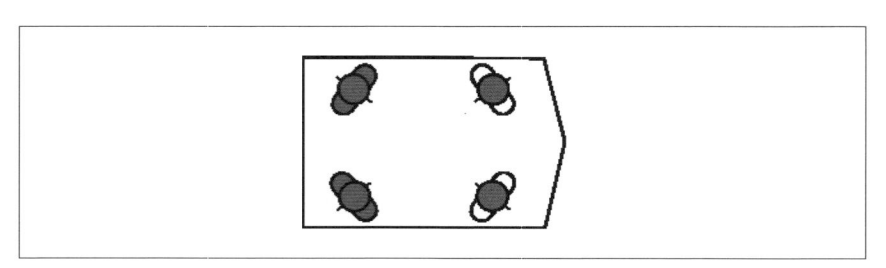

〔図 2.15〕4 輪独立操舵・2 輪独立駆動方式

を図 2.16 (a)、(b)、(c) に示す。いずれも、すべての車輪を走行方向に操舵した後、走行する方向に駆動用モータを回転することで、走行ロボットの車体の向きを変えることなく、希望する方向に移動することができる。走行ロボットを旋回させるときには、旋回中心 **C** に対して、す

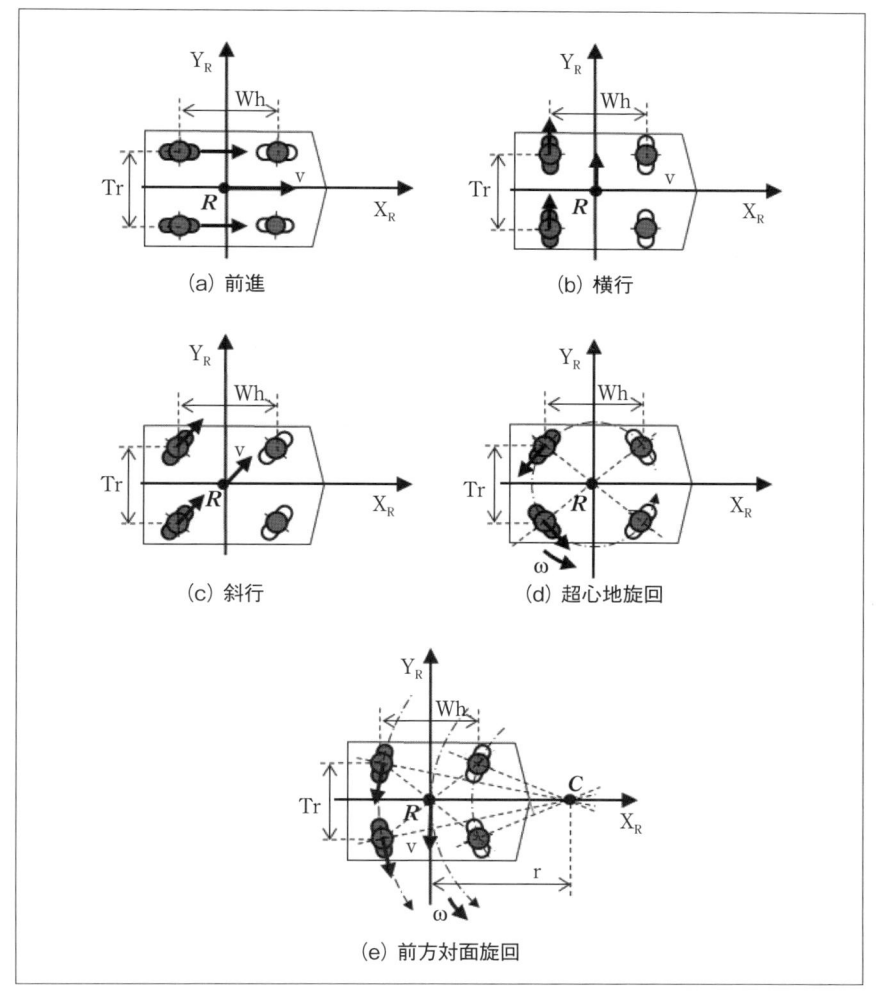

〔図 2.16〕4 輪独立操舵・2 輪独立駆動方式の動作原理

べての車輪の向きが垂直になるように、操舵用モータを操舵し、駆動用モータで走行する方向に回転すればよい。図 2.14 で説明したような通常の旋回だけでなく、特殊な旋回方法を実現することができる。例えば、図 2.16 (d) のように、走行ロボットの中心を旋回中心 C に設定すれば、超信地旋回を行うことができる。また、図 2.16 (e) に示すように、正面前方を旋回中心 C として選択することもできる。これにより、常に旋回中心 C に対面した状態のまま、走行ロボットを旋回させられる。

このように、この駆動方式は走行ロボットの走行方法をフレキシブルに選択できる特徴を有している。前輪操舵方式では旋回できないような狭い通路ではこの駆動方式が有効である。

しかしながら、この駆動方式にはいくつかの課題がある。まず、6 つのモータが必要であり、駆動系の機構も複雑になるので、コストパフォーマンスとしては優れているとは言い難い。また、駆動モードを切り替えるためには、走行を一旦停止する必要があり、切り替えに時間が必要である。その上で、操舵用モータにより各車輪を次のモードに合わせて操舵して走行を開始しなければならない。そのため、この駆動方式を採用した走行ロボットではきびきびした動きをすることが難しい場合があると思われる。

2.2.6 メカナムホイル駆動方式

オムニホイル、メカナムホイルなど、小型のローラであるバレルを複数配置した特殊な構造をした車輪がある。これらを用いた駆動方式は、車輪を操舵することなく、4 輪操舵方式と同様の動きを実現できる特徴を有している。ここでは、メカナムホイル駆動方式を紹介する。[19]

図 2.17 はメカナムホイルの写真を中心にして、上面図、下面図、左側面図、右側面図を示したものである。[20] この図からわかるように、メカナムホイルは車輪の表面に、車軸に対して 45° 傾けたバレルが複数配置されている。バレルは車軸に対して 45° 傾いた軸を中心に自由に回転することができる。車輪を回転したときに、走行ロボットを動かす駆動力について説明する。

メカナムホイルの各方向から見た図面は、図 2.17 のとおり同じ形状

をしている。しかし、上方から見たとき、メカナムホイルが走行面と接地しているバレルの傾きは、図 2.18（b）に示すように、上面図と 90°異なる。図面的には、上下を反転した形状であり、下から見たときの下面図（図 2.17）とは異なることに留意する必要がある。

　図 2.17 において、車輪が時計方向（ここでは、正転方向とよぶ）に回転すると、地面に接触している車輪は地面からの反力を受け、駆動力 F を生じる。この駆動力 F は車軸から 45°傾いたバレルの軸 a の方向の駆動力 Fa と、それに対して垂直方向の駆動力 Fp に分けることができる。そのうち、Fp については、バレルが自由に回転できるため、バレルを回転する力として働くだけで、走行ロボットを駆動する力とはならない。従って、走行ロボットを駆動する力としては、地面に接触しているバレルの軸方向の力 Fa になる。以下、本書では、メカナムホイルは図 2.18（c）のように、上面図と同じ方向の斜線を入れることにより、バレルの傾き方向を示すこととする。また、その際に走行ロボットに働く駆動力 Fa は図 2.18（d）のように斜線に対して垂直の方向になるので、留意してお

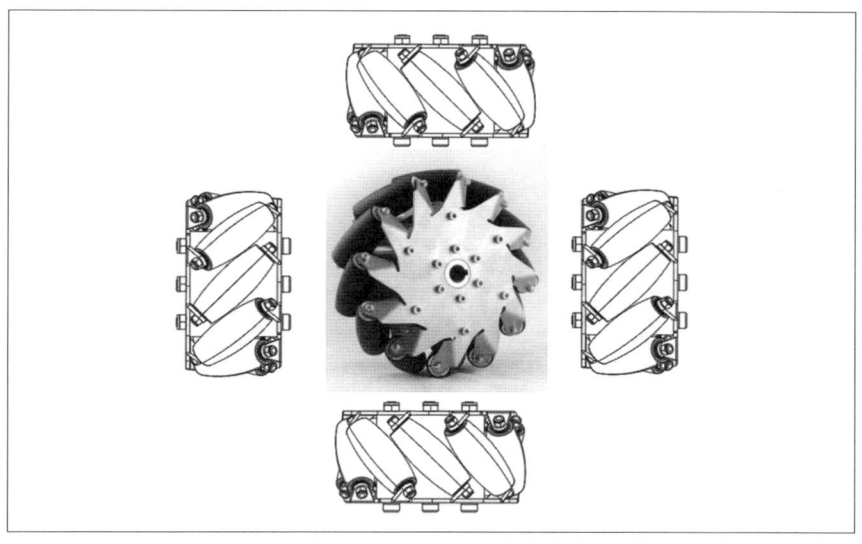

〔図 2.17〕メカナムホイルの構造

く必要がある。

　図2.19にメカナムホイル駆動方式の構成例を示す。上面から見たとき、左前輪と右後輪のバレルの軸が同じ方向（図2.19の右上から左下方向）になっており、右前輪と左後輪のバレルの軸と90°異なる配置になっている。

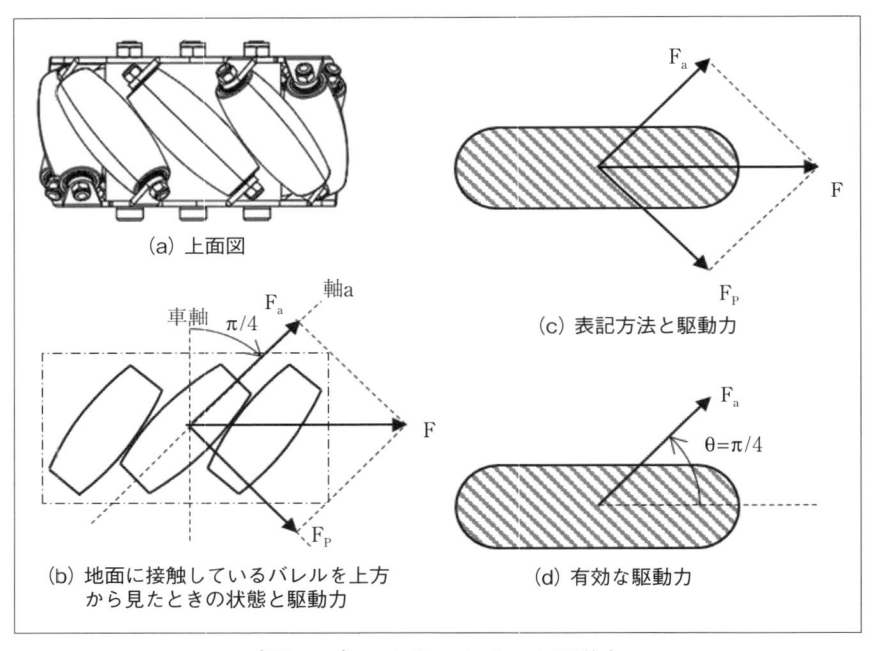

〔図2.18〕メカナムホイルの駆動力

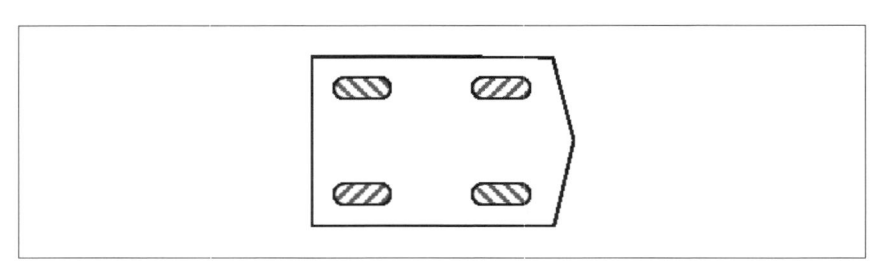

〔図2.19〕メカナムホイルの駆動方式

4輪独立操舵・2輪独立駆動方式と同じように動かす方法を図 2.20 に示す。前進する場合には、図 2.20 (a-1) のように、すべての車輪を正転方向に一定の回転速度で回転する。そのとき、各車輪でロボット本体を駆動する力は図 2.20 (a-2) に示すようなベクトルとなる。それらの駆動力を合成すると、X_R 軸と一致する方向、つまり、前進方向のベクトルとなる。そのため、走行ロボットの速度ベクトル v も X_R 軸方向となる。

　走行ロボットを車体の横方向に横行するためには、図 2.20 (b-1) のように、一方の対角の車輪を同じ正転方向に、他方の対角の車輪を逆転方向に、かつ、すべての車輪の回転速度を同一にする。これにより、図 2.20 (b-2) のような駆動力がそれぞれの車輪に発生するので、Y_R 軸方向に走行することができる。

　走行ロボットの姿勢を変えることなく、斜め方向に前進するためには、右前輪と左後輪だけを同じ速度で正転することで、図 2.20 (c-1)、(c-2) に示すとおり、所望の車両制御を実現する。

　超信地旋回については、図 2.20 (d-1)、(d-2) のように、右の前後輪を一定速度で正転、左の前後輪を右車輪と同じ速度で逆転することで、達成できる。

　図 2.20 (e-1)、(e-2) に示すように、走行ロボットの正面が前方の旋回中心 C を常に向きながら旋回をすることも、前項の 4 輪独立操舵・2 輪独立駆動方式と同様に可能である。この原理は図 2.20 (b-1) の横行と、図 2.20 (d-1) の超信地旋回を合わせて制御することで実現される。

　このように、この方式は比較的簡単な制御で複雑な動作を行うことができる特長を持っているので、狭い通路、複雑な経路を走行する必要がある場合には有効である。しかしながら、車輪の形状が複雑であり、メカナムホイル、オムニホイルの信頼性、耐久性の向上と、低コスト化が、この方式の走行ロボットの普及には必要不可欠な課題である。今後の実用化に向けた研究開発が期待される。

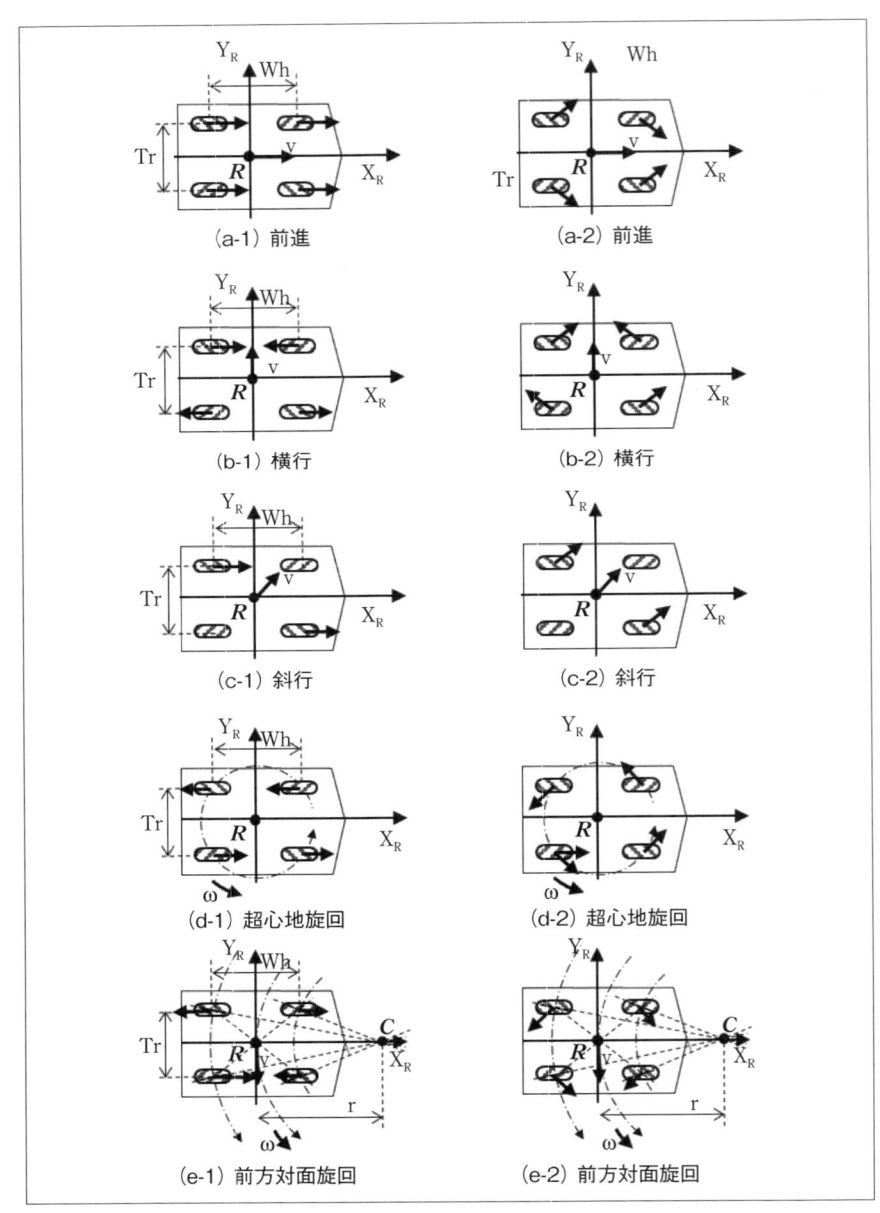

(a-1) 前進　　(a-2) 前進

(b-1) 横行　　(b-2) 横行

(c-1) 斜行　　(c-2) 斜行

(d-1) 超心地旋回　　(d-2) 超心地旋回

(e-1) 前方対面旋回　　(e-2) 前方対面旋回

〔図 2.20〕メカナムホイルの駆動方式の動作原理

2.3 用途による分類と走行ロボットの実例

　図2.21-1、図2.21-2に代表的な走行ロボットを用途別に分類した一覧を示す。また、各メーカのホームページの公開情報やパンフレットにより、仕様が明確になっている主な自律走行ロボットの概要を表2.8-1、表2.8-2にまとめた。

　物品を自動搬送する方式としては、搬送物搭載型ロボット、台車牽引型ロボット、台車潜込型ロボットがある。これらのロボットは連結機構や追加機構を加えることにより、相互に、簡単に搬送形態を変えることができる。また、台車潜込型ロボットの形態を独自に進化させてシステムとしてまとめたものが商品棚搬送システムである。無人フォークリフトは物品の取り出し、移載、搬送を1台で実現できる。物品の搬送以外を目的としたロボットは、業務用掃除ロボット、アーム搭載型ロボット、サービスロボットなどがある。以下、用途別分類のそれぞれについて説明する。

（1）搬送物搭載型走行ロボット

　搬送物を走行ロボットの上部平面に搭載する搬送方式は、ガイド式走行ロボットなど、古くから広く活用されてきた最も基本的なものである。搬送物を完全に自動で搬送するためには、移載場所（目的地）に配置した設備や走行ロボットの上部に移載機構を設置する必要がある。自動的に移載することを考慮したときの位置決め性能としては、±10mm以下が必要と一般的にいわれている。

（2）台車潜込型走行ロボット

　部品や製品などの搬送物を積載した台車の下部の隙間に潜り込んで、台車を連結、あるいは、リフトアップした後、走行を開始する方式は、ロボットが積載物の移載をする必要がなく、台車の接続、連結だけで搬送できる。そのため、人手で台車を搬送している現場では、搬送を自動化する際に、比較的導入しやすい方式といえる。また、走行ロボットによる自動搬送と、人による搬送を併用することも可能であり、搬送システムを小規模なものから徐々に拡張していくなど、事業規模に応じて柔軟に対応できる点も優れている。

　台車の下に潜り込むため、この走行ロボットは車高が低く、扁平な形状の低床型になっている。搬送物搭載型を基本として、台車に接続する部品を取り付けて、台車潜込型にすることもできる。

(3) 台車牽引型走行ロボット

　搬送物を搭載したキャスタ付き台車を、連結機構により連結して、台車をけん引して走行する方式が提案されている。分類 (2) の台車潜込型の変形例と見なすこともできる。この方式の場合、搬送物の質量は台車で支えられているので、搬送物を走行ロボットに搭載したり、台車をリフトアップして搬送したりする場合よりも、搬送できる質量は大きい。台車牽引型の場合、走行ロボットの車高を制限する必要はない。しかしながら、旋回するときの曲率半径は他の走行ロボットより大きいので、狭い通路などの走行は難しいことがあり、留意する必要がある。

　工場の構内では、運転者が操作する作業車が搬送物を搭載した車両を複数連結して移動する光景をよく見かけるが、将来的には、システムの安全性が確立されれば、台車牽引型走行ロボットがこれに代替していくと予想される。

(4) 無人フォークリフト

　フォークリフトは搬送物の移載、搬送を同時に行えるリフタを備えているので、それを自動化することができれば、利便性・汎用性の高い自動搬送システムを構築できる。特に、運転者が操作するフォークリフトの代替として考えた場合には、自由に移動できる自律移動型ガイドレス式の無人フォークリフトが必要である。実用化にあたっては、搬送物の位置や周囲環境の把握と、安全の確保が不可欠であるが、その普及に対する期待は大きい。

(5) 業務用掃除ロボット

　床掃除を行う業務用掃除ロボットは、既に、公共施設に導入され始めている。しかしながら、仕事の性格上、夜間に稼働する例が多く、公共施設を利用する一般の来場者の目に触れないところで活躍している列も多いようである。業務用掃除ロボットの導入をきっかけとして、

今後、より身近な公共施設で、自律走行ロボットを見かける機会が増えると推測される。

(6) 商品棚搬送物流システム

大型の物流センタでは、商品を積載した商品棚自体を仕分け作業場所まで自動的に搬送する棚搬送物流システムの導入が盛んに行われている。作業者が商品棚まで移動して商品をピックアップする従来の方法に比べて、作業効率が3倍〜4倍程度、向上すると発表されている。

先にも述べたように、このシステムで採用されている誘導方式の多くは、現在のところ、床面に2次元コードなどを貼り付けた光学誘導方式であるが、SLAM技術を用いたガイドレス方式のシステムも発表されている。今後の技術開発、新技術の導入により、さらに効率的な運用が期待される。

(7) サービスロボット

空港や大型ショッピングセンタなどで、案内ロボットなどを散見するようになってきた。ホテルでは、ルームサービスや荷物搬送など、顧客へのサービス向上に、自律走行ロボットが活躍し始めている。接客係の代替として、また、固定費削減の手段として、有効であるという点から走行ロボットが導入されていると考えられるが、ロボットにはできない人間同士のふれあい、質の高いサービスの提供を接客係や担当者が行うなど、人とロボットの共存を考えていかなければならない時代になりつつある。

(8) アーム搭載型走行ロボット

アーム型ロボットや双腕ロボットを搭載した走行ロボットの製品化を発表している事例は多くないが、潜在ニーズは高い。今後、このような製品は増加すると考えられるが、単なる組合せではあまりメリットは感じられない。例えば、移動しながらのアーム作業、移動機構の活用によるアーム機構の簡単化など、移動機構とアーム機構の協調システムが構築されることを期待したい。

搬送物搭載型ロボット

オムロンPioneerLX
田辺工業WYN200
ダイヘンAI搬送

ケンコントロールズGAIA
GEN ANT
KKS AGS

日本電産シンポ
S-Cart
Clearpat OTTO
FetchRobo Freight

Swisslog
Oppent

MiR MiR100
Aethon Tug T2.5

Grenzebach

台車潜込型ロボット

商品棚搬送
システム

KIVA

日立 Racrew

GreyOrengeバトラー

EiraTech EiraBot

Geek+EVE

台車牽引型
ロボット

日立産機 Lapi

アーム搭載型ロボット

KUKA
KMR iiwa
日立PM
HiMoveRo
IAMRobotics
Mobile Picking Robot

〔図 2.21-1〕代表的な走行ロボットの用途別分類 1

〔図 2.21-2〕代表的な走行ロボットの用途別分類 2

〔表 2.8-1〕代表的な自律走行ロボットの概要 1

メーカ		オムロン	日本電産シンポ	ダイヘン	田辺工業	村田機械
ロボット名称・型式		Pionner LX [21]	S-Cart（2015年）[22]	AI搬送ロボット [23]	WYN-200 [24]	アマノ SE-500EX [25]
外観						
サイズ・質量		480×690×H370、60kg	630×790×H200、65kg	1230×1550×H400、550kg	800×540×H300	650×1408×H960、310kg
センサ		レーザスキャナ、エンコーダ、ジャイロ	レーザスキャナ	ミリ波発信器、他	レーザスキャナ	レーザスキャナ
位置検出方式		2Dマップマッチング（200×200m）	2Dマップマッチング	位置決め－単眼カメラ	2Dマップマッチング	2Dマップマッチング
性能	搬送質量・速度	60kg、30m/min	100kg、60m/min	700kg、42m/min（無負荷）	10kg、50m/min	40m/min
	登坂・段差	—	登坂3%以下、段差5mm		勾配4°（8%）、凹凸5mm	7%
	駆動方式	差動2輪ホイルφ120、	差動2輪（200W×2）ホイルφ120、補助輪φ50	超信地旋回、全方向移動可	スピンターン稼働	200Wモータ×2
	位置精度	15mm	±30mm、±3deg	—	±15mm	—
	稼働時間、電池	13時間、24V、60Ah	8時間、25.9V、47.5Ah、Li	24時間稼働稼働	8時間、24V、船（密閉）	DC12V、160Ah×2
	充電時間・方式	3.5時間（5：1比）	1h充電・非接触対応可	ワイヤレス給電	コンセント、非接触充電（op）	11時間充電
備考		—	1t搭載型あり	タブレット操作障害物自動検知	—	—

〔表 2.8-2〕代表的な自律走行ロボットの概要 2

メーカ		日立産機システム	KKS	Savioke（フランス）	日立プラントメカニクス	KUKA
ロボット名称・型式		Lapi（2012年）[26]	AGS（2017年）[27]	Relay [28]	HiMoveRo（2016 年）[29]	KMR iiwa（可動式プラットフォーム）[30]
外観						
サイズ・質量		640×735×H700、127kg	800×890×320H、230kg	640×735×H700、127kg		1190×720×H700、400kg
センサ		レーザスキャナ	レーザスキャナ・磁気センサ	Wi-Fi・3D カメラ	レーザスキャナ	レーザスキャナ・エンコーダ
位置検出方式		2D マップマッチング	2Dマップマッチング磁気誘導のハイブレッド方式	2D マップマッチング	2D マップマッチング	2D マップマッチング
性能	搬送質量・速度	300kg、55m/min	1,000kg、30m/min	—	30m/min	アーム可搬14kg、4km/h
	登坂・段差	登坂 5°、段差 10mm	—	—	—	—
	駆動方式	輪差動 2 輪、台車牽引ホイルφ150	—	—	—	メカナムホイルφ250
	位置精度	±10mm	±3mm（磁気誘導）	—	±10mm	±1mm（オプション・相対位置決め機能搭載時）
	稼働時間、電池	8 時間	CD24V、46Ah、鉛（密閉式）	—	鉛バッテリ	リチウムイオンバッテリ
	充電時間・方式	電池交換式	自動充電	—	電池交換式	—
備考		—	関西グランドフェア2017 出展	40 社以上に導入（2017 年時点）	16 年プレス発表	—

★コラム3：AGV は簡単なのに、なぜ、普及しなかったのか？

　1980 年代には、最先端技術として、AGV は工場の現場に導入され、普及が大いに期待された。特に、自動車メーカや関連メーカなどの搬送作業が多い業種では、AGV は搬送の自動化手段としてその一翼を担っている。しかしながら、搬送作業の割合が比較的少ない業種では、せっかく、1 台、2 台の AGV を導入しても、レイアウト変更などがあると、搬送経路の確保や単機能の搬送形態など、AGV の柔軟性の低さから、次第に生産現場の片隅に放置され、人知れず、廃棄されてきた。そのような現場では、2 度と AGV は採用したくないと考えることも想像に難くない。このような経緯があるため、2010 年代に入っても、日本における AGV 市場は景気に左右されるものの、統計的には年間数 10 億円程度を推移し、低迷してきた。

　搬送業務の自動化を図るためには、フレキシブルな搬送形態を低コストで容易に構築できる自律走行ロボットシステムを実現することが必要であり、ガイドレス方式の普及に期待したい。

3.

DCモータ及びそのモータ制御

多関節型ロボットなどと比較すると、ここで対象とする自律走行ロボットの制御は容易であるが、安定した走行軌跡や優れた位置決め性能を追求するためには、ロボットを駆動するモータや、モータを制御する制御方法を十分に把握しておく必要がある。しかしながら、制御技術について高い知識を持っている技術者の中にも、モータやモータ制御についての重要性を十分に理解していない場合があるように思われる。

　モータ及びモータ制御は比較的簡単に理解できるものである。ぜひ、ロボット制御を考える際には、そのマイナーループとして存在するモータ制御を含めて、制御系を理解してもらいたい。

　ここでは、ロボットを駆動する DC モータとそのモータを制御する基本的な制御手法を紹介する。なお、モータの種類としては、DC モータの他に、交流電源を用いる AC モータもあるが、座標変換などを活用することで、DC モータと同じ取り扱いが可能なので、ここでは省略する。

3．1　DC モータの動作原理と構成 [31]

　図 3.1 に DC モータの構成を示す。N 極と S 極からなる磁極に挟まれた空間に、コイル（電機子）が巻かれた回転子を配置する。ブラシと整流子を介して、直流電圧 V がコイルに印加されると、電流 i が流れる。N 極から S 極には磁界 B が生じているので、電流 i が流れるコイルには力が働く。その状態を図 3.1（b）に示す。フレミングの左手の法則に従って、左側のコイルには下方向の力 F が、右側のコイルには上方向の力 F が加わるため、紙面から見ると、反時計回りに回転する。コイルを巻いた回転子には、コイルに働く力 F により、モータを駆動するモータトルク τ が生じる。

　なお、図 3.1 において、回転子が1/4回転を超えて回ると、正側と負側のブラシに接触する整流子が切り替わり、コイルを流れる電流の方向も逆になる。これにより、モータは回転し続けることになる。

　この説明はあくまでも原理の紹介であり、実際の DC モータの場合、コイルの巻き方、整流子とブラシの関係は工夫されている。そのため、回転子の角度がどこで停止していても、電流が同じであれば、ほぼ同一のモータトルク τ が生じて、回転する構造になっている。

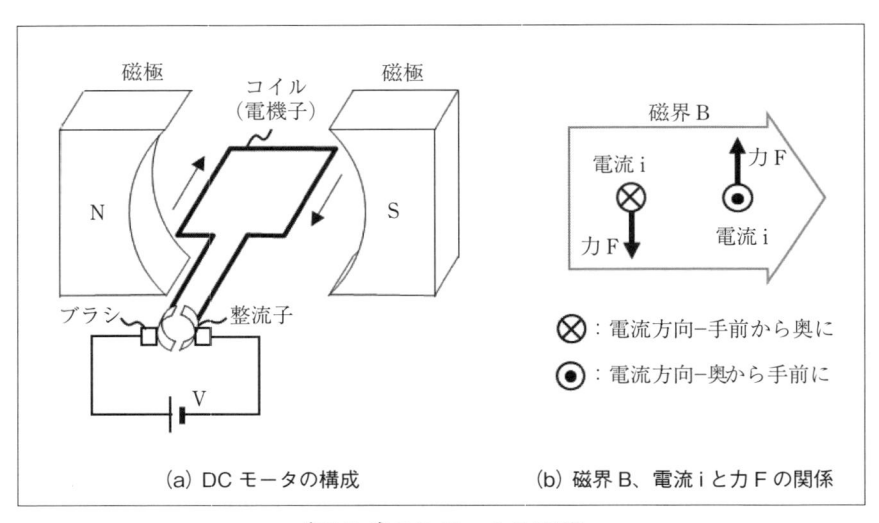

（a）DC モータの構成　　　（b）磁界 B、電流 i と力 F の関係

〔図 3.1〕DC モータの原理

3.2 DCモータの基本特性

DCモータの基本特性を図3.2に示す等価回路により説明する。

DCモータに電圧V[V]を印加すると、電機子（コイル）に電流i[A]が流れる。電機子には、抵抗R[Ω]とインダクタンスL[H]があるため、それにより、電流の特性は影響を受ける。また、電流iが流れると、モータが回転し始めるため、モータ速度ω_M[rad/s]に応じて、逆起電力E_0[V]が発生する。

これを式で表すと、次のようになる。

$$V = Ri + L \cdot di/dt + E_0 \quad \cdots\cdots\cdots\cdots\cdots\cdots\cdots\cdots\cdots \quad (3\text{-}1)$$

また、電流i[A]とモータトルクτ_M[Nm]は、次式のような比例関係になる。

$$\tau_M = K_T \cdot i \quad \cdots\cdots\cdots\cdots\cdots\cdots\cdots\cdots\cdots\cdots \quad (3\text{-}2)$$

ここで、モータ慣性をJ_M[kg/m^2]、モータ摩擦係数をB_M[Nm$\cdot$s/rad]とすると、モータ速度ω_M[rad/s]とモータトルクτ_Mの関係は式 (3-3) により与えられる。

$$\tau_M = J_M \cdot d\omega_M/dt + B_M \cdot \omega_M + \tau_L \quad \cdots\cdots\cdots\cdots\cdots\cdots \quad (3\text{-}3)$$

なお、τ_L[Nm]は負荷トルクである。

さらに、モータ速度ω_M[rad/s]と逆起電力E_0[V]の関係は式 (3-4) で表される。

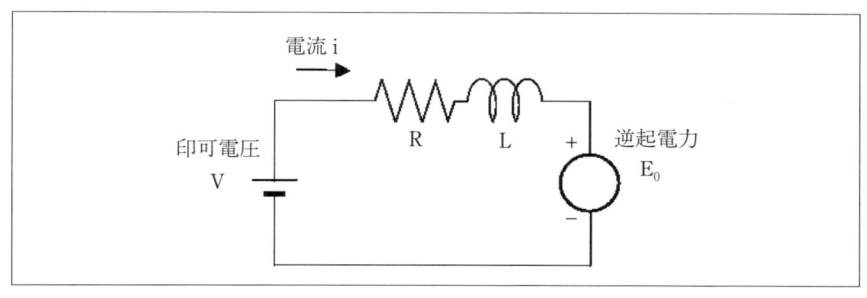

〔図3.2〕DCモータの等価回路

$$E_0 = K_\omega \cdot \omega_M \quad \cdots\cdots\cdots\cdots\cdots\cdots\cdots\cdots\cdots\cdots\cdots\cdots\cdots \quad (3\text{-}4)$$

式 (3-1) ～式 (3-4) をまとめて、ブロック図で表したものを図3.3に示す。これがDCモータのブロック図であり、モータ制御を行う上での基本特性になるので、よく理解しておく必要がある。

　図3.3のブロック図において、印加電圧 V を入力とし、モータ速度 ω_M を出力としたときの伝達関数を計算する。なお、ここでは、DCモータを無負荷で駆動しているとする。つまり、負荷トルク $\tau_L = 0$ とする。この場合、その伝達関数 H(s) は下式のようになる。

$$H(s) = \omega_M / V = K_T / \{K_T K_\omega + (Ls + R)(J_M s + B_M)\} \quad \cdots\cdots \quad (3\text{-}5)$$

式 (3-5) において、s → 0 とすると、印加電圧 V に対するモータ速度 ω_M の定常特性を求めることができる。

$$H(s) = K_T / (K_T K_\omega + R \cdot B_M) \quad \cdots\cdots\cdots\cdots\cdots\cdots\cdots\cdots\cdots \quad (3\text{-}6)$$

さらに、抵抗 R、モータ摩擦係数 B_M が小さく、$K_T K_\omega \gg R \cdot B_M$ が成立つとすれば、

$$H(s) \fallingdotseq 1 / K_\omega \quad \cdots\cdots\cdots\cdots\cdots\cdots\cdots\cdots\cdots\cdots\cdots\cdots\cdots \quad (3\text{-}7)$$

となる。つまり、モータが無負荷状態であれば、モータ速度 ω_M は印加

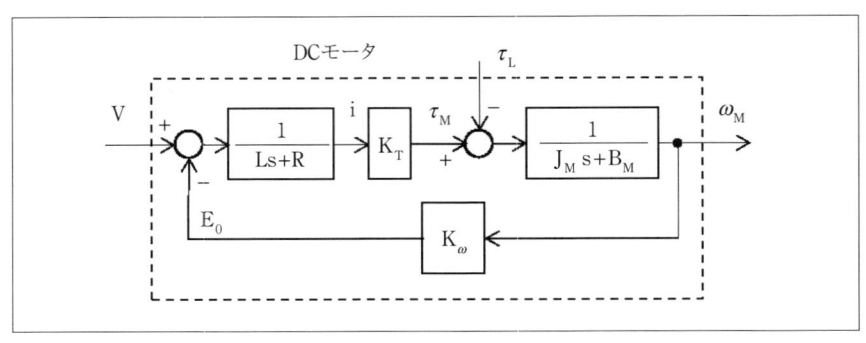

〔図3.3〕DC モータのブロック図

電圧 V にほぼ比例すると考えることができる。

　このことから、モータ速度を加速するときには印加電圧を上昇させ、モータ速度を減速したいときには印加電圧を下降させるように制御すれば、それだけで速度制御することはできる。

　しかし、このような定常状態の特性だけを念頭にして、高応答化をめざす自律走行ロボットの制御システムを構築することは推奨しない。その理由は下記のような問題を内在することになり、性能向上を行う際に深刻な問題になることが少なくないためである。

(1) 応答性の向上ができない。高応答化するために、印加電圧を急変すると、過電流になることがあり、それを考慮したソフトウェアを追加する必要がある。

(2) 負荷トルクがあると、所望の速度にならない。負荷トルクの急変により、速度の急減速や過電流になることがある。

(3) 負荷状態により、応答特性が変化して、一定の特性が確保できない場合があるので、自律走行ロボットの走行経路の特性が変化し、旋回時などに壁に近づきすぎるなどして、停止することがある。

　このような理由により、次項以降で述べる電流フィードバック制御、及び、速度フィードバック制御を有するモータを利用することが、高性能の自律走行ロボットを実現するためには重要である。一般的には、サーボモータといわれるモータは若干高価ではあるが、電流制御、速度制御を有し、高応答の特性を確保しているものであり、それを用いることを推奨する。

　ただし、サーボモータという名称で商品化されているものの中に、図 3.3 のように、フィードバック制御を有していない構成の DC モータも存在する。従って、高性能の走行ロボットに用いるサーボモータを選定する上では留意を要する。

3.3　電流制御

　DC モータを用いて、走行ロボットを制御するためには、応答性に優れたサーボモータを利用する必要があり、その基本となる電流フィードバック制御について説明する。

　一般的に、サーボモータの優れた特性を実現するためには、電流フィードバック制御、速度フィードバック制御を行う。

　図 3.4 に DC モータの電流フィードバック制御系のブロック図を示す。

　破線内のブロック図は DC モータの電気回路部分の構成であり、図 3.3 に示す印加電圧 V から電流 i までのものと同じである。電気回路（R-L 回路）に流れる電流は、印加電圧 V から、モータ速度 ω_M に比例した逆起電力を減じた差分の電圧により決定される。

　一方、一点鎖線で示したコントローラ側では、電流フィードバック制御を構成している。電流指令 i^* に対して、電流センサにより検出した

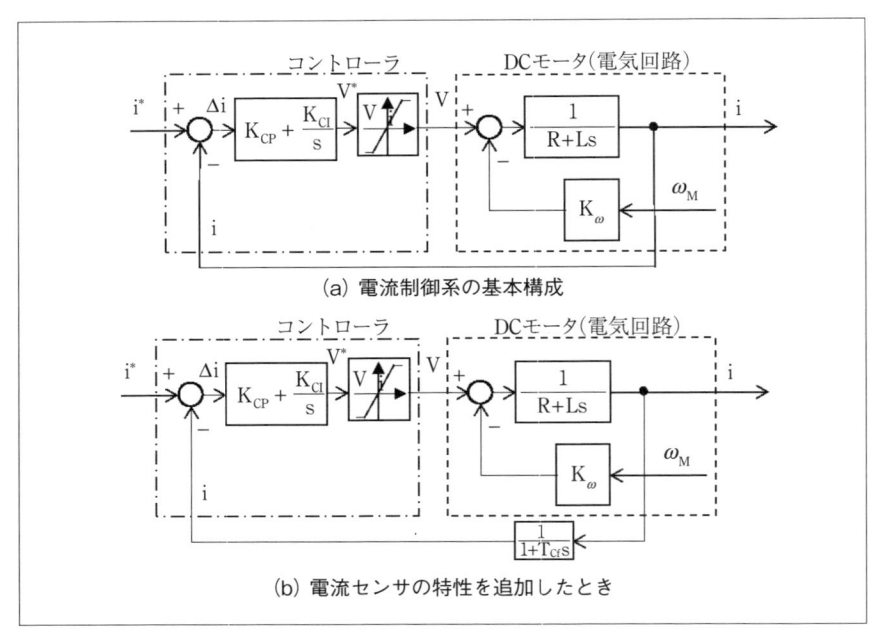

(a) 電流制御系の基本構成

(b) 電流センサの特性を追加したとき

〔図 3.4〕電流制御系のブロック図

電流 i をフィードバックして、その電流差分 Δi を算出する。図 3.4 (a) に示すように、比例・積分制御を行うときには、電流差分 Δi に比例ゲイン K_{CP} を乗じた電圧指令成分を比例制御、積分ゲイン K_{CI} を乗じて積分した電圧指令成分を積分制御として算出する。比例制御の出力と積分制御の出力との和が電圧指令 V^* であるが、DC モータの定格電圧により決まる印加できる最大電圧の範囲内で駆動するように、コントローラの出力には、電圧リミッタが挿入されている。これにより、計算される印加電圧 V が DC モータに印加される。このように制御系を構成することで、電流指令 i^* に対して実際に流れる電流 i が小さくなった場合には、電圧を上げるように制御され、電流指令 i^* とほぼ一致した電流になるように制御される。制御系の応答は比例ゲイン K_{CP} によりほぼ決定される。

ここで、電流指令 i^* に対する電流 i の応答性を表す電流制御系の関数 $H_C(s)$ についてまとめておく。

まず、積分ゲイン K_{CI} が 0 の場合について、電流指令 i^* から電流 i までの特性は下記の式になる。

$$H_C(s) = L(i/i^*) = \frac{\{K_{CP}/(R+K_{CP})\}}{1+\{L/(R+K_{CP})\}\cdot s}$$
$$= \frac{G_C}{1+T_C\cdot s} \qquad \cdots\cdots\cdots\cdots\cdots\cdots (3\text{-}8)$$

ここで、G_C は電流制御系のゲインを、T_C は電流制御系の時定数をそれぞれ表し、次のように定義される。

$$G_C = K_{CP}/(R+K_{CP}) \qquad \cdots\cdots\cdots\cdots\cdots\cdots\cdots\cdots (3\text{-}9)$$
$$T_C = L/(R+K_{CP}) \qquad \cdots\cdots\cdots\cdots\cdots\cdots\cdots\cdots (3\text{-}10)$$

これらの式において、電流制御の比例ゲイン K_{CP} を大きくすることで、電流 i を時定数 T_C の応答により、電流指令 i^* に近づけることができる。$K_{CP} \gg R$ と設定できれば、伝達関数のゲイン G_C は

$$G_C \fallingdotseq 1 - R/K_{CP} \qquad \cdots\cdots\cdots\cdots\cdots\cdots\cdots\cdots (3\text{-}11)$$

となる。また、モータ速度 ω による逆起電力は制御的には1つの外乱と見なすことができる。そこで、これについて評価しておく。モータ速度 ω_M に対する電流 i までの伝達関数 $H_{Cd}(s)$ は次式で与えられる。

$$H_{Cd}(s) = L(i/\omega_M) = \frac{\{K_\omega/(R+K_{CP})\}}{1+T_C \cdot s} \quad \cdots\cdots\cdots\cdots\cdots\cdots (3\text{-}12)$$

電流制御の比例ゲイン K_{CP} を大きくすることで、モータ速度 ω_M の影響を K_ω/R から $K_\omega/(R+K_{CP})$ に大幅に低減し、電流 i をほぼ電流指令 i^* に制御することができる。逆起電力の影響を除去するために、AC モータの制御の場合には、逆起電力を補償するフィードフォワード的な制御を行うこともある。しかし、DC モータの場合には、そこまで行う必要はないと筆者は考える。

なお、ここで注意すべきことは、図3.4（b）のように、電流を検出する際、その電流センサの特性がどのようになっているかである。例えば、図に示すように、電流センサの特性が時定数 T_{Cf} の1次遅れ系で表されているとするとき、T_{Cf} は電流制御系の時定数 T_C と比べて、電流制御系の伝達関数に影響がない程度に小さいことが必要である。制御を深く理解している専門家の中にも、センサの特性への配慮が不足している場合があるので、留意することが重要である。

次に、比例・積分制御を行った場合について考察する。積分ゲイン $K_{CI} \neq 0$ として、電流指令 i^* に対する電流 i の伝達関数 $H_c(s)$ を計算すると、次のように展開できる。

$$H_C(s) = L(i/i^*) = \frac{1+T_{CC} \cdot s}{(1+T_C \cdot s)T_{CI} \cdot s+(1+T_{CC} \cdot s)} \quad \cdots\cdots\cdots\cdots (3\text{-}13)$$

ここで、上式において、各パラメータ T_C、T_{CC}、T_{CI} はそれぞれ次の式で与えられる。

$$T_C = L/R 、 T_{CC} = K_{CP}/K_{CI} 、 T_{CI} = R/K_{CI}$$

式（3-13）において、零点を極と一致させるように、比例ゲインと積

分ゲインの関係を設計した場合を考えてみよう。つまり、$T_{CC} = T_C$ とおいて、式 (3-13) を変形すると、

$$H_C(s) = L_p(i/i^*) = \frac{1}{1 + T_{CI} \cdot s} \quad \cdots\cdots\cdots\cdots\cdots\cdots\cdots\cdots\cdots\cdots \quad (3\text{-}14)$$

と簡単な 1 次遅れの伝達関数になる。以上のように、モータ定数に合わせて、制御ゲインを設定できれば、優れた電流制御系を構成できる。

　一般的には、上記のような説明だけがなされているが、落とし穴があることを知っておく必要がある。

　それは、モータ定数は運転状態、環境状態により、値が変化することである。抵抗 R は周囲温度により変化し、インダクタンス L は負荷状態（トルク）により変化することが知られている。従って、それらのパラメータが変動したときの特性を検討する。

　そこで、モータの回路定数、具体的には、インダクタンス L が L+ΔL に変化したときの電流制御系の伝達関数数 $H_C(s)$ を調べる。

$$T_C = (L + \Delta L)/R = T_{CC} + \Delta T$$

とすると、式 (3-13) は次のようになる。

$$H_C(s) = L(i/i^*) = \frac{1 + T_{CC} \cdot s}{\{1 + (T_{CC} + \Delta T)s\}T_{CI} \cdot s + (1 + T_{CC} \cdot s)}$$

$$= \frac{1 + T_{CC} \cdot s}{1 + (T_{CI} + T_{CC}) \cdot s + T_{CI}(T_{CC} + \Delta T)s^2} \quad \cdots (3\text{-}15)$$

ここで、この伝達関数 $H_C(s)$ の分母を $(1 + T_\alpha)(1 + T_\beta)$ とおこう。そのとき、次式が成立つ。

$$T_\alpha + T_\beta = T_{CI} + T_{CC} \quad \cdots\cdots\cdots\cdots\cdots\cdots\cdots\cdots\cdots\cdots \quad (3\text{-}16)$$

$$T_\alpha + T_\beta = T_{CI}(T_{CC} + \Delta T) \quad \cdots\cdots\cdots\cdots\cdots\cdots\cdots \quad (3\text{-}17)$$

ΔT が T_{CC} より十分に小さい場合には、さらに、$T_\alpha \fallingdotseq T_{CI} + \delta$、$T_\beta \fallingdotseq T_{CC} - \delta$ とおくことができる。その結果、

$$T_\alpha + T_\beta \fallingdotseq (T_{CI} + \delta)(T_{CC} - \delta) = T_{CI}(T_{CC} + \Delta T) \quad \cdots\cdots\cdots\cdots \text{(3-18)}$$

となるので、次のように展開できる。

$$\delta^2 - (T_{CC} - T_{CI})\delta + T_{CI} \cdot \Delta T = 0 \quad \cdots\cdots\cdots\cdots\cdots\cdots\cdots \text{(3-19)}$$

$$\delta = \{(T_{CC} - T_{CI})/2\}[1 \pm \{1 - 4T_{CI} \cdot \Delta T/(T_{CC} - T_{CI})^2\}^{1/2}] \quad \cdots \text{(3-20)}$$

マクローリン展開の公式を用いて、2つの近似解を求めることができる。ここでは、負の解を利用すると、次のような δ を求めよう。なお、正の解を選択すると、T_α と T_β の解が逆になるだけなので、同じ結果が導出される。

$$\delta \fallingdotseq \{(T_{CC} - T_{CI})/2\}[4T_{CI} \cdot \Delta T/(T_{CC} - T_{CI})^2]/2$$
$$\therefore \delta \fallingdotseq T_{CI} \cdot \Delta T/(T_{CC} - T_{CI}) \quad \cdots\cdots\cdots\cdots \text{(3-21)}$$

従って、T_α、T_β は次の近似式で計算できる。

$$T_\alpha \fallingdotseq T_{CI} + \delta = T_{CI} + T_{CI} \cdot \Delta T/(T_{CC} - T_{CI}) \quad \cdots\cdots\cdots\cdots \text{(3-22)}$$

$$T_\beta \fallingdotseq T_{CC} - \delta = T_{CC} - T_{CI} \cdot \Delta T/(T_{CC} - T_{CI}) \quad \cdots\cdots\cdots\cdots \text{(3-23)}$$

これらの時定数を用いると、式 (3-15) は次のような伝達関数 $H_C(s)$ になる。

$$H_C(s) = L(i/i^*) = \frac{1 + T_{CC} \cdot s}{(1 + T_\alpha \cdot s)(1 + T_\beta \cdot s)} \quad \cdots\cdots\cdots\cdots \text{(3-24)}$$

次に、電流制御系の特性として式 (3-24) の伝達関数 $H_C(s)$ が与えられているとき、電流指令 $i^* = 1$ に対するステップ応答を計算する。

$$i(t) = L^{-1}\{H_C(s) \cdot (1/s)\} = L^{-1}\left\{\frac{1 + T_{CC} \cdot s}{(1 + T_\alpha \cdot s)(1 + T_\beta \cdot s) \cdot s}\right\}$$
$$= L^{-1}\left\{\frac{k_1}{s} + \frac{k_2 T_\alpha}{1 + T_\alpha \cdot s} + \frac{k_3 T_\beta}{1 + T_\beta \cdot s}\right\} \quad \text{(3-25)}$$

ここで、k_1、k_2、k_3 は次式になる。

$$k_1 = 1$$
$$k_2 = -1 - T_{CI}\Delta T / \{(T_{CC} - T_{CI})^2 - 2T_{CI}\Delta T\}$$
$$k_3 = T_{CI}\Delta T / \{(T_{CC} - T_{CI})^2 - 2T_{CI}\Delta T\}$$

従って、ラプラス逆変換を行うと、電流指令 i^* に対する電流 $i(t)$ のステップ応答は次のように計算できる。

$$i(t) = \{u(t) + k_2 e^{-t/T_\alpha} + k_3 e^{-t/T_\beta}\} \cdot i^* \quad \cdots\cdots\cdots\cdots\cdots\cdots\cdots (3\text{-}26)$$

式 (3-26) において、右辺第 3 項に注目しよう。

まず、右辺第 3 項のゲイン k_3 はモータの定数が変化することで生じるパラメータ ΔT に比例している。モータ定数が数 10％変化する場合には、その項の影響を無視することはできない。

また、比例制御と積分制御のゲインの比 $T_{CC}(=K_{CP}/K_{CI})$ はモータ定数により決まる時定数 $T_C = L/R$ と一致させるように設計している。右辺第 3 項の収束性を表す時定数 T_β は T_{CC} に近い値であり、電流制御系の応答時定数 T_{CI} に比べると、大きい値になっている。つまり、本来、応答特性に影響してほしくない右辺第 3 項が、電流制御系の収束性を低下させることになることを意味している。

制御対象であるモータの定数が大きく変化する可能性がある場合には、比例積分制御で、零点・極の相殺を行う制御は応答の収束性に影響することがあるので、留意しなければならない。

さらに、電流制御系の役割を考慮する必要がある。定常状態において、電流 i を電流指令 i^* に一致させる場合や、電流に比例するモータトルク τ_M を定常的に所定の値にさせる場合には、積分制御を加えることは有効である。しかし、速度制御系の一部として、マイナーループの電流制御系を考える場合には、上述したとおり、応答特性、特に、収束性に影響が出るので、速度制御系の特性を低下させる可能性がある。

以上のことから、電流制御系の設計においては、電流検出特性に留意しながらも、積分制御を用いることなく、電流制御系の比例ゲインを大きくすることで、応答性を向上し、電流指令 i^* にほぼ一致させるよう

に配慮することが重要である。このような電流制御系を設けることで、電圧リミッタによる過電圧の防止、電流指令 i^* を最大電流値以下の範囲で指令することによる過電流の防止などを実現できることは言うまでもないが、制御対象の定数変化による影響を低減できることが意外に重要なメリットである。

　本書では、以下、電流制御系は比例ゲインだけを用いた場合を基本として、説明を進めることとする。

3.4 速度制御

　図3.5 に示すブロック構成図が、図3.4 に示した電流制御をマイナーフィードバック制御系として内蔵して、モータ速度 ω_M をフィードバックする速度制御系である。そのときの速度指令 ω^* に対するモータ速度 ω_M までの伝達関数 $H_S(s)$ を求めることにする。なお、図3.5 (a) に示すように、電流指令 i^* を決定する速度制御系の出力部には、電流の最大値、最小値を制限する電流リミッタを設けることが一般的である。これにより、モータの過電流を気にすることなく、制御系を設計できる。

　電流制御系のブロック図は式 (3-8) の伝達関数になるので、それを用いると、図3.5 (a) を図3.5 (b) のように変換することができる。図3.5 では、速度制御系のゲインについても、速度比例ゲイン K_{SP} と速度積分ゲイン K_{SI} を用いて比例・積分制御を行っているが、ここでは、$K_{SI}=0$ として、比例制御だけを行う場合について、伝達関数 $H_S(s)$ を計算する。

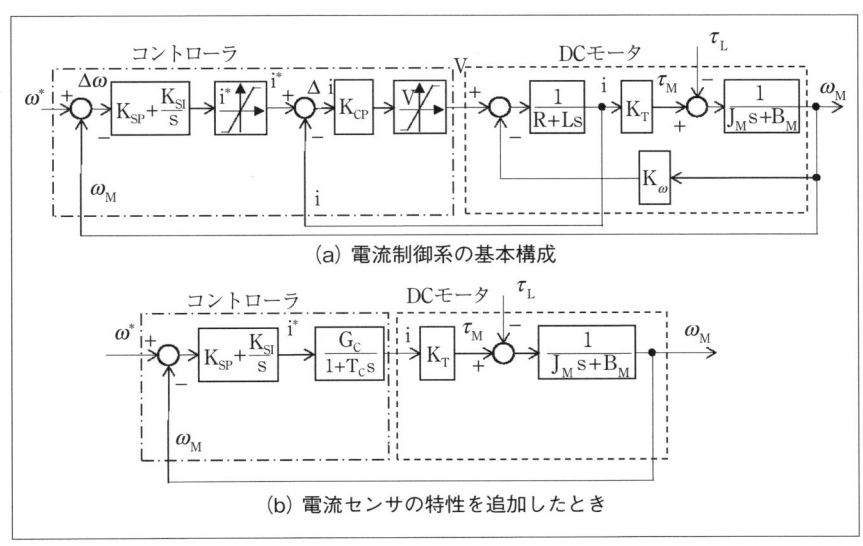

(a) 電流制御系の基本構成

(b) 電流センサの特性を追加したとき

〔図3.5〕速度制御系のブロック図

$$H_S(s) = \frac{K_{SP} G_C K_T}{K_{SP} G_C K_T + (1 + T_C s)(B_M + J_M s)}$$

$$= \frac{K_{SP} G_C K_T}{J_M T_C s^2 + (B_M T_C + J_M)s + K_{SP} G_C K_T + B_M} \quad \cdots\cdots (3\text{-}27)$$

ここで、T_S、$T_C{}'$、G_S を次のようにおく。

$$T_S = (B_M T_C + J_M)/(K_{SP} G_C K_T + B_M)$$
$$T_C{}' = J_M T_C /(B_M T_C + J_M)$$
$$G_S = K_{SP} G_C K_T /(K_{SP} G_C K_T + B_M)$$

その結果、式 (3-27) は次のようにすることができる。

$$H_S(s) = \frac{G_S}{(T_C{}' \cdot s + 1)T_S \cdot s + 1} \quad \cdots\cdots\cdots\cdots\cdots\cdots (3\text{-}28)$$

なお、$T_C \ll J_M/B_M$ とすると、

$$T_C{}' \fallingdotseq T_C \quad \cdots\cdots\cdots\cdots\cdots\cdots\cdots\cdots\cdots\cdots\cdots (3\text{-}29)$$

という近似式が成り立つ。さらに、式 (3-28) の伝達関数を変形して、下記の式のようにおいてみよう。

$$H_S(s) = \frac{G_S}{(T_{S1} s + 1)(T_{S2} s + 1)} \quad \cdots\cdots\cdots\cdots\cdots\cdots (3\text{-}30)$$

式 (3-28) と式 (3-30) を比較することで、次の 2 つの式が成立つ。

$$T_S = T_{S1} + T_{S2} \quad \cdots\cdots\cdots\cdots\cdots\cdots\cdots\cdots\cdots (3\text{-}31)$$

$$T_C{}' \cdot T_S = T_{S1} \cdot T_{S2} \quad \cdots\cdots\cdots\cdots\cdots\cdots\cdots (3\text{-}32)$$

一般的に、電流制御系の応答時定数 T_C は、速度制御系の応答時定数 T_S と比較して、1/5 から 1/10 程度に設計することが目安となっている。そこで、T_C に近い時定数 $T_C{}'$ は T_S に比べて n 倍 (n＜1) であるとする。つまり、

$$T_c{}' = nT_S \quad \cdots\cdots\cdots\cdots\cdots\cdots\cdots\cdots\cdots\cdots\cdots\cdots \quad (3\text{-}33)$$

とすると、式 (3-31)、式 (3-32) を用いて、次の関係になることがわかる。

$$T_{S1} = \{(1-a)/2\}T_S \quad \cdots\cdots\cdots\cdots\cdots\cdots\cdots\cdots\cdots \quad (3\text{-}34)$$

$$T_{S2} = \{(1+a)/2\}T_S \quad \cdots\cdots\cdots\cdots\cdots\cdots\cdots\cdots\cdots \quad (3\text{-}35)$$

ここで、a は

$$a = (1-4n)^{1/2} \quad \cdots\cdots\cdots\cdots\cdots\cdots\cdots\cdots\cdots\cdots\cdots \quad (3\text{-}36)$$

で与えられる。

　式 (3-36) において、$n > 1/4$ のときには、2 つの虚根になるので、制御系が振動的になることがわかる。このことから、振動することなく安定な速度制御系を実現するためには、少なくとも、$n \leqq 1/4$ でなければならない。また、制御対象の定数であるモータ摩擦係数 B_M などが変動した場合には、応答時定数が変化するので、$n = 1/4$ の状態では、制御系の極が 2 つの虚根になることが考えられる。つまり、パラメータの変化により、制御系が振動的になることも考えられる。従って、設計の尤度を考慮して、$n \leqq 1/5$ であることが望ましい。

　この状態の伝達関数 $H_S(s)$ において、速度指令 ω^* に対する速度 ω のステップ応答を逆ラプラス変換により求めると、次のように求めることができる。

$$
\begin{aligned}
\omega(t) &= L^{-1}\{H_S(s)\cdot(1/s)\} = L^{-1}\left\{ \frac{G_S}{(1+T_{S1}\cdot s)(1+T_{S2}\cdot s)\cdot s} \right\} \\
&= L^{-1}\left\{ \frac{k_1}{s} + \frac{k_2 T_{S1}}{1+T_{S1}\cdot s} + \frac{k_3 T_{S2}}{1+T_{S2}\cdot s} \right\} \quad (3\text{-}37)
\end{aligned}
$$

ここで、k_1、k_2、k_3 は次式で与えられる。

$$k_1 = G_S、k_2 = 0.5\,G_S\left(\frac{1}{\sqrt{1-4n}} - 1\right)$$

$$k_3 = -0.5\,G_S\left(\frac{1}{\sqrt{1-4n}} + 1\right)$$

従って、速度指令 ω^* に対する速度 $\omega(t)$ のステップ応答は次のようになる。

$$\omega(t) = \{k_1 u(t) + k_2 e^{-t/T_{S1}} + k_3 e^{-t/T_{S2}}\} \cdot \omega^* \quad \cdots\cdots\cdots\cdots\cdots (3\text{-}38)$$

当然のことながら、速度制御系は2次遅れ系の特性であり、式（3-38）において、速度制御系の応答性を支配する主な項は第3項目の式である。つまり、時定数 $T_{S2}[\{1+(1-4n)^{1/2}\}T_{S/2}]$ により、速度制御系の応答性が決定される。また、$T_S \fallingdotseq T_C/n$ なので、電流制御系の時定数 T_C を一定とすると、n の値はできるだけ、大きい方が T_S は小さくなる。

　従って、速度時定数 T_S と電流時定数 T_C の比 n は、前述したように、

$$1/5 \leqq n(=T_C/T_S) \leqq 1/10 \quad \cdots\cdots\cdots\cdots\cdots\cdots\cdots (3\text{-}39)$$

程度に設定することが望ましいと、理論的にも説明できる。

　このように設定することで、速度制御系の特性は、電流制御系の応答時定数 T_C を意識することなく、時定数 T_S の一次遅れ系として考えることができる。つまり、速度制御系の取り扱う時間の感覚からすると、極端にいえば、電流制御系は時定数0で、ゲイン G_C の特性であると見なすこともできる。

　なお、このことは、速度制御系と電流制御系との関係だけでなく、一般的なメインのフィードバック制御系と、その内側に存在するマイナーなフィードバック制御系との間に共通する関係である。従って、速度制御系をマイナーフィードバックとする位置フィードバック制御系の場合では、それぞれの応答時定数を T_S、T_P としたときにも、

$$1/5 \leqq T_S/T_P \leqq 1/10 \quad \cdots\cdots\cdots\cdots\cdots\cdots\cdots (3\text{-}40)$$

の関係が望ましいといえる。

　上記の速度制御については、積分ゲイン $K_{SI}=0$ である場合で議論した。この場合、速度比例ゲイン K_{SP} を大きく設定しても（つまり、T_S は小さく設定することになる。）、速度制御系のゲイン G_S は $[K_{SP}G_CK_T/(K_{SP}G_CK_T+B_M)]$ となり、モータ摩擦係数 B_M の値が大きくなるにつれて、速度制御系のゲイン G_S が１からわずかに小さくなっていく。従って、定常状態においては、速度 ω は速度指令 ω^* よりわずかながら小さい値になり、一致しないことを意味している。また、負荷トルク $\tau_L \neq 0$ である場合には、速度 ω はさらに影響を受ける。

　速度制御系により、定常的に、速度 ω を速度指令 ω^* に一致させることを最終的な目的とする場合には、速度積分ゲイン K_{SI} を設定することで、目的を果たすことができる。

　しかし、走行ロボットのように、最終的には目的地に精度よく位置決めすることを目的とする場合には、必ずしも、速度制御積分ゲイン K_{SI} を設定する必要はなく、$K_{SI}=0$ としておいても、問題ない場合が多い。

　応答性を高くするために、T_S が小さくなるように、速度比例ゲイン K_{SP} を大きく設定することが大切であるが、電流制御系でも述べたように、速度を得るための速度センサの検出特性が T_S よりも十分に小さい時定数であることが必要である。

　このような制御系が、高応答を要求するサーボモータなどのモータ制御系には存在することを理解しておくことが大切である。

4.

制御理論の概説

前章ではモータ制御の基本的な考え方を述べたが、本章では、改めて、制御式の展開を行う上で必要となる最小限の制御理論について紹介する。

　まず、線形制御に関する技術を統一的に取り扱えるようにした、いわゆる「現代制御理論」とよばれる多変数制御理論のうち、最も簡単な状態フィードバック制御を概説する。次に、多変数制御理論において、制御設計論として理論展開を図った補償限界型制御器を紹介するとともに、実際に活用するときの留意すべき点について述べる。その上で、マイナーフィードバック制御を内在した多重フィードバック制御について考察する。一般的には、「古典制御理論」とよばれる制御理論に分類されるものであるが、ここではあえて、上記のような順番で理論展開を図る。

4.1 状態フィードバック制御 [32)、33)]

半世紀前から知られている線形の多変数制御理論について、簡単にその概要を説明する。

まず、状態方程式、出力方程式を導出する。図 4.1 に示すようなモータ M により駆動される負荷 L を制御対象として考えてみよう。前章において、モータの方程式について説明したが、ここでは、簡単化のために、慣性モーメント J_M[kg-m^2] を有するモータはモータトルク τ_M[Nm] を発生するものとする。つまり、対象とする制御システムの時間感覚からすると、電流制御が十分に高速に行われ、モータ電流に比例するモータトルク τ_M が瞬時に出力できるものとして説明する。

モータ速度を ω_M[rad/s]、モータ摩擦係数を B_M[Nm-s/rad]、軸トルクを τ_S[Nm] とすると、そのときの関係式は式 (4-1) により与えられる。

$$\tau_M = J_M \cdot d\omega_M / dt + B_M \cdot \omega_M + \tau_S \quad \cdots\cdots\cdots\cdots\cdots\cdots\cdots \quad (4\text{-}1)$$

また、軸のねじれにより発生する軸トルク τ_S は、次の式で表される。

$$K_S \cdot (\omega_M - \omega_L) = d\tau_S / dt \quad \cdots\cdots\cdots\cdots\cdots\cdots\cdots\cdots \quad (4\text{-}2)$$

$$\tau_S = J_L \cdot d\omega_L / dt + B_L \cdot \omega_L \quad \cdots\cdots\cdots\cdots\cdots\cdots\cdots\cdots \quad (4\text{-}3)$$

ここで、K_S[Nm/rad] は軸剛性係数、J_L[kg-m^2] は負荷慣性モーメント、ω_L[rad/s] は負荷速度、B_L[Nm-s/rad] は負荷摩擦係数を、それぞれ意味する。

これらの式をブロック図で表すと、図 4.2 のようになる。ここで、s はラプラス変換子 (d/dt) を意味する。また、式 (4-1) から式 (4-3) は次

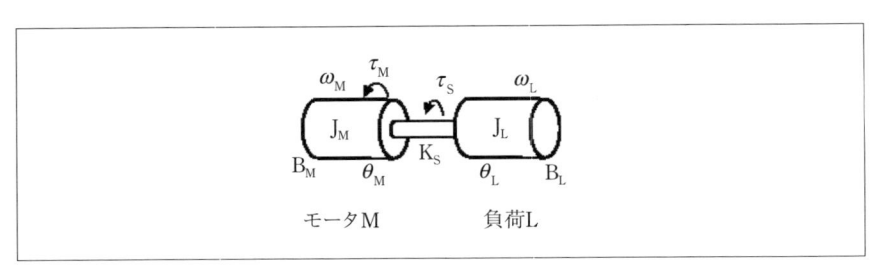

〔図 4.1〕モータと負荷

のように記述し直すことができる。

$$d\omega_M/dt = -(B_M/J_M)\cdot\omega_M - (1/J_M)\tau_S + (1/J_M)\tau_M \cdots\cdots \quad (4\text{-}4)$$

$$d\tau_S/dt = K_S\cdot\omega_M - K_S\cdot\omega_L \cdots\cdots\cdots\cdots\cdots\cdots \quad (4\text{-}5)$$

$$d\omega_L/dt = (1/J_L)\tau_S - (B_L/J_L)\cdot\omega_L \cdots\cdots\cdots\cdots \quad (4\text{-}6)$$

この制御対象の入力 u をモータトルク τ_M、制御する出力 y を負荷速度 ω_L としよう。また、出力 y に影響を与える制御系の内部変数を状態変数 x とよぶ。この例では、ω_M、τ_S、ω_L が状態変数になる。その場合、式 (4-4) ～式 (4-6) を用いて、行列式の形式にまとめると、下記のようになる。

$$d\mathbf{x}/dt = A\mathbf{x} + B\mathbf{u} \cdots\cdots\cdots\cdots\cdots\cdots\cdots\cdots \quad (4\text{-}7)$$

$$\mathbf{y} = C\mathbf{x} + D\mathbf{u} \cdots\cdots\cdots\cdots\cdots\cdots\cdots\cdots\cdots \quad (4\text{-}8)$$

ここで、状態変数 x、入力 u、出力 y、行列 A、B、C、D は、それぞれ、下記の式で表される。なお、$[\ ]^T$ は転置行列である。

$$\mathbf{x} = [\omega_M\ \tau_S\ \omega_L]^T、\ \mathbf{u} = [\tau_M]、\ \mathbf{y} = [\omega_L]、$$

$$A = \begin{bmatrix} -B_M/J_M & -1/J_M & 0 \\ K_S & 0 & -K_S \\ 0 & 1/J_L & -B_L/J_L \end{bmatrix}$$

$$B = [1/J_M\ 0\ 0]^T、\ C = [0\ 0\ 1]^T、\ D = [0]$$

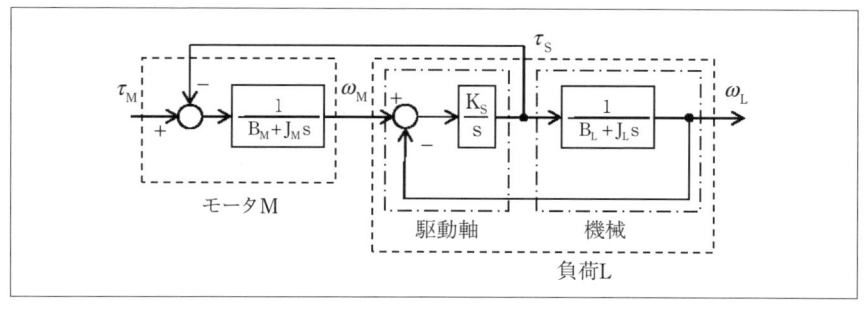

〔図 4.2〕モータと負荷のブロック図

式 (4-7) は制御を行おうとする制御対象の状態変数 **x** がどのように変化しようとするかを表しており、状態方程式という。また、式 (4-8) を出力方程式とよび、制御対象の状態変数 **x** の中で、外部から観測できる状態変数を出力 **y** として表している。図 4.1 のシステムでは、行列 A、B、C、D はすべて定数だけの要素で成り立っており、このような制御システムを線形システムと称する。この線形システムをブロック図で表すと、図 4.3 のようになる。図 4.2 のシステムでは、D=[0] であったが、一般的な制御を行うシステムにおいても、入力 **u** が、直接、出力 **y** になることはないとみなしても問題ないので、以下、D=0（ゼロベクトル）のシステムのみを取り扱うこととする。

さて、状態方程式の式 (4-7)、出力方程式の式 (4-8) は式 (4-1) 〜式 (4-3) を変換してまとめただけなので、同じシステムを意味しており、一見無駄なことのように思われる。当然のことながら、状態方程式、出力方程式を導出することは有意義であり、行列 A、B、C を分析することで、制御対象の特性を統一的に把握できる特徴を持っている。ここでは、詳細は割愛するが、制御対象の状態変数 **x** を出力 **y** から観測できることを保証する可観測性、入力 **u** により状態変数 **x** を所定の値に制御できることを保証する可制御性を、行列 A、B、C により事前にチェックすることができる。多変数制御を解説した多くの文献があるので、詳細を知りたい場合にはそれらを参照していただきたい。[32)、33)]

次に、状態フィードバック制御について説明する。制御対象の可制御性が確認されているシステムにおいては、すべての状態変数をフィード

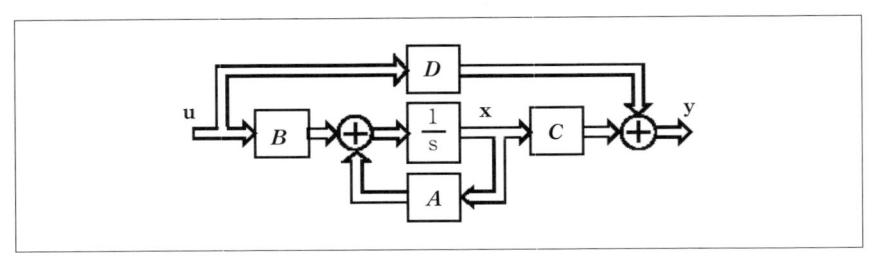

〔図 4.3〕線形システムのと負荷のブロック図

バックすることにより、制御システムのすべての極を任意の値に設定できることが証明されている。

　図4.4 に示すように、制御対象の状態変数 **x** をセンサにより検出し、フィードバックゲイン **F** を乗じたフィードバック量と、指令 **v** にフィードフォワードゲイン **G** を乗じたフィードフォワード量との和を入力 **u** としたシステムがフィードバック制御システムである。つまり、入力 **u** は次式で与えられる。

$$\mathbf{u} = F\mathbf{x} + G\mathbf{v} \quad \cdots\cdots\cdots\cdots\cdots\cdots\cdots\cdots\cdots\cdots\cdots\cdots\cdots \quad (4\text{-}9)$$

　図4.2 の制御対象に対して、状態フィードバック制御を行ったときのブロック図は図4.5のようになる。ここで、指令 **v**、フィードバックゲイン **F**、フィードフォワードゲイン **G** は、それぞれ、

$$\mathbf{v} = [\omega_{\mathrm{L}}^{*}], \quad F = [\mathrm{f}_1 \ \ \mathrm{f}_2 \ \ \mathrm{f}_3], \quad G = [\mathrm{g}]$$

となる。ここで、指令 **v** に対する出力 **y** の応答特性は、式 (4-7)〜式 (4-9) を展開することにより求める。ただし、$D = 0$ とする。まず、式 (4-9) を式 (4-7) に代入して変形する。

$$(\mathrm{s}I - A)\,\mathbf{x} = B(F\mathbf{x} + G\mathbf{v})$$
$$(\mathrm{s}I - A - BF)\,\mathbf{x} = BG\mathbf{v}$$

次に、式 (4-8) の状態変数 **x** を上式に置換する。

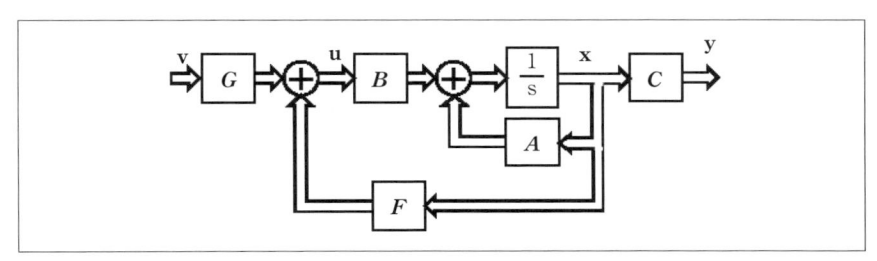

〔図4.4〕フィードバック制御システムのブロック図

$$\mathbf{y} = \boldsymbol{C}\mathbf{x} = \boldsymbol{C}(\mathrm{s}\boldsymbol{I} - \boldsymbol{A} - \boldsymbol{B}\boldsymbol{F})^{-1}\boldsymbol{B}\boldsymbol{G}\mathbf{v}$$

従って、指令 $\mathbf{v}$ に対する出力 $\mathbf{y}$ の伝達関数 $H(\mathrm{s})$ は次式となる。

$$H(\mathrm{s}) = \mathbf{y}/\mathbf{v} = \boldsymbol{C}(\mathrm{s}\boldsymbol{I} - \boldsymbol{A} - \boldsymbol{B}\boldsymbol{F})^{-1}\boldsymbol{B}\boldsymbol{G} \quad \cdots\cdots\cdots\cdots\cdots (4\text{-}10)$$

なお、$\boldsymbol{I}$ は単位行列である。

$$\boldsymbol{I} = \begin{bmatrix} 1 & 0 & \cdots & 0 \\ 0 & 1 & \ddots & \vdots \\ \vdots & \ddots & \ddots & 0 \\ 0 & \cdots & 0 & 1 \end{bmatrix}$$

図 4.5 における速度指令 ω_L^* に対する負荷速度 ω_L の伝達関数 $H(\mathrm{s})$ は、式 (4-10) より求められる。

$$
\begin{aligned}
H(\mathrm{s}) &= \boldsymbol{C}(\mathrm{s}\boldsymbol{I} - \boldsymbol{A} - \boldsymbol{B}\boldsymbol{F})^{-1}\boldsymbol{B}\boldsymbol{G} \\
&= [0 \ \ 0 \ \ 1]\,\mathrm{adj}(\mathrm{s}\boldsymbol{I} - \boldsymbol{A} - \boldsymbol{B}\boldsymbol{F})[\mathrm{g}/\mathrm{J}_\mathrm{M} \ \ 0 \ \ 0]^\mathrm{T}/\det(\mathrm{s}\boldsymbol{I} - \boldsymbol{A} - \boldsymbol{B}\boldsymbol{F}) \\
&= \frac{[\mathrm{s} + (1 - \mathrm{f}_2)\mathrm{K}_\mathrm{S}/\mathrm{f}_3]\cdot\mathrm{f}_3\cdot\mathrm{g}/\mathrm{J}_\mathrm{M}^2}{\left(\begin{array}{l} \mathrm{s}^3 + [\{\mathrm{B}_\mathrm{M}\mathrm{J}_\mathrm{L} + \mathrm{B}_\mathrm{L}\mathrm{J}_\mathrm{M} - \mathrm{J}_\mathrm{L}\mathrm{f}_1\}/(\mathrm{J}_\mathrm{M}\mathrm{J}_\mathrm{L})]\,\mathrm{s}^2 \\ + [\{\mathrm{K}_\mathrm{S}(\mathrm{J}_\mathrm{M} + \mathrm{J}_\mathrm{L} - \mathrm{J}_\mathrm{L}\mathrm{f}_2) + \mathrm{B}_\mathrm{M}\mathrm{B}_\mathrm{L} - \mathrm{B}_\mathrm{L}\mathrm{f}_1\}/(\mathrm{J}_\mathrm{M}\mathrm{J}_\mathrm{L})]\,\mathrm{s} \\ + \{(\mathrm{B}_\mathrm{M} - \mathrm{f}_1 - \mathrm{f}_3) + \mathrm{B}_\mathrm{L}(1 - \mathrm{f}_2)\}\mathrm{K}_\mathrm{S}/(\mathrm{J}_\mathrm{M}\mathrm{J}_\mathrm{L}) \end{array}\right)} \cdots (4.11)
\end{aligned}
$$

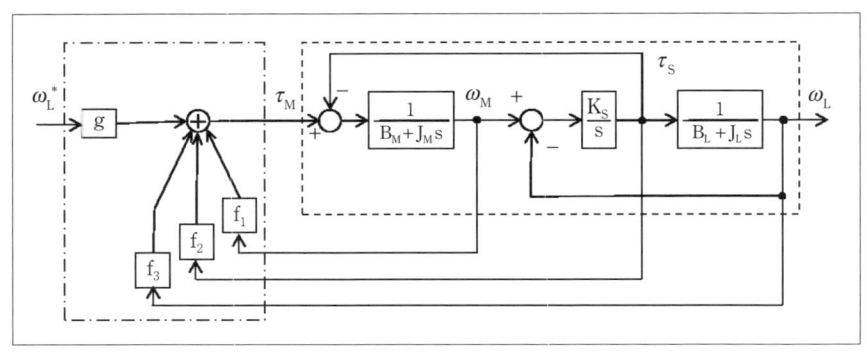

〔図 4.5〕モータと負荷の状態フィードバック制御

ここで、伝達関数 $H(s)$ の極 ω_1、ω_2、ω_3 を式 (4-12) のように設定すると、

$$H(s) = \frac{\omega_{10} \cdot \omega_{20} \cdot (s + \omega_{30})}{(s + \omega_1)(s + \omega_2)(s + \omega_3)}$$ ················ (4-12)

フィードバックゲイン f_1、f_2、f_3、及び、フィードフォワードゲイン g は下記のようにすればよい。

$$f_1 = -J_M(\omega_1 + \omega_2 + \omega_3) + B_M + B_L(J_M/J_L)$$ ··········· (4-13)

$$f_2 = 1 - \{(\omega_1\omega_2 + \omega_2\omega_3 + \omega_3\omega_1)J_M/K_S\}$$
$$+ B_L(B_M - f_1)/(J_L \cdot K_S) + (J_M/J_L)$$ ············ (4-14)

$$f_3 = -\omega_1\omega_2\omega_3 J_M J_L/K_S + B_L(1 - f_2) + B_M - f_1$$ ········· (4-15)

$$g = \omega_{10}\omega_{20} J_M^2/f_3$$ ·························· (4-16)

なお、伝達関数 $H(s)$ の零点 ω_{30} は下記にように計算される。

$$\omega_{30} = (1 - f_2)K_S/f_3$$ ························· (4-17)

上記のように、すべての状態 x をフィードバックすることにより、伝達関数 $H(s)$ の極 ω_1、ω_2、ω_3 を任意に設定できることがわかる。

　状態 x のうち、直接、センサにより検出できないこともある。その際、制御システムの可観測性が確認されていれば、出力 y を含め、検出できる状態 x を用いて、検出していない状態 x を推定することができる。一般的には、状態観測器、あるいは、オブザーバとして知られている。推定した状態の推定値 q は、その状態 x に収束する。このように、オブザーバを用いれば、状態 x の一部を検出できない場合にも、状態フィードバック制御と同じように、所望の応答性を得るように、伝達関数 $H(s)$ の極を、ほぼ、任意に設定することが可能である。

　ただし、オブザーバを用いたときの制御応答は、状態フィードバック制御で設計した伝達関数とは、オブザーバの推定遅れ分だけ異なることに留意する必要がある。

★コラム４：２次形式の評価関数を用いた最適制御の問題点

　現代制御理論が発表されて既に数10年経過し、「現代制御」とよぶにはおこがましいくらいの長い時間が過ぎてしまった。この理論に魅了されて、制御理論を学び、制御技術者になった方も数多くおられると推察する。筆者もその影響を受け、制御技術の扉をたたいた一人である。現代制御理論に関しては、多くの文献が出版されてきた。しかしながら、それらを見ると、筆者が期待したほどには、大いなる進展はなかったように思われる。最適制御の事例として紹介される手法の多くは、２次形式の評価関数を用いたもので、その時間応答特性は常にオーバーシュートすることが大半である。評価関数が２次形式の場合は理論的にこのような応答になることは理解する。

　しかし、この本の中で述べているように、特に、走行ロボットの位置決め制御を行う場合には、オーバーシュートすることは避けるべき基本条件である。また、設定された最高速度や最大トルク（駆動力）の仕様の下で、最適なモータを製品化しているにもかかわらず、例えば、最適制御を用いた速度制御において最高速度で駆動しようとすると、いとも簡単にその最高速度をオーバーシュートしてしまう。それを最適制御とよぶこと自体に違和感を覚える。

　評価関数として、２次形式の関数を選ばなければよいと指摘されるかもしれないが、最適制御の解説において、それ以外の評価関数を利用している例を筆者は知らない。最適という言葉が何を最適にするためのものかが明確でないという問題があることは知っている。

　制御技術を研究されている方には、ぜひ、オーバーシュートしない評価関数を見つけて、それを用いた最適制御を提案していただきたい。

4.2 補償限界型制御 [34) 35)]

制御対象の状態 x のうち、いくつかの状態をオブザーバにより推定してフィードバック制御に用いた場合と、すべての状態 x をフィードバックする状態フィードバック制御では、制御系の周波数特性が異なることを前節で述べた。これに対して、制御対象の状態のうち、いくつかの状態を検出できないときであっても、可制御性と可観測性が確認されている制御システムについては、すべての状態量をフィードバックする状態フィードバック制御と同じ制御特性に設計することができる設計方法が、「補償限界型制御器」として提案されている。この設計理論を提案した田川はこれ以上の補償効果は望めない究極の制御器という意味を込めて「補償限界型」と名付けたことを文献 35) において明らかにしている。残念ながら、この名前から受ける印象が、田川の優れた設計論の普及を妨げていると思われるので、あえて、ここで紹介しておく。

図 4.6 に補償限界型制御器の構成を示す。この制御系の構造により、理論的に実現可能な線形の制御系を、すべて同一の手順で設計できることが証明されている。ここで、「理論的に実現可能」とは、「微分器を用いないでゲインと積分器だけで実現できること。」を意味している。つまり、状態フィードバック制御、オブザーバを用いた制御なども補償限界型制御器に含まれる。言い換えれば、すべての線形制御器は補償限界型制御器そのものといえる。従って、田川の功績は線形制御器の統一的な設計方法を提案したことであり、それをブロック図化したものが図 4.6 である。

状態方程式、出力方程式がそれぞれ式（4-7）、式（4-8）で与えられる制御対象（ここでは、$D=0$、状態の数を n とする）において、計測可能な状態 $\bar{y}$ は、出力 y を含めて m ケあり、状態 x の線形結合、つまり、次式で与えられる。なお、出力 y は 1 ケだけとする。

$$\bar{y} = \bar{c}\,x \qquad\qquad \cdots\cdots\cdots\cdots\cdots (4\text{-}18)$$

ただし、$\bar{c}$：ゲイン行列、$\bar{c} \in \boldsymbol{R}^{m \times n}$

制御系としては、指令 r から出力 y までの伝達関数 Hry(s) と、外乱 q か

ら出力 y までの伝達関数 Hqy(s) を、それぞれ独立に設計することが目的である。ここでは、伝達関数 Hry(s) だけについて説明する。

　図 4.6 において、指令 r と出力 y との偏差 ε を入力とする p ケの積分器は、制御系の型を p 型とするためのものである。制御系の型は下記のように理解すればよい。例えば、制御系が 0 型のときには、ステップ応答に対する偏差が定常時にも生じる可能性があるが、1 型の制御系はステップ応答に対して偏差が定常時に 0 になる。2 型の制御系では、ランプ応答に対する定常偏差が 0 になるものである。

　また、図 4.6 に示す入力 u の前に挿入する積分器の個数 a は、下記の式で与えられる可観測指数で決定される。

$$a = \min = \left\{ k \,\middle|\, \operatorname{rank} \begin{bmatrix} \bar{C} \\ \bar{C}A \\ \bar{C}A^{k} \end{bmatrix} = n \right\} \quad \cdots\cdots\cdots\cdots\cdots\cdots \quad (4\text{-}19)$$

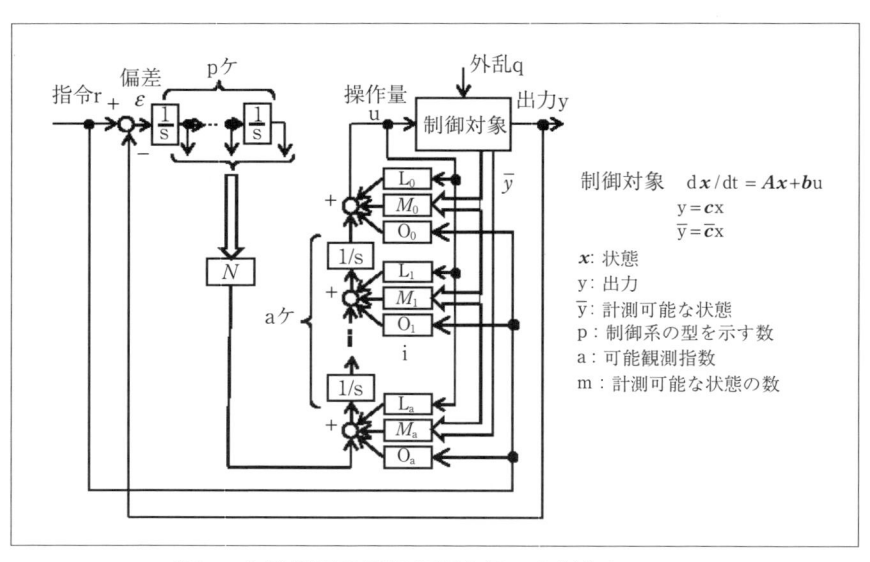

〔図 4.6〕補償限界型制御器を用いた制御システム

可観測指数 a とは、$\bar{y}$ と微分器を用いて計測できない状態 x を算出する
とき、必要となる最小の微分器の数を意味する。

　例えば、図 4.5 の制御系において、軸トルク τ_S が検出できない場合に
ついて考える。図 4.5 の制御系は 0 型であるので、p＝0 となる。また、
計測可能な状態 $\bar{y}$ は、$\bar{y}=[\omega_M\ \ \omega_L]^T$ なので、式 (4-18) より、$\bar{c}$ は式 (4-20)
で表される。

$$\bar{C}=\begin{bmatrix} 1 & 0 & 0 \\ 0 & 0 & 1 \end{bmatrix}$$ ･････････････････････････････････ (4-20)

また、前述したとおり、状態方程式の行列 A は下記のとおりである。

$$A=\begin{bmatrix} -B_M/J_M & -1/J_M & 0 \\ K_S & 0 & -K_S \\ 0 & 1/J_L & -B_L/J_L \end{bmatrix}$$ ･････････････････ (4-21)

従って、これらの行列 A、$\bar{C}$ を用いて式 (4-19) を計算すると、a＝1 と
なる。

　これらの情報から、図 4.6 の制御システムを図 4.5 に適用すると、補
償限界型制御器を用いた制御システムは、図 4.7 (c) のように構成する
ことができる。この制御系を用いれば、図 4.5 に示す状態フィードバッ
ク制御と同じ伝達関数 $H(s)$、つまり、式 (4-12) と一致させることも可
能である。

　図 4.7 (a)、(b) を用いて、補償限界型制御器による設計手法の原理を
説明する。

　まず、可観測指数は a＝1 なので、図 4.7 (a) において、入力 u である
モータトルク τ_M の前に、1 つの積分器を配置している。この積分器の
出力となるモータトルク τ_M も状態 x の 1 つとみなして、すべての状態
x を積分器の入力にフィードバックしたものが図 4.7 (a) である。

　先にも述べたように、状態フィードバック制御を行った場合には、制
御系のすべての極を任意に配置できる。つまり、フィードバックゲイン
f_0、f_1、f_2、f_3 により、4 つの極 ω_1、ω_2、ω_3、ω_4 を任意に設計すること

ができる。

　さらに、図 4.7（a）において、指令 r である負荷速度指令 ω_L^* にゲイン g_1 を乗じた値と、その微分 $s\omega_L$ にゲイン g_0 を乗じた値を追加した積分器に入力している。このフィードフォワード制御により、制御系の零

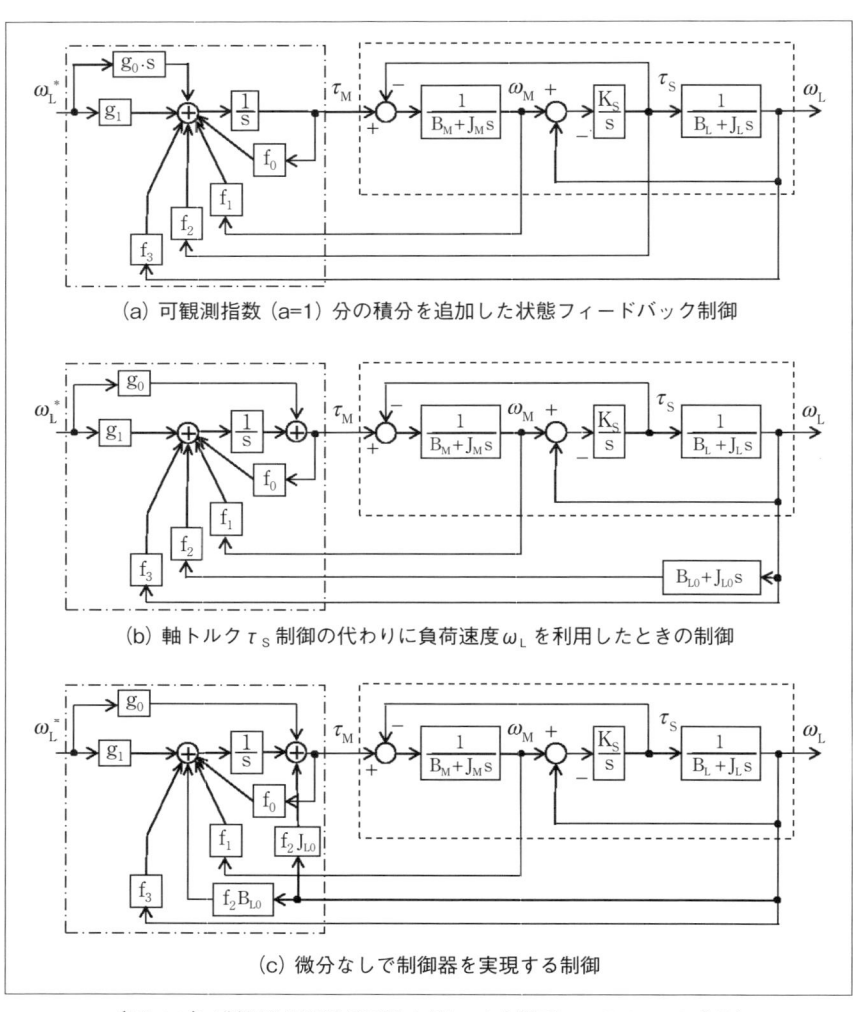

(a) 可観測指数（a=1）分の積分を追加した状態フィードバック制御

(b) 軸トルク τ_S 制御の代わりに負荷速度 ω_L を利用したときの制御

(c) 微分なしで制御器を実現する制御

〔図 4.7〕補償限界型制御器を用いた制御システムへの変形

点を g_1/g_0 により設計することができる。

　以上のことから、図4.7（a）の制御系を用いれば、指令 r（速度指令 ω_L^*）から出力 y（負荷速度 ω_L）までの伝達関数 H(s) を

$$H(\mathrm{s}) = \frac{\omega_{10}\cdot\omega_{20}\cdot(\mathrm{s}+\omega_{30})(\mathrm{s}+\omega_{40})}{(\mathrm{s}+\omega_1)(\mathrm{s}+\omega_2)(\mathrm{s}+\omega_3)(\mathrm{s}+\omega_4)} \quad\cdots\cdots\cdots\cdots\cdots\cdots (4\text{-}22)$$

とすることができる。極 ω_1、ω_2、ω_3、ω_4 はフィードバックゲイン f_0、f_1、f_2、f_3 を用いて任意の値に設定できることがわかる。さらに、ゲイン g_0、g_1 で設定できる零点 ω_{40} を、$\omega_{40}=\omega_4$ となるように設定すると、式（4-12）と同じ特性に設計することができる。

　次に、状態 x のうち、軸トルク τ_S が検出できないことを検討する。一般的には、オブザーバ理論を用いて解決することが多いが、補償限界型制御理論の場合には、図4.7（b）に示すように考える。軸トルク τ_S の代わりに、負荷速度 ω_L を用いて、

$$\tau_S = (\mathrm{B_{LO}} + \mathrm{J_{LO}}\,\mathrm{s})\,\omega_L \quad\cdots\cdots\cdots\cdots\cdots\cdots\cdots\cdots\cdots\cdots\cdots (4\text{-}23)$$

を代替し、フィードバックゲイン f_2 を乗じてフィードバックする。また、負荷速度指令 ω_L^* のフィードフォワード制御の1つである微分演算を行う代わりに、負荷速度指令 ω_L^* にゲイン g_0 を乗じた値は積分器の出力側に入力する。これらの処理を行っても制御系に影響を与えるものではないので、フィードバックゲイン $\mathrm{B_{LO}}$、$\mathrm{J_{LO}}$ が、制御対象の負荷摩擦係数 $\mathrm{B_L}$、負荷慣性モーメント $\mathrm{J_L}$ とそれぞれ一致しているとき、つまり、下記の式が成立つとき、図4.7（b）の伝達関数は、図4.7（a）のそれと等価である。

$$\mathrm{B_{LO}=B_L}、\mathrm{J_{LO}=J_L}$$

　さらに、図4.7（c）に示すように、式（4-23）の微分処理を行う代わりに、フィードバック量 $f_2\cdot\mathrm{J_{LO}}\cdot\omega_L$ を積分器の出力側に入力しても、伝達関数の特性は変化しない。

　つまり、図4.7（c）に示す補償限界型制御器を用いた制御システムは、

微分処理を行うことなく、式（4-22）の伝達関数を実現できる。また、$\omega_{40} = \omega_4$ となるように設計することで、零点と極の相殺により、状態フィードバック制御の伝達関数である式（4-12）と同じ特性を得ることが可能である。

　以上の手法が補償限界型制御理論の概要であり、可制御性、可観測性が確認されている制御システムにおいては、理論的に実現可能な制御系の設計を統一的に実施できることがわかる。ただし、線形の制御系を設計するにあたり、下記の項目について留意することが必要である。

①制御対象のパラメータが設計値と異なる場合や変化した場合には、伝達関数 $H(s)$ が設計どおりにならず、零点・極の相殺が完全にはできないことがある。零点と極が一致しない場合には、前章で説明したように、逆に制御の整定時間が長くなる。そのため、制御対象のパラメータに対するロバスト性を評価しておくことが制御系設計では重要である。

②制御系の設計によっては、最も内側のフィードバックゲイン f_0 は大きくなることがあり、制御器のサンプリング周波数により制御系の周波数特性が制限されることがある。つまり、補償限界型制御による設計方法では、可観測指数と同じ個数の積分器を追加することが特徴であるが、その出力をフィードバック制御すること自体に制限されることもある。

　さらに、状態フィードバック制御、補償限界型制御も含めて、線形制御系の設計に関しては、物理的な制限をどのように配慮するかを検討することが、実際の制御システムに適用する際には必須である。

４．３　多重フィードバック制御

　前節までに説明した多変数制御理論、補償限界型制御理論は優れた考え方であるが、線形であることが基本条件であり、実際の現場で適用するためには、物理的な制約条件に配慮しなければならない。

　そのため、実用化されている制御システムの多くは、第３章で示したように、いわゆる「古典制御理論」といわれる１入力１出力のフィードバック制御を基本としたものである。指令と出力の偏差に対して、比例ゲインを乗じた比例制御、あるいは、比例演算・積分演算からなる PI（比例積分）制御が採用されている。

　図 4.8 に示す位置制御システムにおいては、位置をフィードバックする位置制御ループの内側に、先に図 3.5 で示した速度をフィードバックする速度制御を内在しており、さらに、その制御ループの内側に、電流フィードバック制御がある。速度制御、及び、電流制御系の構成については、図 3.5 とほぼ同じであるが、電流比例ゲイン K_{CP} と電流リミッタ、速度比例ゲイン K_{SP} と速度リミッタを、それぞれ、１つのブロックとして示している。

　この制御システムでは、最終的に、位置 θ_M を位置指令 θ^* と一致させるように制御することが目的であり、位置の誤差である定常偏差が残らないように、PI 制御が行われることが多い。それに対して、図 4.8 では、その内側に内在する速度制御、電流制御の制御方法として、比例制御のみを行うように記述している。位置制御を行っている途中で速度指令どおりに速度をぴったり一致させる必要があるか否かにより、積分制御の採否を判断することが適切である。この図では、速度制御についても、積分制御を行わない構成として示した。前章の電流制御の説明で示したように、積分制御はパラメータの変動などにより、制御特性を低下させることになる場合があるので、注意する必要がある。

　図 3.5 の説明でも述べたように、速度制御ゲイン K_{SP} の決め方は、速度制御系の時定数 T_S が電流制御の時定数 T_C に対して、5〜10 倍になるように設定することで、電流制御系の特性の影響を排除できる。同様に、速度制御系の時定数 T_S に対して、位置制御系の時定数 T_P も 5〜10 倍

になるように設定することが望ましい。位置比例ゲイン K_{PP} の設計時にこの点に配慮して、時定数 T_P を設定すればよい。このように設定できれば、それぞれの制御系が担当する役割を明確にできる。例えば、電流制御系の内部にあるモータの電気回路のパラメータ、抵抗 R、インダクタンス L の変化、モータ速度 ω_M によるトルク変動の影響などは、電流制御により抑制できる。もし、これらのパラメータが制御系に不具合を与える場合には、電流制御系の設計に主な問題があると見なして、その個所を見直せばよい。あるいは、過電圧や過電流による制御停止があった場合は、電流制御系の設計ソフトのバグである可能性が高いと考えることができる。

　速度制御系に関しては、負荷トルクなどの負荷の特性、慣性モーメント J_M などの影響を抑制する役割を主に担っていると考えてよい。ただ

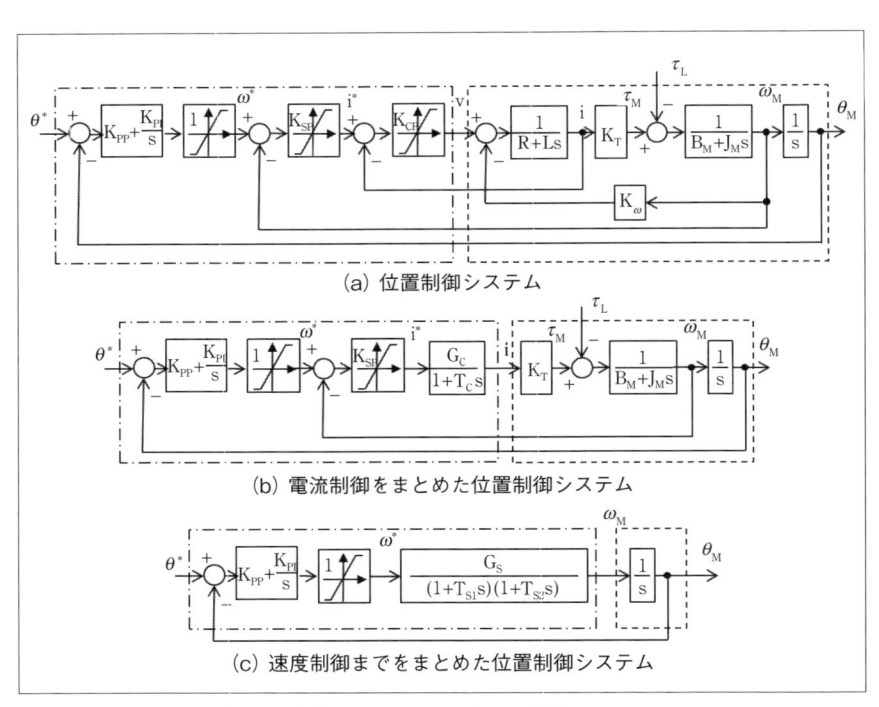

(a) 位置制御システム

(b) 電流制御をまとめた位置制御システム

(c) 速度制御までをまとめた位置制御システム

〔図 4.8〕多重フィードバック制御システム

し、位置精度の影響などは、位置制御系だけで対応できない場合も多く、速度制御系の特性を考慮して設計する場合もある。走行ロボットの場合に限定すると、例えば、電流制御系の時定数 T_C を 1ms 程度、速度制御系の時定数 T_S を 10ms 程度にできれば、特に問題なく、走行制御を実現できると考えられる。

　図4.8のような多重フィードバック制御系の場合には、有効な機能がある。それは各フィードバック制御系の演算結果を出力する箇所に設けたリミッタである。これらのリミッタが制御方法の自動切換え機能の役割を果たす。

　位置指令 θ^* がステップ状に大きく変化したときには、最大の加速を行うために、速度リミッタの出力である速度指令 ω^* は最高速度の値となり、電流リミッタの出力である電流指令 i^* も最大電流の値となる。この場合には、電流制御系だけが自動的に機能することになる。モータ速度 ω_M が加速し、最高速度になっている速度指令 ω^* に近づいてくると、電流指令 i^* は最大電流の値から小さくなり始める。このとき、制御系は自動的に速度制御系が動作するシステムに移行したことになる。さらに、モータが最高速度で移動し続けて、位置 θ_M が位置指令 θ^* に近づいてくると、速度指令 ω^* は速度リミッタの制限値よりも小さくなる。その時点から、制御系は速度制御だけのシステムから、位置制御系全体が機能するシステムに移行したことになる。

　以上のように、図4.8のような制御系を構成することで、制御系がその時々に応じて適正な制御システムに自動的に切り替わるシステムを構築したことになる。

　図4.8においても、それぞれの状態量が小さい値であれば、リミッタにより制限されることはないので、線形制御システムとなり、4.1 節、4.2 節で説明した状態フィードバック制御、補償限界型制御で設計したものと何ら変わることなく、一致した制御系を構成することになる。

　実際の制御系を構築する際には、ここで述べたように、物理的な制約条件の中で、制御特性をいかに出すシステムを実現するかが重要である。5.2 節のライン追従制御においても、このリミッタの活用について述べているので、確認していただきたい。

5.

走行ロボット制御技術の基本

誘導線に沿って走行する無人搬送車 AGV を動かすには、はじめに走行させたい経路どおりに誘導線を引いておく。その上で、AGV から誘導線までの距離を計測し、その距離を常に 0 にするように、AGV を走行させながら制御すれば、ある程度うまく動くことは誰でも理解できる。しかし、誘導線がない自律走行ロボットの場合、どのように制御すればよいのか、その制御を行うにあたり、どのように指示を与えればよいのか、わからなくなってしまうかもしれない。

　走行ロボットは所定の目的地まで移動したり、物品を搬送したりすることを目的にしており、走行を開始する始点から走行を停止する終点まで、いくつかの通過点を経由して、定められた経路を自律的に移動することが基本的な必須機能である。走行ロボットの目的が移動体に追従する場合やランダムに走行しながら清掃する場合などを除いて、一般的には、経路は予め設定されているか、走行を開始するまでに設定される。

　本章では、まず、走行ロボットを動かすための目標、つまり、AGV の誘導線に相当する仮想的な経路を設定する。ここでは、これを目標経路とよぶ。この目標経路に対して、実際の走行ロボットが走行した経路、走行経路の状態を評価する方法について述べる。次に、目標経路を用いて、走行ロボットに目標となる指示を与える方法を紹介する。さらに、走行ロボットを目標経路どおり走行させる基本的なライン追従制御方法をいくつか紹介する。[36)] [37)] [38)] [39)] [40)]

5.1　目標経路と走行ロボット制御の評価項目

まず、目標経路を次のように定義する。

目標経路：始点から終点まで、直線を含む任意の曲率の曲線を連続
的に接続した線により表した走行ロボットの目標となる
経路。AGV の場合には、現場に誘導線を設置することで、
目標経路を設定するが、ガイドを用いない走行ロボット
の場合には、ソフトウェアにおいて、現実空間に対応す
る仮想空間上に設定されるものとする。なお、ハード
ウェアとしての誘導線と対比的な用語としては、ソフト
ウェアで実現するので、目標経路のことを仮想ラインと
もよぶ。

図5.1 に走行ロボットが移動するときの基準となる目標経路と、実際
に移動した走行軌跡の例を示す。

始点 S では、走行ロボット R の位置・角度が始点のベクトルと一致
していることを前提とする。始点 S においてロボット位置が一致して
いないときの対応方法は走行ロボットの制御システムを構築する上で重
要な課題ではあるが、ここでは議論しない。

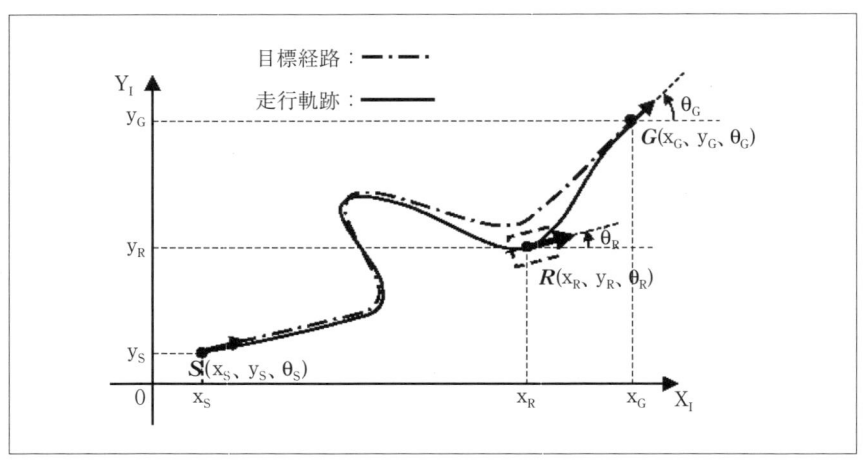

〔図 5.1〕目標経路と走行ロボットの走行軌跡

走行ロボット R の位置・角度は第 2 章で説明したようにその旋回中心とする。一般的に、走行ロボットは必ずしも旋回中心に位置を計測するセンサがあるとは限らないが、制御性能の評価としては、旋回中心で行うことが妥当であると考える。なお、ガイド式の AGV の場合には、位置センサが旋回中心よりも進行方向にある。そうでない場合には制御が安定しないので、AGV を誘導する誘導ガイドの始点、終点は AGV の旋回中心と異なることを認識しておかなければならない。

　図 5.1 の太い一点鎖線で示すように、始点 S から終点 G まで目標経路を設定し、それと一致するように走行ロボットを制御した結果、実線で示す走行軌跡が計測できたとしよう。この走行特性の優劣を評価することが走行ロボットの制御性を向上させるためには不可欠である。特に、走行ロボットの制御性能の要素としては、次のような項目があげられる。

①終点において、走行ロボットを正確に位置決めできること

②走行軌跡が目標経路と一致すること

③目的経路で設定した制限速度内で、迅速に、かつ、安全に走行すること

④加減速時において走行ロボットに過大な振動やショックを与えないこと

⑤走行ロボットが目標経路を走行するとき、旋回する状態を含めて、ヨー方向の無駄な角加速度、振動を生じないこと

⑥走行ロボットが停止する際、一旦停止することなく、かつ、位置決めする時間が想定以上に長くならないこと

特に、下記の特性は重要である。

1）走行ロボットが走行を終了する終点における位置決め精度

　　位置決め精度は目標経路の終点からの走行ロボット R の停止位置までの距離と、目標経路の進行方向から見た走行ロボットの角度で評価する必要がある。終点において、走行ロボットの到着に合わせて自動的に他の自動機器が連携作業を行うような場合には、特に、この項目の評価が大切である。

2）目標経路に対する走行ロボットまでの距離

　　目標経路の進行方向に対して垂直方向の走行ロボットまでの距離
を、始点 S から終点 G まで積分した面積で評価することが妥当
であると考えられる。目標経路の進行方向と対応する走行経路の
進行方向の角度差の評価も、走行安定性という面で必須である。

以下、それぞれの項目について詳細を考察する。

(1) 位置決め精度

　　走行ロボット R が終点 G まで走行し、そこで停止したときの状態を
図 5.2 に示す。図 5.2（a）は図 5.1 における走行ロボット R の位置から
終点 G までの走行経路を、終点 G から見た座標系で表したものである。
終点 G の位置、角度がどのような場所であったとしても、終点 G を原

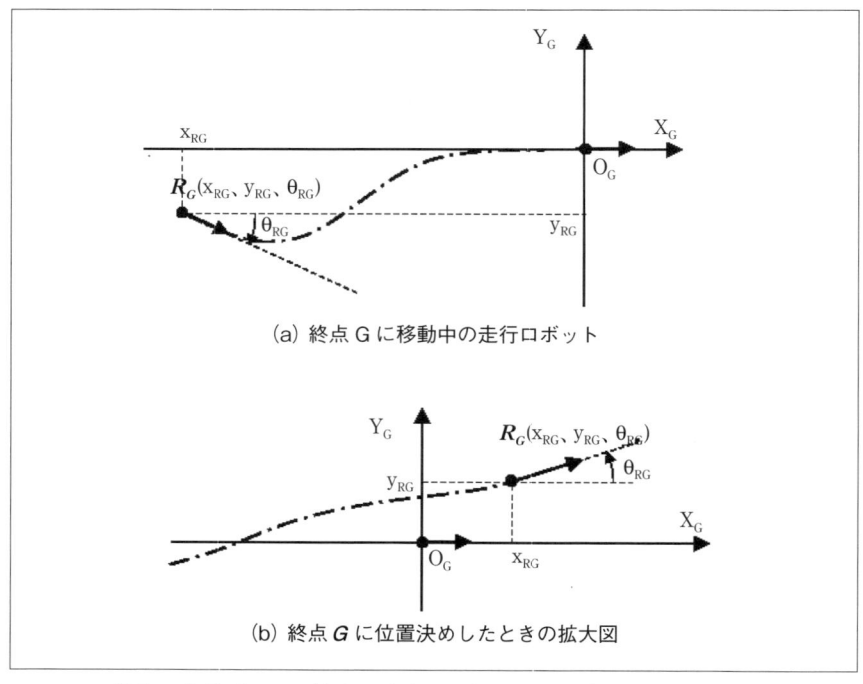

（a）終点 G に移動中の走行ロボット

（b）終点 G に位置決めしたときの拡大図

〔図 5.2〕終点 G に対する走行ロボット R_G の位置・姿勢の例

点とすることにより、走行ロボットの停止時の特性を同一の視点で評価できる。図5.2 (b) は図5.2 (a) の特性を大きく拡大させたときのイメージ図であり、終点 G に対して、停止位置 x_{RG} が x 方向にどの程度ずれているかが1つの重要な評価項目である。特に、壁に向かって停止するような状況の場合には、停止位置が原点より右方向、つまり、x 軸の正方向にオーバーすると、壁に衝突する可能性もあるので、ばらつきを含めて評価しなければならない。

　終点 G に対して、y 軸方向の距離 y_{RG} が大きすぎると、不具合を生じる場合があるので、事前の評価が必要である。また、終点 G のベクトルに対する走行ロボットの停止角度 θ_{RG} の特性は目標経路に対する走行経路の制御性能によるところが大きいので、その点から評価することが必要である。

　この位置決め制御の特性を向上するためにどのように制御すればよいかについては、5.3 節で考察することとする。

<u>(2) 目標経路に対する走行軌跡までの距離と角度</u>

　図5.3に目標経路に対する走行軌跡の評価方法の一例を示す。図5.3 (a) は図5.1 の走行軌跡の特性に、評価量である走行軌跡の距離 ΔL の方向を示したものである。距離 ΔL は目標経路の進行方向に対して垂直方向の走行軌跡までの距離とした。

　図5.3 (b) は走行距離に対する目標経路から見た走行軌跡の距離を縦軸に、時間を横軸にして表したものである。距離 ΔL を積分した面積ができるだけ小さければ、走行経路の特性としては優れた性能と考えることができるので、この距離 ΔL の面積を最小にする制御が最適な制御方法の1つと考えられる。

　また、図5.3 (c) に示した目標速度に対する走行速度の時間応答特性は、加速度時、減速時に速度応答時定数の特性分だけ遅れることが一般的である。また、走行ロボットを自動走行するように制御していても、走行ロボットの前方などに障害物がある場合には、目標速度に一致させるように制御するよりも、走行速度を減速させることが重要である。衝突する可能性があると判断した場合には、停止させるべきであり、図5.3 (c)

に示したような目標速度に一致するように制御することが必ずしも重要
ではないが、目標速度と走行速度の差は制御的には評価しておくべき特
性である。

　次に、図5.4 に示す目標経路に対する走行軌跡の角度の特性について
説明する。図5.4（a）は横軸に目標経路の走行距離を、縦軸に経路の進
行方向に対する角度を表している。目標経路と走行経路の角度はそれぞ

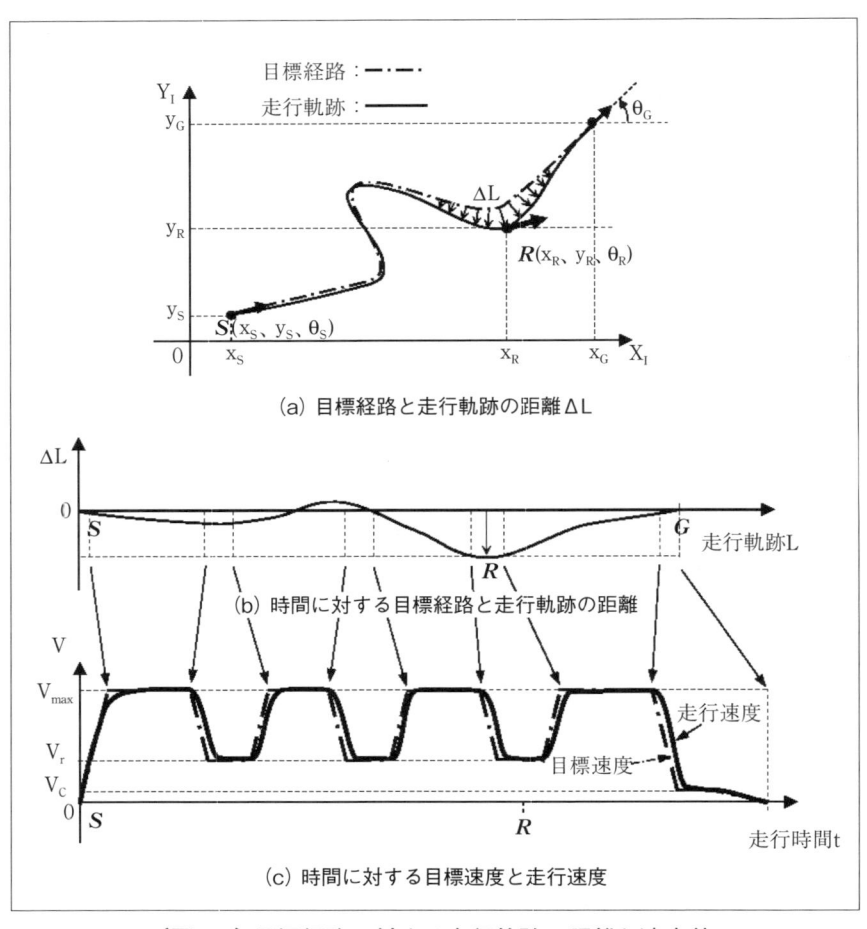

（a）目標経路と走行軌跡の距離ΔL

（b）時間に対する目標経路と走行軌跡の距離

（c）時間に対する目標速度と走行速度

〔図5.3〕目標経路に対する走行軌跡の距離と速度差

れ一点鎖線と実線で示す。その角度の差を走行時間に対して示したものが図5.4（b）である。この角度の差がライン追従制御の走行安定性の優劣を示している。走行軌跡の特性を向上するためには、図5.3（a）の距離 ΔL を改善すること以上に、図5.4（b）の角度差を改善することが有効であると考える。

　目標経路に対する基本的なライン追従制御方法については、5.4節で議論するが、それらの特性の優劣については、ここで述べた方法で評価することになる。

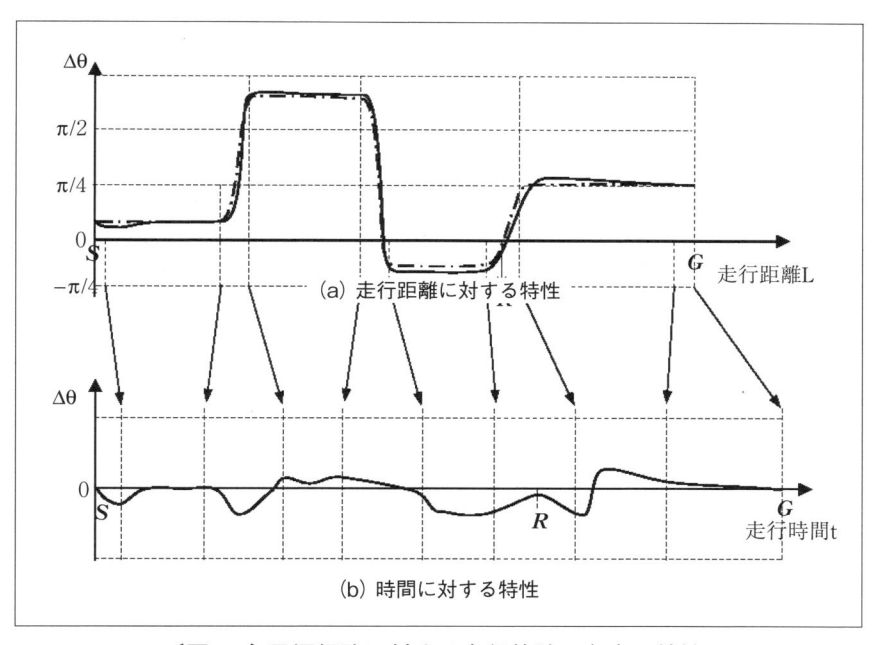

〔図5.4〕目標経路に対する走行軌跡の角度の特性

5.2 目標経路と目標点

　図5.1で示したような任意の曲線で表される目標経路に一致するように走行ロボットを動かすためには、目標経路自体をどのように把握するかが重要である。始点 S、終点 G については、位置と角度を表現するベクトルで定義することで、その時点でのロボットの位置と角度を決定することができる。それ以外の目標経路での表現方法としては、次のようなものが考えられる。

　①目標経路の区分化

　　　目標経路を複数の区間に分割し、それぞれの区間を数式で表される曲線、あるいは、直線で近似する。走行ロボット R の位置と角度により、目標となる線を選択して、その区間の線に位置と角度をともに近づけるように走行ロボットを制御する。この方法を用いると、目標となる線に沿ったライン追従制御を行う場合に考えやすいが、数式の取り扱いが複雑になる可能性がある。

　②目標点

　　　経路上の点の位置と進行方向の角度を目標点として定義する。選択した目標点に向かって走行ロボットを走行するように制御する。現状の走行ロボット R の位置と角度に対して、終点 G に到達するために最も適した目標点 P を選択することが重要である。目標点を用いる方法は、目標経路が非常に複雑で数式化できない場合でも、経路の区間に複数の目標点を配置することでほぼ目標経路を再現することはできる。しかし、目標点をあまりにも多くしすぎることは現実的ではないので、その点を考慮すれば対応は可能と考える。

　いずれの方法で目標経路を表現してもよいと考えるが、線分化したとき、その線分の端部の座標を合わせて表現しておく必要があり、それを目標点と考えることもできる。従って、目標点で取り扱えば、目標点を用いて線分に変換することが可能であり、目標経路の線分化を実現できる。従って、ここでは、目標点を用いる方法を中心に説明する。

　目標点を選定する方法としては、

①目標経路上に数多くの目標点を設定する方法

②目標経路の曲率が変化する毎に目標点を設定する方法

③走行ロボットの位置から一定の距離にある目標経路上の点を目標点
　としてその都度決定する方法

などが考えられる。具体的には、図5.5から図5.8に示す目標点の4
つの設定方法の例について述べる。

第1の方法として、数多くの目標点を設定する方法を紹介する。図5.5
に目標経路上に複数の目標点を設定した場合を示す。始点 S から終点 G
まで、目標経路上の任意の点を目標点 P として設定している。始点 S
を目標点 P_0、終点 G を目標点 P_n とすると、目標点 P_i の数は（n+1）と
なる。この数が多いほど、目標経路を正確に表現していることになるが、
走行ロボットの制御を行うためなので、あまり多すぎても取り扱いが難
しくなるだけである。走行ロボットの走行速度、制御周期などを考慮し
て選定することが望ましい。また、走行経路に影響を与えなければ、目
標点 P の間の距離は一定でなくても特に問題はない。

図5.5において、目標点 P_{i-1} を目標として、ロボット R が位置（x_R, y_R）
まで走行してきたとすると、ここで、制御の目標が目標点 P_i に切り替
わり、さらに走行ロボットは目標点 P_i を目指して走行を継続すること
になる。これを繰り返すことで、目標点は P_0 から P_n まで切り替えて、
走行ロボット R を目的地である終点 G まで移動させることができる。
走行ロボットを滑らかに走行させるためには、目標点 P の切替方法が
重要であるが、それについては、第7章で述べる。

第2の方法として、目標経路の曲率が変化する毎に目標点を設定する
方法を説明する。

図5.6の目標経路は、図5.1の任意の曲線の組合せで構成される目
標経路を、直線と円弧で近似したものである。この場合には、近似し
ても走行経路の特性に影響はほとんどないと考えられる。図5.6にお
いて、目標点はすべて直線、及び、円弧の端部に設定している。目標
経路の区間 $P_0(S)-P_1$、P_2-P_3、P_4-P_5、$P_6-P_7(G)$ は直線（線分）であり、
区間 P_1-P_2、P_3-P_4、P_5-P_6 は円弧である。なお、直線は曲率0の円弧

と見なせば、すべて曲率半径（1/r）を設定することにより決定される直線を含む円弧と考えることもできる。

　目標点 $\boldsymbol{P}_i$ として必要な情報は、位置（x_{Pi}、y_{Pi}）と角度（$\boldsymbol{\theta}_{Pi}$）であることは先に述べたが、それ以外にも、目標点 $\boldsymbol{P}_{i-1}$ から目標点 $\boldsymbol{P}_i$ までの区間における制限速度（最高速度）と、そのときの曲率を設定すれば、目標経路を表現できる。これにより、走行制御系として、走行ロボットをどのように動かすべきかを、目標点を記憶する一覧表の中から容易に確

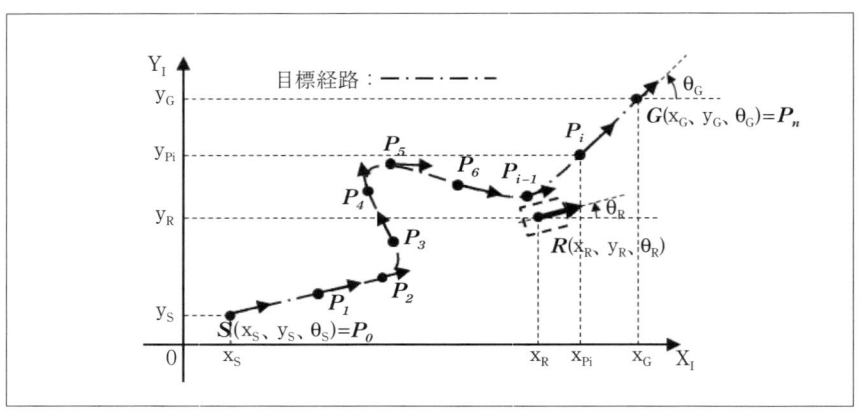

〔図5.5〕経路上の目標点で表現した目標経路

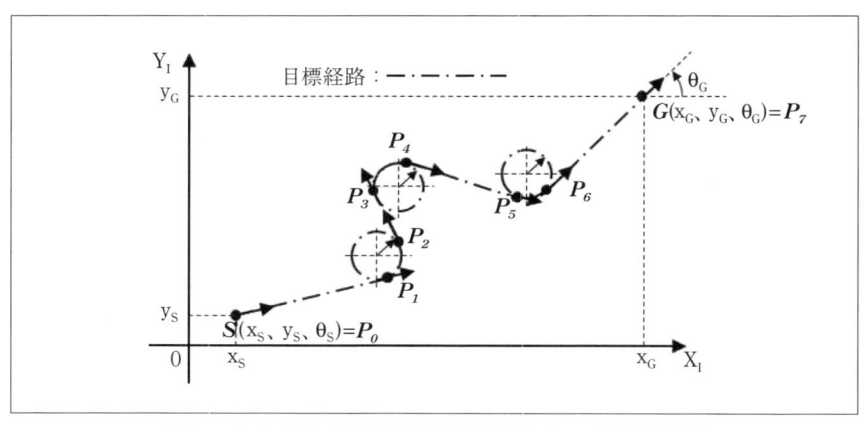

〔図5.6〕直線と円弧の端部を目標点とした目標経路

認して、制御指令として与えることができると考える。図5.6では、直線以外の円弧は曲率半径rを1つに限定した場合を表示しているが、このように目標点の情報として、直線（曲率0）を含めて曲率を記憶しておくと、円弧の種類を限定しなくてもよいことがわかる。このように、直線と任意の曲率の円弧で近似すると、理想とする目標経路に非常に近いものを作成することができる。

　また、制限速度を図5.6のようにベクトルの長さとして表現しても構わない。なお、終点 $G(P_n)$ では停止させる必要があるが、その他にも、目標経路の途中にある目標点 P_i でも、一時停止する場合もあるので、それらを含めて一覧表として表すことを提案する。表5.1が目標点の情報を一覧表にまとめた一例である。これにより、目標経路を表現することができる。この表では、走行ロボットが発するアラームや点灯するライトの情報も一覧表にまとめている。このようにして、目標経路を走行する上で関係する情報を一括でまとめることで、走行プログラムを作成しやすくなると考える。

　外部通信などの機能を追加できるように拡張性を持たせると、目標点の一覧表をさらに充実させることができる。

　目標点の第3の設定方法として、図5.6の場合よりもさらに少ない数の目標点で目標経路を実現する方法を図5.7に示す。この方法は1つの同じ曲率（1/r）だけで目標経路を構成できる場合に有効である。図5.6と比較して、図5.7の方法は円弧から直線に接する目標点を削除したも

〔表5.1〕目標点の一覧表

目標点	x 軸 [mm]	y 軸 [mm]	角度 [deg]	制限速度 [m/s]	曲率 [1/m]	停止 [on/off]	アラーム [1〜n/off]	ライト [1〜n/off]	オプション
P_0	x_{R0}	y_{R0}	θ_{R0}	V_{R0}	0	off	off	off	—
P_1	x_{R1}	y_{R1}	θ_{R1}	V_{R1}	r_1	off	off	off	—
P_2	x_{R2}	y_{R2}	θ_{R2}	V_{R2}	0	off	off	off	—
P_3	x_{R3}	y_{R3}	θ_{R3}	V_{R3}	$-r_3$	off	off	off	—
P_4	x_{R4}	y_{R4}	θ_{R4}	V_{R4}	0	off	off	off	—
P_5	x_{R5}	y_{R5}	θ_{R5}	V_{R5}	r_5	off	off	off	—
P_6	x_{R6}	y_{R6}	θ_{R6}	V_{R6}	0	off	off	off	—
P_7	x_{R7}	y_{R7}	θ_{R7}	V_{R7}	0	on	off	off	—

のである。具体的には、図 5.6 の目標点 P_2、P_4、P_6 を削除している。図 5.7 の目標点 P_0、P_1、P_3、P_5、P_7 だけを用いて、ライン追従制御をするためには、目標点で設定された曲率が（1/r）以下で走行するように制御されることが条件である。これを満足するライン追従制御については、7.2 節で説明する曲率指令によるライン追従制御で可能であるが、詳細は省略する。

　第 4 の目標点の決定方法として、目標経路上で、かつ、走行ロボット R からの目標距離 r_R の点を目標点として順次設定していく方法を、図 5.8 により説明する。この図に示す位置に走行ロボット R がある場合には、目標距離 r_R で決まる目標点 $P(=[x_P、 y_P、 \theta_P]^T)$ は次のように計算される。

　点 $P_6(=[x_{P6}、 y_{P6}、 \theta_{R6}]^T)$ と $P_7(=[x_{P7}、 y_{P7}、 \theta_{R7}]^T)$ の経路は直線なので、

$$y_P = \{(y_{P7} - y_{P6})/(x_{P7} - x_{P6})\}(x_P - x_{P6}) + y_{P6} \quad \cdots\cdots\cdots\cdots \quad (5\text{-}1)$$

あるいは、

$$x_P = \{(x_{P7} - x_{P6})/(y_{P7} - y_{P6})\}(y_P - y_{P6}) + x_{P6} \quad \cdots\cdots\cdots\cdots \quad (5\text{-}2)$$

で与えられる直線の式と、走行ロボット R から目標距離 r_R を半径とする次の円の式

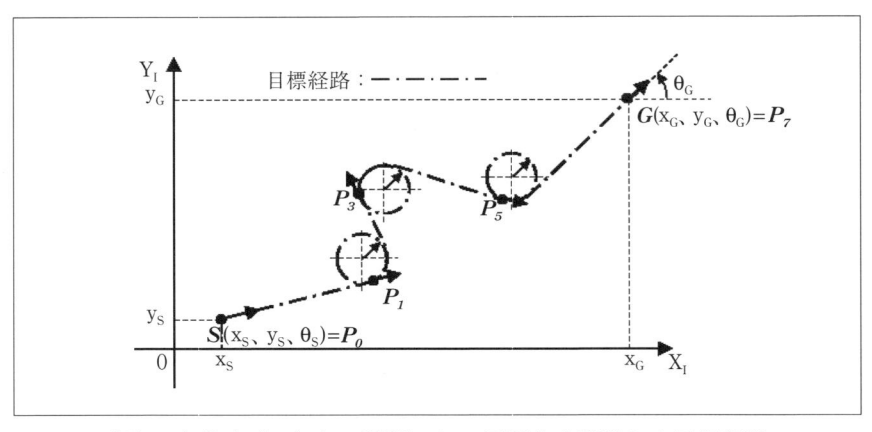

〔図 5.7〕曲率（1/r）を 1 種類にして目標点を削除した目標経路

$$(x_P - x_R)^2 + (y_P - y_R)^2 = r_R^2 \quad \cdots\cdots\cdots\cdots\cdots\cdots\cdots\cdots\cdots\cdots \quad (5\text{-}3)$$

を用いて、目標点 P の x_P、y_P を計算できる。なお、目標点 P の角度 θ_P は次式で得られる。

$$\theta_P = \tan^{-1}\{(y_{P7} - y_{P6})/(x_{P7} - x_{P6})\} \quad \cdots\cdots\cdots\cdots\cdots\cdots\cdots \quad (5\text{-}4)$$

目標経路が P_1-P_2、P_3-P_4、P_5-P_6 などのように、円弧の場合には、経路の円と走行ロボットを中心とする円の式を用いることで計算されるので、始点 S から終点 R まで連続的に目標点 P を適宜与えながら、それに向かって走行する制御を行えばよい。

　以上、主な目標経路の作成方法について述べたが、第 7 章では、図 5.6 に示した方法を活用してシステム構築を行った例を説明する。

　なお、目標経路は物理的に移動可能な領域に関しては任意に設定することができるので、楕円やクロソイド曲線のように曲率が柔軟に変化する自由曲線で構成しても構わない。しかしながら、取り扱いが複雑になるので、本書では、目標経路は直線と一定の曲率を有する円弧だけで構成されるものとする。

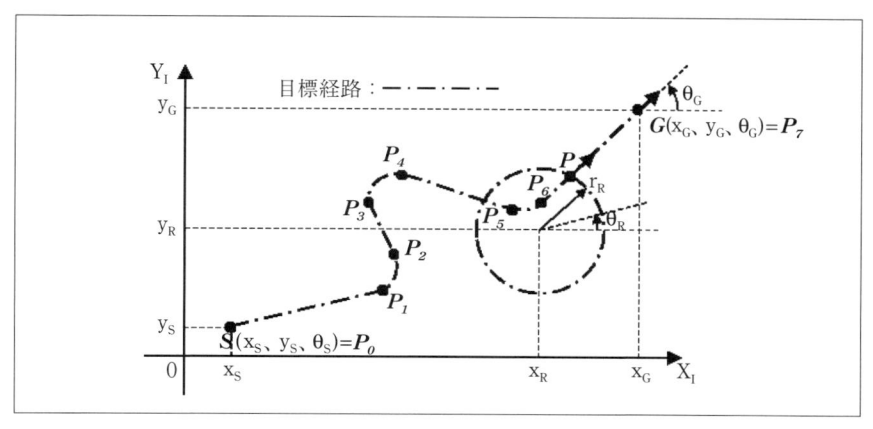

〔図 5.8〕走行ロボットからの距離 r_R にある目標経路を目標点とする方法

5.3 目標点に対する位置決め制御

　走行ロボット R の走行制御として必要な項目は、終点 G での位置決め制御の特性と目標経路に対する実際の走行ロボット R の距離と角度の特性であることは既に述べた。本節では、まず、終点での位置決め制御について考える。位置決め制御の特性の評価としては、終点 G に対して位置決め停止したときの走行ロボット R の状態、$R_G(=[x_{RG}、y_{RG}、\theta_{RG}]^T)$ であるが、ここでは、x軸方向の位置 x_{RG} だけを対象とする。y軸方向の位置 y_{RG}、角度 θ_{RG} については、目標経路にどのように追従する制御ができたかにより性能が決まるので、次節で述べる目標経路に対するライン追従制御の中で説明することにする。

　まず、第4章で示した線形理論に基づく位置決め制御の特性を明らかにし、走行ロボット R に適用した場合の課題について考える。次に、その課題を解決するために、クリープ速度を用いた位置決め制御手法を紹介する。

5.3.1 線形理論に基づく位置決め制御とその課題

　図 5.9 にここで対象とするモデルの模式図を示す。図 2.5 で示したものと同じであるが、走行ロボット R の x 軸方向の運動だけに着目した図になっている。質量 M の走行ロボット R が一定速度 v_0 で走行し、終点 G に近づいてきた状態を図 5.9 は表している。走行ロボット R の x 軸方向の位置 x_{RG} から終点 G までの距離が ℓ（つまり、$x_{RG}=-\ell$）になっ

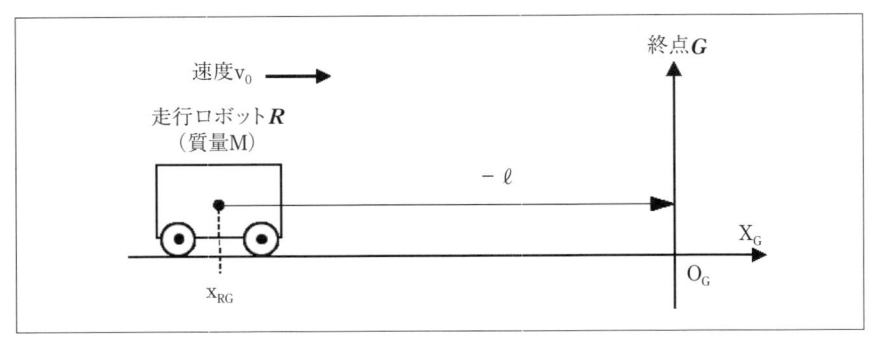

〔図 5.9〕速度 v_0 の走行ロボットが終点 G に近づいたときの状態

たときに、位置制御が減速を開始するものとして議論を進める。そのときの走行ロボット R の性能として、最大加速度（最大減速度）は$-a_{MAX}$とする。つまり、この値を超えた減速はできないものとする。

　また、位置決め制御の条件として、オーバーシュートする制御は行わないものとする。つまり、走行ロボット R が、終点 G を行き過ぎて、終点 G に引き返す位置決めはしない。一般的な速度制御を行った場合など、オーバーシュートした特性を最適制御理論に基づく最適解として記述している文献を見かけることがあるが、位置決め制御の場合には、特に問題である。コラム 4 で述べたように、壁に向かって位置決めを行うような場合に、壁にぶつかってしまう可能性があるので、この条件を前提とする。

　それでは、この走行ロボット R の位置決め制御の特性について検討する。

　図 5.10 に走行ロボット R の位置制御システムの構成を示す。この制御システムは図 4.8 の位置制御システムの構成と同じものであるが、電流制御系の伝達関数は 1 としている。また、速度制御についても、図 4.8 では、モータ速度 ω_M をフィードバックしているのに対して、図 5.10 では簡略して、走行速度 v をフィードバックしている。わかりやすくするために表現方法を変えているが、実際にモータで駆動して制御する場合と等価である。位置制御に関しても、説明を簡単化するために、位置積分ゲイン K_{PI} は 0 とし、位置比例ゲイン K_{PP} だけを用いた場合について式を展開する。さらに、図 5.10 (a) の代わりに、そのシステムと等価な図 5.10 (b) のブロック図を用いる。リミッタは基本的には実在する物理量を制御的に制限するために用いるので、図 5.10 (a) のように駆動力 F の最大値を制限することが基本である。モータを駆動することを考えると、実際には、モータトルク ω_M、あるいはそれに比例した電流 i_M を制限するトルクリミッタ、電流リミッタを用いることを意味する。それに対して、図 5.10 (b) に示す加速度リミッタは下記の点で、実用的にはあまり意味があるものではない。つまり、走行ロボット R に搭載する搭載物が変化することにより、当然、走行ロボット R の質量 M は変化す

るので、同じ駆動力 F でも、加速度 a が変化する。

　しかし、ここでは、走行ロボット **R** が許容されている搭載物の質量を含めて、走行ロボット **R** の質量 M としたときの加速度 a を考えることにする。いろいろな仕様の走行ロボットにおいて、加速、減速などを含む動きを評価する上では、図 5.10 (b) の制御構成は比較しやすいというメリットがあるためである。

　図 5.10 (b) の制御システムを用いたときの動作を説明する。まず、始点 **S** の位置に走行ロボット **R** が停止しているとき、終点 **G** まで走行する指令を与えると、終点 **G** までの距離が $-x_{RP}$ となる。その距離が大きいときには、それに位置比例ゲイン K_{PP} を乗じた速度指令 v^* は速度リミッタにより制限され、速度指令 v^* は速度最大値 v_{MAX} になる。走行ロボット **R** が停止した状態では速度 v は 0 なので、速度制御系で計算される加速度指令 a^* は加速度リミッタで加速度最大値 a_{MAX} と計算される。

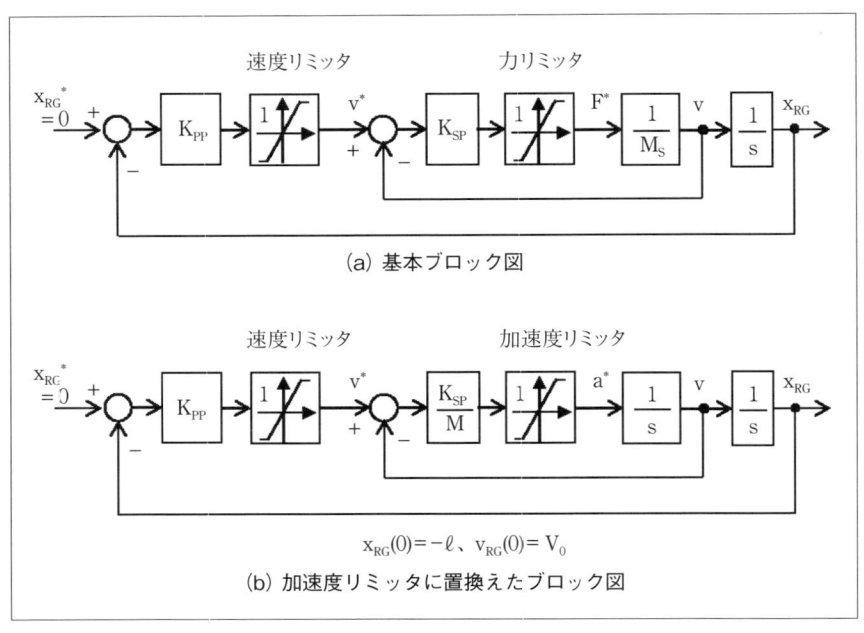

（a）基本ブロック図

$$x_{RG}(0)=-\ell,\ v_{RG}(0)=V_0$$

（b）加速度リミッタに置換えたブロック図

〔図 5.10〕走行ロボット **R** を終点 **G** に位置決めするときの制御ブロック図

これにより、図 5.11 のタイムチャートにおいて、時刻 t_0 から時刻 t_1 までのグラフのように、加速度 a は a_{MAX} となり、速度 v は直線的に加速され、速度最大値 v_{MAX} に近い値まで増加する。時刻 t_1 までは位置制御系、速度制御系は機能せず、加速度 a が a_{MAX} で、走行ロボット **R** を駆動することになる。

時刻 t_1 を過ぎると、速度 v が速度最大値 v_{MAX} に近い値になり、$v-v_{MAX}$ の値から速度制御系で計算される加速度指令 a* は加速度リミッタの制

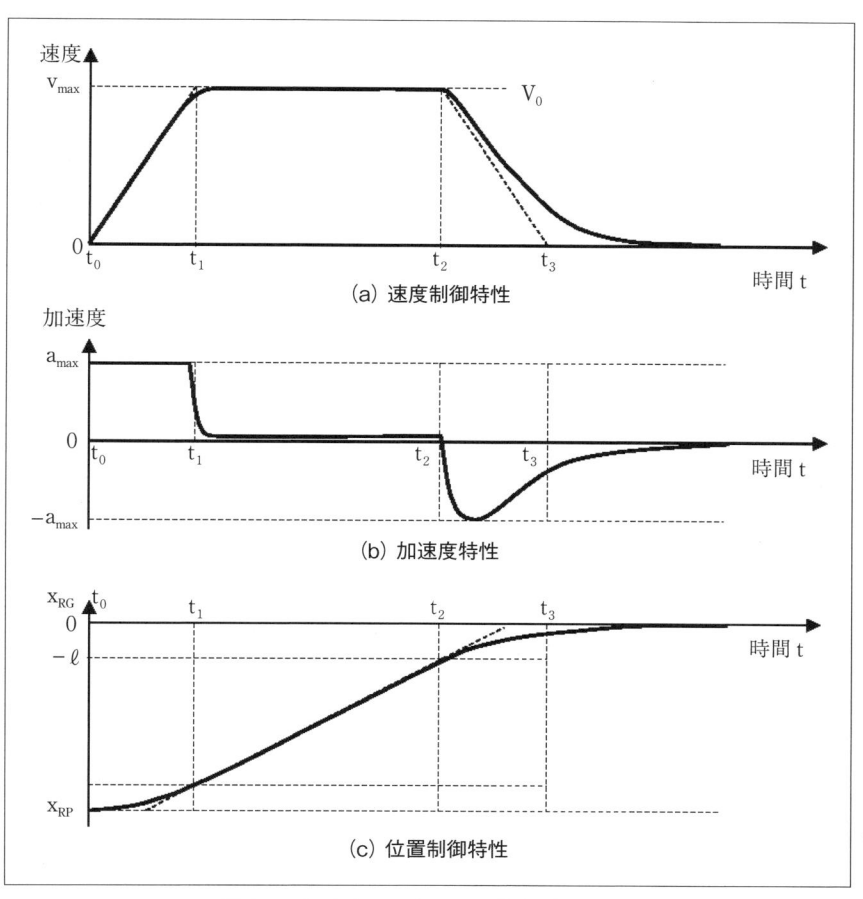

〔図 5.11〕走行ロボットの位置決め制御

限値より小さい値になり、速度vの増加率が減少する。時刻 t_2 までは、加速度リミッタの機能は影響せず、速度指令 v^* に対して、速度vを制御する速度制御系として機能する。

　時刻 t_2 のとき、走行ロボット R の位置 x_{RG} は終点 G に近づき、終点 G（原点 O_G）までの距離 x_{RG} が減速開始距離 ℓ になったとする。つまり、$x_{RG}=-\ell$ とし、走行ロボット R の減速が始まるものとする。このとき、

$$v^*=K_{PP}(x_{RG}^*-x_{RG})=K_{PP}\cdot\ell=v_{MAX} \quad\cdots\cdots\cdots\cdots\cdots\cdots\cdots \text{(5-5)}$$

が成立つ。時刻 t_2 を過ぎると、走行ロボット R の位置 x_{RG} はさらに終点 G に近づくので、速度指令 v^* は速度最大値 v_{MAX} より小さい値になり、減速するように指示することになる。

　この状態では、図 5.10（b）の速度指令 v^*、加速度指令 a^* の絶対値は、いずれもその最大値 v_{MAX}、a_{MAX} 以下の値として計算され、速度リミッタ、加速度リミッタによる制限を受けない範囲で制御される。つまり、2次遅れ系の線形制御として動作する。図 5.11 の時刻 t_2 以降の特性として示しているように、速度指令 v^* が減速することにより、加速度指令 a^* が

$$a^*=K_{SP}(v^*-v) \quad\cdots\cdots\cdots\cdots\cdots\cdots\cdots\cdots\cdots\cdots \text{(5-6)}$$

の式に従い、負の制限値、$-a_{MAX}$ の値に近づく。

　もし、式（5-6）で計算された a^* が $-a_{MAX}$ より小さい値になると、加速度リミッタにより、a^* は $-a_{MAX}$ の一定値に制限される。図 5.11 のように、a^* が加速度リミッタにぎりぎり制限されることなく、$-a_{MAX}$ 以上の値で計算される場合は線形制御の範囲で推移することになる。これを式で表すと、次のような式になる。

$$a^*=K_{SP}(v^*-v)\geqq-a_{MAX} \quad\cdots\cdots\cdots\cdots\cdots\cdots\cdots \text{(5-7)}$$

　その後、位置 x_{RG} は徐々に終点 G に近づき、速度指令 v^* も減速するに従い、徐々に0に近づく。同時に、加速度指令 a^* も負の値として0に近づいてくる。このように制御されれば、時刻 t_2 以降は線形制御の2

次遅れ系の特性として安定して、オーバーシュートすることなく、走行ロボット R の位置 x_{RG} は終点 G に位置決めすることができる。

ここで重要なことは、これらの特性が位置比例ゲイン K_{PP}、速度比例ゲイン K_{SP} により決定されるということである。速度最大値 v_{MAX}、加速度最大値 a_{MAX}（減速度最大値 $-a_{MAX}$ とする）が与えられているとき、線形制御の範囲で制御を行う条件は、式 (5-5)、式 (5-7) を常に満足することである。従って、減速を開始するときの速度が速度最大値 v_{MAX} であり、位置比例ゲイン K_{PP} が決定されれば、式 (5-5) より、減速開始距離 ℓ は自動的に確定されてしまう。この点は、実際に走行ロボット R の走行制御を設計する上で重要なことなので、しっかり認識しておく必要がある。

なお、位置決め制御している途中で、加速度リミッタで制限される場合には、線形制御系を設計したときの条件と異なってしまうため、減速度が制限されることにより、設計時に予定した速度よりも速い速度 v で終点 G に近づくことになる。その場合には、走行ロボット R は減速しきれずに終点 G を通り越してしまう可能性があるので、留意する必要がある。

それでは、時刻 t_2（$=0$ とする。）における走行ロボット R の設定条件を基に、図 5.10 (b) の制御システムについて、リミッタが働かない範囲で位置決め制御を行うとき、つまり、線形制御としての応答特性の式を導出する。

位置指令 $x_{RG}{}^{*}$ に対する位置 x_{RG} の伝達関数 $H_P(s)$ は、次式で与えられる。

$$H_P(s) = x_{RG}{}^{*}/x_{RG} = \frac{1}{(T_S \cdot s + 1)T_P \cdot s + 1} \quad \cdots\cdots\cdots\cdots\cdots\cdots \quad (5\text{-}8)$$

ここで、速度時定数 T_S、位置時定数 T_P は次式である。

$$T_S = M/K_{SP}、T_P = 1/K_{PP}$$

式 (5-8) を次式のように書き換える。

$$H_P(\mathrm{s}) = \frac{1}{(\mathrm{T_{P1} \cdot s + 1})(\mathrm{T_{P2} \cdot s + 1})} \quad \cdots\cdots\cdots\cdots\cdots\cdots \quad (5\text{-}9)$$

式 (5-8)、式 (5-9) を比較することにより

$$\mathrm{T_P = T_{P1} + T_{P2}} \quad \cdots\cdots\cdots\cdots\cdots\cdots\cdots\cdots\cdots\cdots \quad (5\text{-}10)$$

$$\mathrm{T_S \cdot T_P = T_{P1} \cdot T_{P2}} \quad \cdots\cdots\cdots\cdots\cdots\cdots\cdots\cdots\cdots \quad (5\text{-}11)$$

が得られる。このとき、$\mathrm{n = T_S/T_P}$ とおくことにより、次式が成立つ。

$$\mathrm{T_{P1} = \{(1 + m)/2\} T_P} \quad \cdots\cdots\cdots\cdots\cdots\cdots\cdots\cdots \quad (5\text{-}12)$$

$$\mathrm{T_{P2} = \{(1 - m)/2\} T_P} \quad \cdots\cdots\cdots\cdots\cdots\cdots\cdots\cdots \quad (5\text{-}13)$$

ただし、$\mathrm{m = (1-4n)^{1/2}}$ で与えられる。第4章でも説明したように、

$$\mathrm{n = T_S/T_P \leq 0.2}$$

の範囲で設定する。nの下限は第4章では0.1としたが、位置制御時定数 $\mathrm{T_P}$ は後述する理由により小さくできないことがあるので、nの下限値は設定しないことにする。

　式 (5-9) で与えられる伝達関数を用いて、位置決め時の応答特性を計算する。与えられる条件は下記のとおりとする。

$$\mathrm{x_{RG}(0) = -\ell}$$
$$\mathrm{v(0) = v_0}$$
$$\mathrm{a(0) = 0}$$

減速開始時の速度 v(0) は、必ずしも速度最大値 $\mathrm{v_{MAX}}$ に限定されないので、ここではあえて $\mathrm{v_0}$ としている。なお、式 (5-5) は下記の式 (5-14) のように書き換えてもよい。

$$\mathrm{v_0 = \ell/T_P} \quad \cdots\cdots\cdots\cdots\cdots\cdots\cdots\cdots\cdots\cdots\cdots \quad (5\text{-}14)$$

このとき、式 (5-9) を逆ラプラス変換することで、走行ロボット **R** の位置 $\mathrm{x_{RG}}$ が次式で与えられる。

$$\mathrm{x_{RG}(t) = K_1 exp(-t/T_{P1}) + K_2 exp(-t/T_{P2})} \quad \cdots\cdots\cdots \quad (5\text{-}15)$$

また、式 (5-15) を微分することにより、速度 v は

$$v(t) = -(K_1/T_{P1})\exp(-t/T_{P1}) - (K_2/T_{P2})\exp(-t/T_{P2}) \quad \cdots \quad (5\text{-}16)$$

となる。ここで、K_1、K_2 は下記のようになる。

$$K_1 = (T_{P1}T_{P2}v_0 - \ell\,T_{P1})/(T_{P1} - T_{P2})$$
$$K_2 = (-T_{P1}T_{P2}v_0 + \ell\,T_{P2})/(T_{P1} - T_{P2})$$

加速度 a は式 (5-16) を微分することで得られるので、下記の式で計算することができる。

$$a(t) = (K_1/T_{P1}{}^2)\exp(-t/T_{P1}) + (K_2/T_{P2}{}^2)\exp(-t/T_{P2}) \quad \cdots \quad (5\text{-}17)$$

さらに、加速度 a の負の最大値を求めるため、加速度 a の微分 da/dt を計算しておく。

$$da/dt = -(K_1/T_{P1}{}^3)\exp(-t/T_{P1}) - (K_2/T_{P2}{}^3)\exp(-t/T_{P2}) \quad \cdots \quad (5\text{-}18)$$

式 (5-18) において、da/dt=0 が成立つときの時刻 t を t_{MAX} とすると、

$$t_{MAX} = (nT_P/m)\{\ln(-K_2/K_1)\} + 3\cdot\ln(T_{P1}/T_{P2})\} \quad \cdots\cdots\cdots \quad (5\text{-}19)$$

で計算されるので、このときの加速度が最大減速度 a_{MAX} になる。つまり、最大減速度 a_{MAX} は

$$a_{MAX}(t) = (K_1/T_{P1}{}^2)\exp(-t_{MAX}/T_{P1}) + (K_2/T_{P2}{}^2)\exp(-t_{MAX}/T_{P2})$$
$$\cdots\cdots \quad (5\text{-}20)$$

になる。

　以上の式を用いて、走行ロボット **R** の位置決め特性について具体的に計算する。パラメータを最大加速度（最大減速度）として、減速を開始する減速開始速度 v_0 とその最大加速度以内で走行ロボット **R** を線形制御で位置決めするときの減速開始距離 ℓ の関係を図 5.12、図 5.13 に示す。図 5.12 は速度時定数 T_S を 20ms 一定としたときの特性を、図 5.13 は速度時定数 T_S を T_P の 0.2 倍としたときの特性である。

　図 5.12 の実践と破線の特性は、加速度 a_{MAX} が $0.3 \mathrm{m/s}^2$、$0.2 \mathrm{m/s}^2$ のとき

の特性を示しているが加速度が大きい方が減速して位置決めするとき、減速開始距離 ℓ が小さくてもオーバーシュートしないで制御できる。例えば、減速開始速度 v_0 が 0.5m/s の場合で比較すると、実線で示す最大加速度 $a_{MAX}=0.2\text{m/s}^2$ では、減速開始距離が $\ell=1.23\text{m}$（点 B）であるのに対して、$a_{MAX}=0.3\text{m/s}^2$ では減速開始距離が $\ell=0.81\text{m}$（点 A）となっている。図 5.12 において、位置時定数 T_P は減速開始速度 v_0 に対する減速開始距離 ℓ の比（$T_P=\ell/v_0$）なので、減速開始速度 v_0 が小さいときのほうが位置時定数 T_P は小さくできることが図 5.12 の特性から読み取れる。当然ではあるが、位置制御系としては、$a_{MAX}=0.2\text{m/s}^2$ に比べて、$a_{MAX}=0.3\text{m/s}^2$ のときの位置時定数 T_P はほぼ 2/3 になる。位置比例ゲイン K_{PP} で言えば、$a_{MAX}=0.3\text{m/s}^2$ のときのほうが 1.5 倍の値になる。

　図 5.12 と比較すると、図 5.13 は速度時定数 T_S が $0.2T_P \geqq 20\text{ms}$ のときの特性なので、速度制御の応答性を下げており、T_P が同じでも位置決め制御を行ったときの最大減速度を低減することになる。そのため、

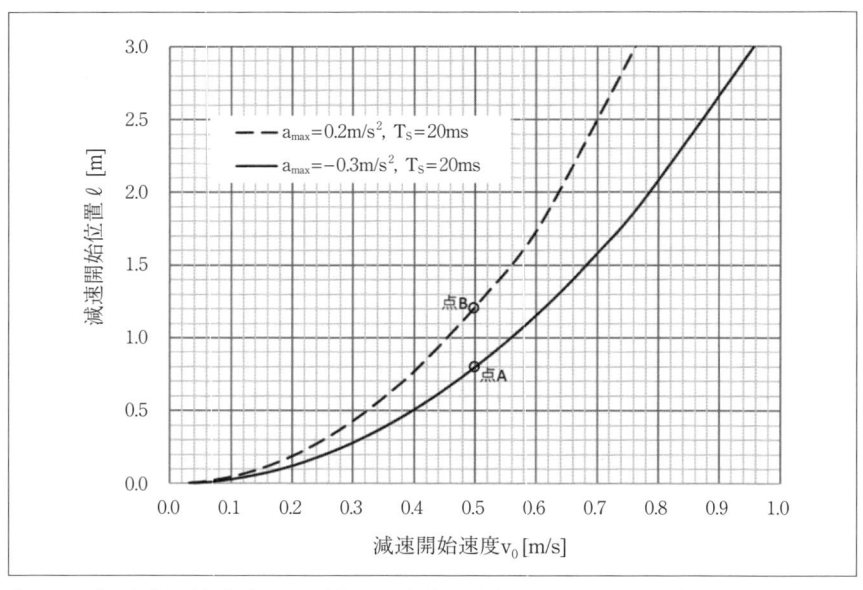

〔図 5.12〕減速開始速度 v_0 に対する減速開始位置 ℓ の特性 1（条件：T_S=20ms）

図5.13 の点 C、点 D に示すように、減速開始速度 0.5m/s のときの減速開始位置 ℓ は $a_{MAX}=0.3m/s^2$（一点鎖線）、$a_{MAX}=0.2m/s^2$（二点鎖線）に対して、それぞれ 0.63m、0.95m となっている。つまり、図5.12 よりも、位置時定数 T_P を小さくできることがわかる。

　これをよりわかりやすくするために、図5.12、図5.13 の特性を得るときの位置時定数 T_P を、減速開始速度 v_0 を横軸にして表したものが図5.14 である。線の種類は図5.12、図5.13 と一致させているので、比較して評価することができる。減速開始速度 v_0 が大きいときには、位置時定数 T_P を大きくする必要があるため、応答性を向上することができない。一般的には、高速走行する場合の方がある距離を走行する場合、短時間で移動できると考えることは当然であるが、高速で移動する走行ロボットを位置決め制御する場合、位置時定数 T_P を小さくできない可能性があることが課題となる。

　図5.14 における特性を比較すると、当然、最大加速度 a_{MAX} が大きい

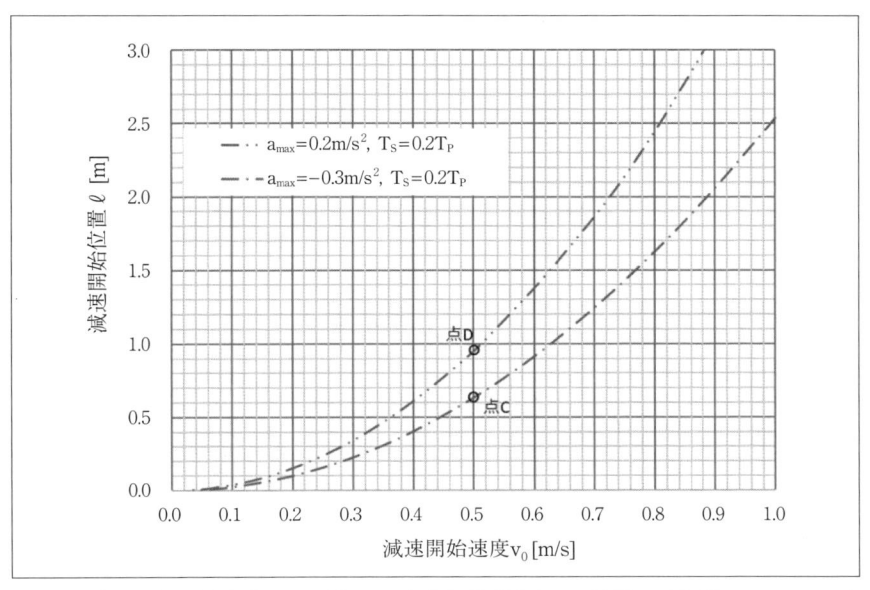

〔図5.13〕減速開始速度 v_0 に対する減速開始位置 ℓ の特性2（条件：$T_S=0.2TP$）

場合のほうが位置時定数 T_P を小さくできることになる。従って、最大加速度 a_{MAX} が $0.2m/s^2$ よりも $0.3m/s^2$ のとき、位置決め特性は優れていることが想定できる。また、速度時定数 T_S は 20ms 一定としたときよりも、$T_S = 0.2T_P$ と速度制御系の応答が遅くなるように設定した場合のほうが逆に位置時定数 T_P を小さくできることを図 5.14 は明確に示している。興味深い結果であり、知識として知っておくことを勧める。しかしながら、速度制御系の応答を高速に設定できるのであれば、一般的に制御的には望ましいので、以下の検討では、速度時定数 T_S は 20ms 一定として議論を進める。

次に、図 5.10（b）の位置決め制御系を用いたときの時間応答特性を説明する。

図 5.15 が最大加速度 $a_{MAX} = 0.3m/s^2$、速度時定数 $T_S = 20ms$ 一定としたときの位置決め特性である。終点 G までの距離が $-2.5m$ に近づいた時点を時刻 0 として、減速特性に着目して、速度 v の特性を表したもので

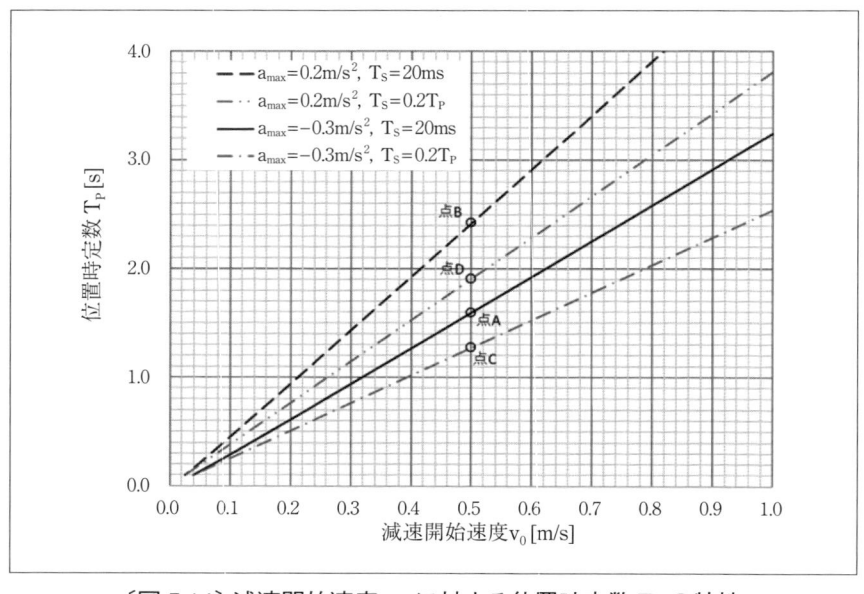

〔図 5.14〕減速開始速度 v_0 に対する位置時定数 T_P の特性

ある。一点鎖線、実線、破線はそれぞれ減速開始速度 v_0 を 1.0m/s、0.5m/s、0.2m/s に制限したときの特性を示している。なお、通常の位置決め制御では、減速開始速度 v_0 は、個々の走行ロボットが走行できる最高速度 v_{MAX}、通路の状態により制限される通路の制限速度 v_{LMT} など、そのときの走行環境で決まる最高速度と考えてよい。

　一点鎖線で示した減速開始速度 $v_0 = 1.0$m/s の特性では、高速の一定速度で走行する領域は、終点 ***G*** までの距離 x_{PG} がほぼ-3.25m になった時点から減速を開始するので、-2.5m になった時点 t=0 では速度 v は 0.774m/s まで減速した図になっている。図 5.14 の実線からわかるように、減速開始速度 $v_0 = 1.0$m/s のときの位置時定数 T_P は約 3.25s なので、図 5.15 における一点鎖線の最大の傾きは $1/T_P \fallingdotseq 0.3$m/s^2 になっている。そのため、減速するに従って他の特性よりも緩やかに 0 に近づいていることが

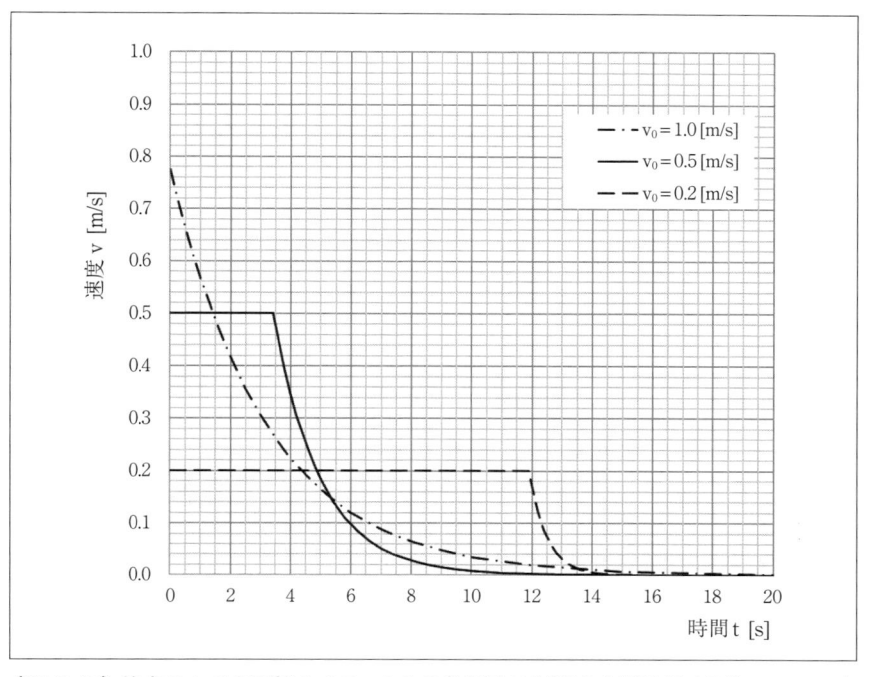

〔図 5.15〕終点***G***までの距離 ℓ=2.5m からの位置決め制御の応答特性（条件：T_S=20ms）

理解できる。

　実線で示した減速開始速度 $v_0 = 0.5$m/s の特性では、一定速走行している状態から減速を開始する時刻 t が 3.4s で、終点 **G** までの距離 x_{PG} が約 -0.8m の地点である。速度指令 v^* が

$$v^* = -x_{PG} / T_P \leqq v_0 = 0.5 \text{m/s}$$

となるときから減速を開始する。$v_0 = 1.0$m/s の場合に比べて、$v_0 = 0.5$m/s の場合は、T_P の値も約 1/2 であり、x_{PG} が約 1/4 になることは明らかである。時刻 1.4s からは、一定走行する $v_0 = 0.5$m/s の速度特性が、減速している $v_0 = 1.0$m/s の速度特性よりも高い速度になっている。時刻 3.4s を過ぎると、$v_0 = 0.5$m/s の位置決め特性が $v_0 = 1.0$m/s の特性を追い越し、より終点 **G** に近づく。このように $v_0 = 0.5$m/s の特性が $v_0 = 1.0$m/s の特性より短時間で位置決めできることを示している。

　低速の $v_0 = 0.2$m/s で走行する特性（破線）の場合でも、$v_0 = 1.0$m/s の場合よりもスムーズに収束しており、位置決め時間も短くなっている。

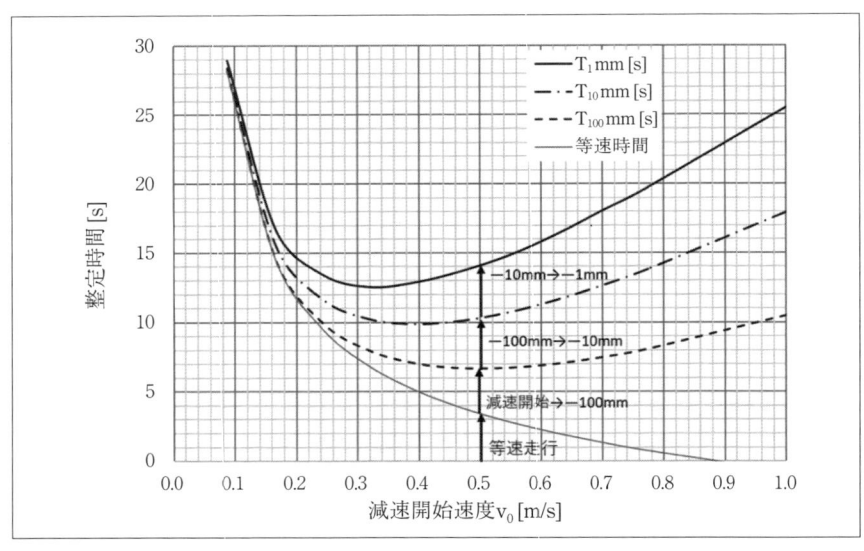

〔図 5.16〕減速開始速度 v_0 に対する整定時間 特性（条件： $\ell = 2.5$m）

この時間応答特性により得られた終点 G の-2.5m 前の地点からの位置決め時間を、減速開始速度 v_0 を横軸としたグラフで表すと、図 5.16 のようになる。太い実線、一点鎖線、破線で示す特性は所定の距離以下に位置決めした時間であり、それぞれ 1mm 以下、10mm 以下、100mm 以下を表している。参考のために、-2.5m の距離から減速開始前の一定速度 v_0 で等速走行する時間の特性を細い実線で示している。

　等速走行する時刻が短い特性は $v_0 = 1.0$m/s であり、より早く、線形制御による減速制御のモードに入っているが、終点 G から見て-2.5m の地点から-100mm 以下の位置への移動が最も早い特性は、$v_0 = 0.5$m/s であることが、図 5.16 から読み取れる。-2.5m の地点から-10mm 以下の位置への移動時間が最も短い特性は $v_0 = 0.4$m/s になっている。さらに、-1mm 以下の位置決め時間に関しては、最も短い特性は $v_0 = 0.3$m/s 付近であることが示されている。-100mm から-10mm までの時間間隔、及び、-10mm から-1mm までの時間間隔はいずれも v_0 が小さいほど短くなっている。これは v_0 が小さいときほど、位置時定数 T_P を小さくでき、位置比例ゲイン K_{PP} を大きくできるためである。

　ここでは、理論的に導出した結論である。実用的には一般的な AGV の位置決め要求精度は± 10mm 以下である場合が多く、その程度で十分であると筆者も認識しているが、理論的な評価としては、1mm 以下の位置決め時間まで評価しておくべきと考える。

　実用的な場面を考えると、静止摩擦や走行時の摩擦の影響、積み荷の質量の変動など、考慮すべき点は多い。これらの補償するためには、位置比例ゲイン K_{PP} を高くして、外乱の影響を補償しておくことが重要である。また、一般的に、位置決め制御に関しては、位置決め精度を確保するために、位置積分ゲイン K_{PI} を設定して、比例積分制御を利用することも多い。その場合には、さらに位置決め制御時間を長くするように、設計しなければならない。その際、位置決め制御がオーバーシュートすることなく整定できるようにすることが必須であり、留意する必要がある。ここでは、これらの考察は割愛する。

　以上をまとめて考えると、次のような結論が得られる。

(1) 走行ロボットの位置決め制御に関しては、線形制御だけで減速制御を行うと、位置時定数 T_P を小さくできないため、位置決め時間が非常に長くなってしまう。

(2) 走行ロボットの位置がオーバーシュートにならないようにするためには、位置制御を線形制御で収束させる必要がある。

(3) 位置時定数 T_P を小さくするように、減速開始時の速度 v_0 をできるだけ低くして、位置比例ゲイン K_{PP} を高くすることより、位置決め時間を短くできる可能性がある。

5.3.2 最短時間制御と高応答化のための制御可能範囲

前項において、線形制御による走行ロボットの位置決め制御では、高速走行から減速させるとき、容易には応答性を向上できないことを述べた。本節では、走行ロボットのための優れた位置決め制御を模索するために、目安となる制御方法として、理論的に最も応答時間が短くなる最短時間制御について考察する。その上で、次項で高応答化する制御手法を紹介する。

では、図 5.17 を用いて最短時間制御を紹介する。図 5.11 の線形制御で減速させる場合と比較しながら説明する。なお、時刻 t_1、t_2、t_3 については、速度特性の違いにより位置 x_{RG} の特性が影響されるため、図 5.11 と図 5.17 でわずかながら異なっているので、注意する必要がある。

図 5.17 において、時刻 t_0 から時刻 t_1 までの期間は、最大加速度 a_{MAX} で加速させる。図 5.11 の場合も速度制御系で動作している範囲であり、速度指令 v^* が速度最大値 v_{MAX} になっており, その値に速度時定数 T_S で近づくように、最大加速度 a_{MAX} で加速しているので、ほぼ同じ特性になっている。図 5.11 では、時刻 t_1 の付近で、速度制御により加速度を低減するように動いているのに対して、図 5.17 の場合には、時刻 t_1 まで、加速度 a は a_{MAX} で一定のままである。

時刻 t_1 になると、図 5.17 の最短時間制御では、加速度 a はほぼ 0 に切り替えている。実際には、一定走行している時に発生する摩擦などを補償するため、加速度 a は 0 ではないが、それを補償できるものとする。

図 5.11 の制御では、速度制御系がその摩擦力により生じる速度 v の低下を速度時定数 T_S の応答性で補償し、速度 v をほぼ速度指令どおり、v_{MAX} に保持する。

図 5.17 において、減速を開始する時刻 t_2 は $-a_{MAX}$ で減速させたときに、終点 G の地点 $x_{RG}=0$ で、速度 v が 0 になるタイミングであり、それを事前に決定しておくことが最重要課題である。時刻 t_2 から時刻 t_3 までは、加速度 a を $-a_{MAX}$ にして、速度 v を一定の減速度で減速させる。このよ

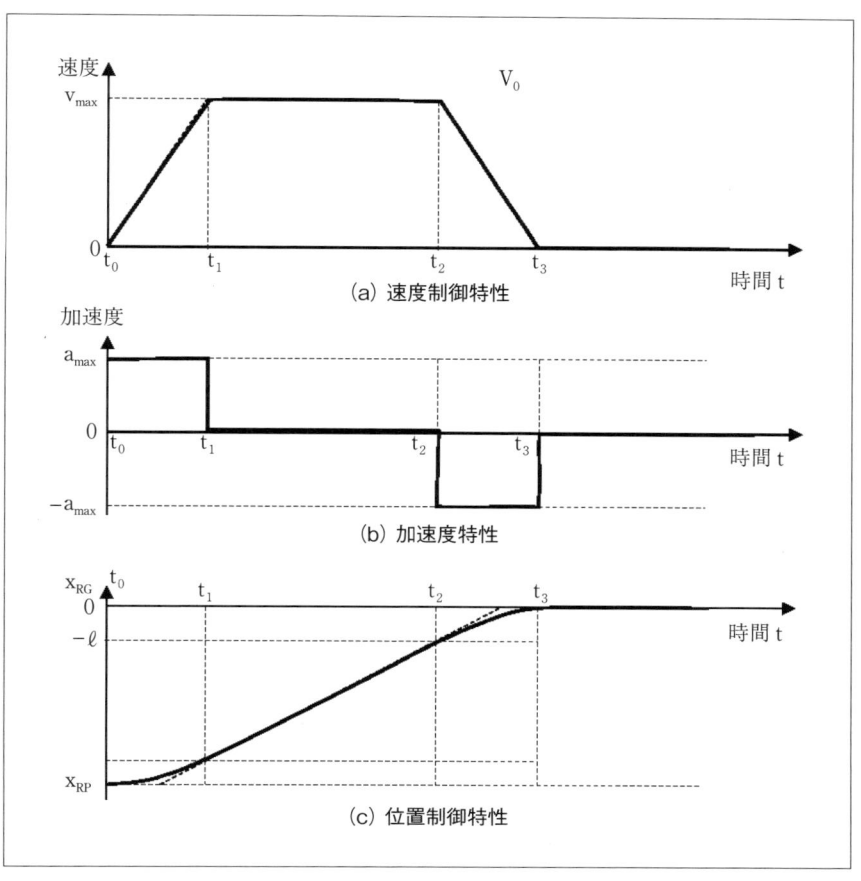

〔図 5.17〕最短時間制御による走行ロボットの位置決め制御

うにすることで、時刻 t_3 において、速度 $v=0$、位置 $x_{RG}=0$ を達成する。

このように制御することで、最大加速度 a_{MAX} の性能を持つ走行ロボット **R** が最短時間で終点 **G** に到着できる。これに対して、図 5.11 の場合には、線形制御の範囲において、最大加速度 a_{MAX} 以内の性能で位置決めを行ったときの特性であり、図 5.17 と比較すると、位置決め時間は t_3 よりも長くなってしまう。

最短時間制御による位置決め時間 t_3 が各種の制御を行う際の目標となる。そこで、減速開始時の速度 v_0 に対する減速開始距離 ℓ の特性を図 5.18 に示す。実線、一点鎖線はそれぞれ最大加速度 a_{MAX} を $0.3\mathrm{m/s^2}$、$0.2\mathrm{m/s^2}$ としたときの特性を表している。図 5.12 の特性と比較すると、図 5.18 の減速開始距離 ℓ の特性が小さい値になっていることがわかる。

$v_0=1\mathrm{m/s}$ のとき、図 5.12 の線形制御（速度時定数 $T_S=20\mathrm{ms}$ 一定）では、減速開始距離 ℓ が 3m 以上であるのに対して、図 5.18 の最短時間制御の場合には、減速開始距離 ℓ が約 1.67m とほぼ 1/2 になっている。$v_0=0.5\mathrm{m/s}$

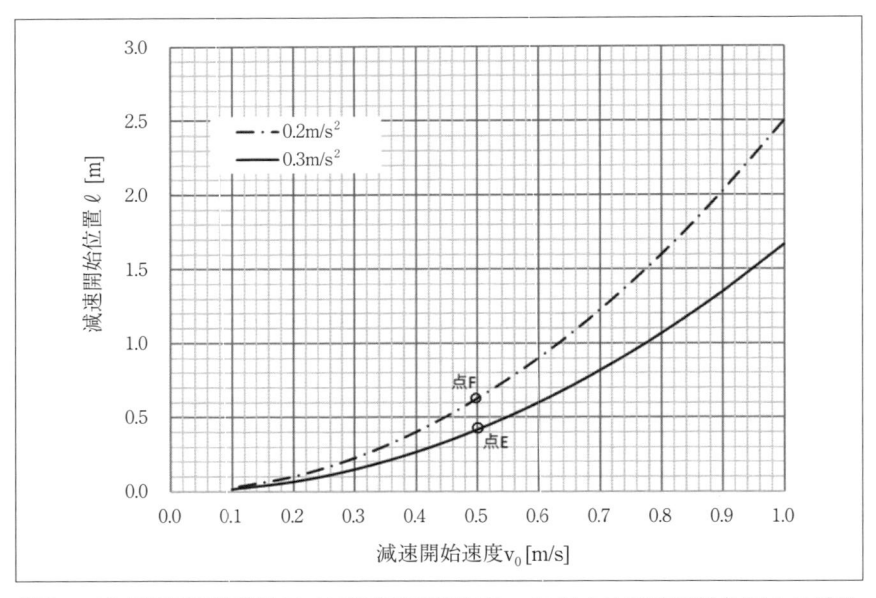

〔図 5.18〕最短時間制御における減速開始速度 v_0 に対する減速開始位置 ℓ の特性

のときも、図 5.12 の減速開始距離 ℓ が約 0.80m であるのに対して、図 5.18 では約 0.42m である。このように、制御方法を選択することにより、減速開始距離 ℓ を半減できる可能性があることがわかった。

次に、終点 **G** までの距離−2.5m から一定速度で走行し、減速して停止するまでの整定時間を図 5.19 に示す。太い実線は−2.5m から停止までの時間を、細い実線は−2.5m から減速を開始するまでの時間をそれぞれ示している。従って、細い実線と太い実線の差は、減速を開始してから停止するまでの整定時間を表している。この特性は図 5.16 の線形制御の場合と比較して検討する。

最短時間制御では、減速開始速度 v_0 が 1m/s、0.5m/s のとき、終点 **G** までの距離−2.5m の地点から位置決めを完了するまでの時間はそれぞれ約 4.17s、約 5.83s である。図 5.16 の線形制御の場合には、停止完了を位置決めが 10mm 以内になったときと定義すれば、減速開始速度 v_0 が 1m/s、0.5m/s のときに、位置決め完了時間はそれぞれ 18.0s、10.4s となる。これらの結果から、位置決めを完了する時間は、最短時間制御のほうが線形制御で位置決めする場合と比較して概ね 1/2 以下になると考えてよい。特に、減速を開始するときの速度が大きいときには、その比は大き

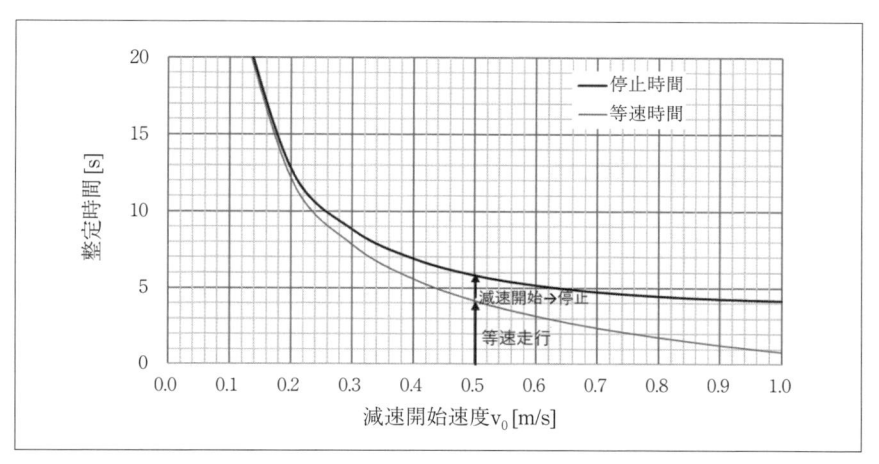

〔図 5.19〕最短時間制御における減速開始速度に対する整定時間の特性
　　　　（条件： ℓ =2.5m）

くなっている。なお、位置決め時間を位置決め精度が 1mm 以下のとき
と定義したとすれば、図 5.16 の位置決め完了時間は、v_0 が 1m/s、0.5m/s
のとき、それぞれ 25.6s、14.1s である。つまり、高精度化を要求される
場合には、さらに、位置決め完了時間の比は大きくなる。

　また、減速開始から停止までの時間は、最大加速度 $a_{MAX} = 0.3$m/s のと
き、最短時間制御では、約 3.3s である。このように短時間で位置決め
が終了することは重要な仕様である。

　最短時間制御が特性的に優れていることは言うまでもないが、図 5.10
で示したようなフィードバック制御ではないので、それに比べて、いく
つかの課題を持っている。それらの課題を以下に列挙する。

(1) 位置決めのオーバーシュート

　　減速開始タイミングが違ったときや、所定の加速度が得られな
かったときには、終点 G を行き過ぎて、終点 G に戻ってくること
がある。先に述べたように、位置決め制御においてオーバーシュー
トすることは物体にぶつかる可能性があり、大きい問題である。

(2) 位置決め精度の劣化

　　フィードバック制御を行わない方式なので、位置決め精度を向上
することは最短時間制御では難しいと考える。

　以上のことを考慮して位置決め制御方式を選定するとき、位置決め制
御の優劣を判断するためには、下記の項目を考える必要がある。

① 位置決め時間が短いこと

　　走行ロボットが一定で走行するときの速度が高いことは当然であ
るが、加速・減速が短いことも位置決め時間を短くする上では重要
である。5.3.1 項で説明したように、瞬間的な最大加速度（減速度）
が大きくても整定時間が長くなることがあるので、それを短くする
ことが課題である。

② 位置決め精度が高いこと

　　ロボットの質量の変化、走行摩擦などが位置決め精度に影響を与
えるので、それらのパラメータ変化に対して、制御系がロバストで

あることが重要な要素になる。一般的に、ガイド式 AGV の場合、位置決め精度± 10mm 程度に設定されていることが多い。

③位置決め精度のばらつきが小さいこと

走行ロボットが走行中や減速中に振動し、その影響のために、位置決めを行う毎にばらつきを生じることがある。特に、静止摩擦が大きい場合には、位置決めのばらつきに影響を与え、一旦、走行ロボットが停止してしまうと、位置決めの補正が難しくなる。位置決めのばらつきを含めての位置決め精度としては、標準偏差を σ とすれば、少なくとも、3σ で± 10mm 以下が望ましい。

これらの項目を満足することが、目指すべき走行ロボットの位置決め制御方式である。以上の要求に対応できると考える制御方法を、次項で紹介する。

5.3.3 クリープ速度を用いた位置決め制御

走行ロボットの位置決めで要求される位置決め時間が短くて、かつ、安定して高精度の位置決めができる方法として、クリープ速度付き位置決め制御方式を紹介する。この方式は位置決め精度と比較して、長い距離を移動する位置決めを行う場合に用いられてきた方法である。例えば、サブミクロンオーダーの精度が要求される半導体製造装置などに用いられる X-Y ステージの位置決め制御方法としてよく知られている。[59]

図 5.20 がクリープ速度付き位置決め制御方式の時間応答の概要である。ここでは、説明の都合上、時刻は t_5、t_4、・・・、t_1、t_0 の順番で経過するものとする。この時刻経過に従って説明する。

まず、時刻 t_5 から時刻 t_4 では、走行ロボット R は加速度 a_{MAX} で加速し、最高速度 v_{MAX} に到達する。次に、時刻 t_4 から時刻 t_3 の間は、最高速度 v_{MAX} で走行し、終点 G に近づく。そのときの走行ロボット R の移動状態を図 5.21 の模式図に示す。時刻 t_3 のときには、終点 G からの距離 x_3 だけ離れた位置に達する。この時点から時刻 t_2 までは、一定の加速度 $-a_{MAX}$ で減速する。ここまでの動作はほぼ最短時間制御で説明したものと同じである。ただし、最短時間制御と異なる点は、速度制御系を含ん

だ形で動作していることである。詳細は後述する。

図 5.21 において、時刻 t_2 では、終点 **G** に距離 x_2 まで接近している。そのときの速度 v_2 はクリープ速度 v_C とよばれる低い速度になっている。ここから時刻 t_1 までは、この一定のクリープ速度 v_C で走行する。これにより、終点 **G** までの距離 x_1 に達する。図 5.20（c）に示すように、時

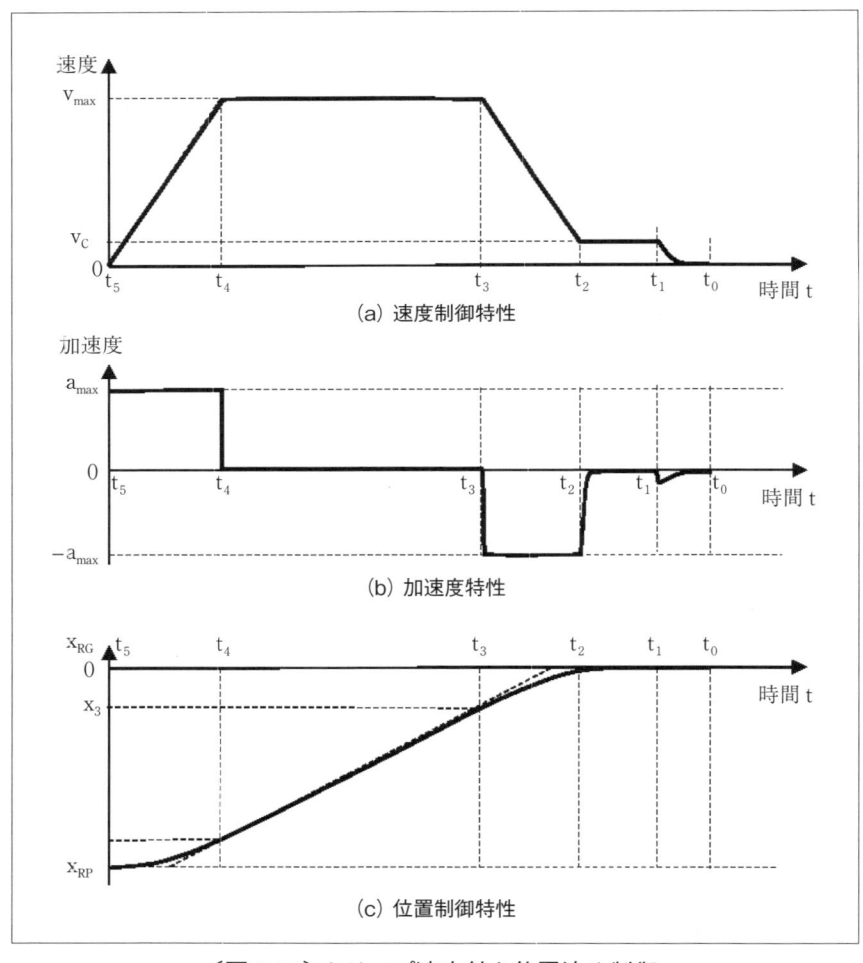

〔図 5.20〕クリープ速度付き位置決め制御

刻 t_2 から時刻 t_0 までは移動距離 x_{RP} に比べれば、非常に短い距離であり、この図面では距離 x_2 と x_1 の差を表すことができないものである。

　時刻 t_1 からは、図 5.10 の位置制御系のブロック図で示したような位置決め制御を行い、終点 **G** において、位置決め制御を終了する。その時点が時刻 t_0 であり、走行ロボット **R** の速度 v、位置 x_{RG} はいずれも 0 になる。

　このような制御を実現できると、時刻 t_2 までは、最短時間制御とほぼ同じような加速、高速走行、減速により、終点 **G** に近い距離 x_2 まで移動することができる。また、時刻 t_1 から時刻 t_0 までの位置決めは低速のクリープ速度 v_C から線形制御により減速するので、位置時定数 T_P を小さく設定して、短時間で終了できることが容易にわかる。

　それでは、時刻 t_2 から時刻 t_1 までの区間を一定の低速度であるクリープ速度 v_C で走行させることの技術的な意味を説明しよう。

　このクリープ速度の期間を設ける目的は、走行ロボット **R** の位置 x_{RG} が終点 **G** からの距離 x_1 になる時刻 t_1 において、速度 v が常にその指令値であるクリープ速度 v_C に一致している状態を実現するためである。そのために、速度 v が振動しないように、次のようなことを制御的に考慮している。

　①速度指令値を時刻 t_2 から v_C で一定とすることで、位置決め精度に

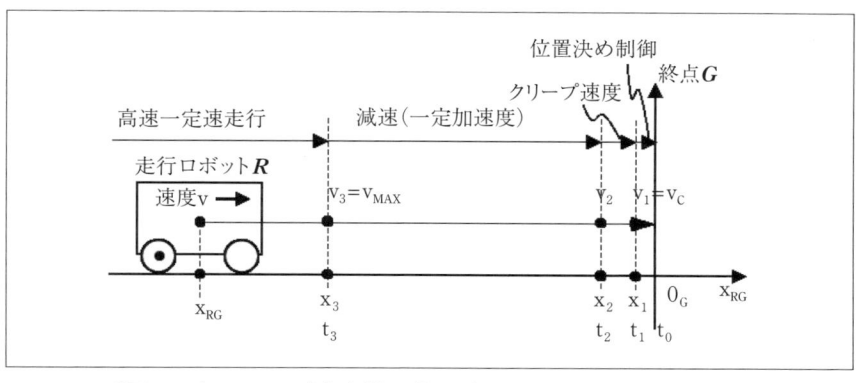

〔図 5.21〕クリープ速度付き位置決め制御時の位置の模式図

　　影響する加振力を走行ロボット **R** に加えないこと

　②走行ロボット **R** が有する固有振動数などにより、減速時に生じた

　　速度 v の振動をクリープ速度の期間で減衰させること

このように制御することで、走行ロボット **R** に生じていた速度振動な
どを減少させ、この期間を終了する時刻 t_1 においては、毎回位置決め
をするたびに、走行ロボット **R** の速度 v は v_C にすることができる。減
速開始速度 v_0 は、クリープ速度 v_C 以上であれば、最高速度 v_{MAX} のとき
だけでなく、どのような速度であっても、時刻 t_1 では速度 v を v_C にで
きる。従って、時刻 t_1 においては、それ以前の走行速度の状態によらず、
同じ条件で、線形の位置決め制御を開始することになる。

　　次に、このような制御を実現するための位置決め制御系のブロック図
について図 5.22 を用いて説明する。図 5.22 (a) は、図 5.10 (a) における
位置比例ゲイン K_{PP}、速度リミッタの代わりに、位置決め制御関数を挿
入した形になっているだけである。図 5.22 (a) の速度制御系については、

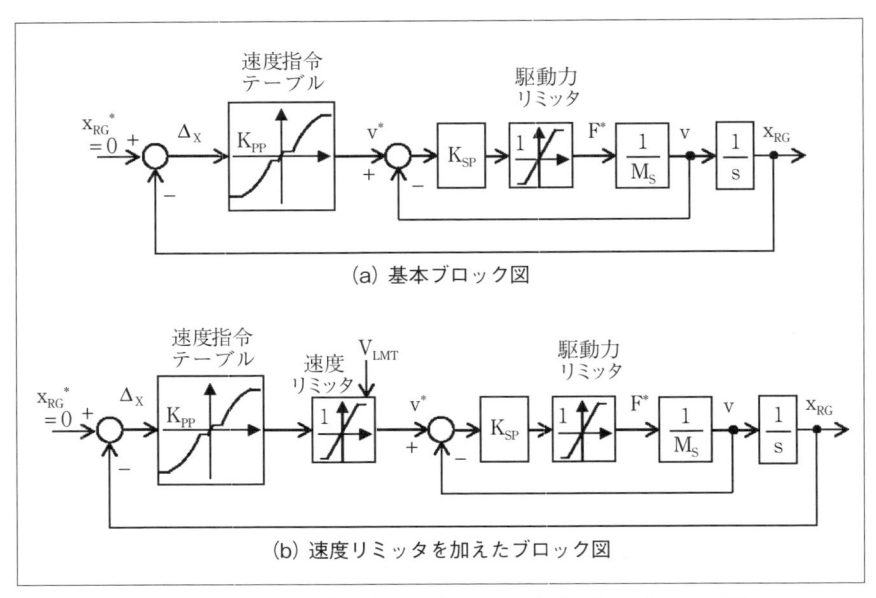

〔図 5.22〕クリープ速度付き位置決め制御系のブロック図

図 5.10 (a) のそれと全く同じである。なお、図 5.10 (a) で説明したとき、速度制御系の時定数 T_S はあまり小さくない方が位置決めの応答特性が良くなることを述べたが、図 5.22 (a) の場合には、一般的な設計と同様に速度制御系の速度時定数 T_S は小さくして、高速に応答することが望ましい。

なお、実際にこの位置決め制御を用いる場合には、図 5.22 (b) のように、位置制御系の出力である速度指令 v^* を決定する箇所に、改めて、速度リミッタを追加する方法を推奨する。この速度リミッタは外部で設定される速度リミッタ値 v_{LMT} により走行速度を制限するものである。例えば、走行通路が狭い場合、交差点に近い場合、旋回する通路を走行する場合など、走行環境により、速度制限されることが考えられる。また、走行ロボット **R** が走行する通路の付近に障害物を検出したときや、他の移動物体が接近してきて接触する可能性を見つけたときは、走行ロボット **R** を減速させる必要がある。場合によっては、停止することも選択肢の 1 つになる。その場合には、速度リミッタ値 v_{LMT} を用いて、適正な速度制限を行うことになる。

従って、図 5.22 (b) のブロック図を用いれば、任意に速度を制限する機能を持ちながらも、高精度で高応答の位置決め制御を実現することができる。

それでは、位置決め制御関数の導出方法を図 5.23 により説明する。

この関数は、実際の制御で動作していく順番と逆に決めていくほうがわかりやすい。図 5.23 (a) において、距離 x_1 と速度 v_1 の関係（時刻 t_1 から時刻 t_0 までの区間）を決定する。ここでは、時刻 $t_0 = 0$ として説明する。速度 v_1 はクリープ速度 v_c であり、位置決め時間、位置決め精度に影響を与えることになるので、その決定が位置決め性能を左右すると考えてよい。この動作点は、図 5.11 で説明した減速開始速度 v_0 と減速開始距離 ℓ の関係式で求めればよい。つまり、式 (5-14) で表されるので、位置時定数 T_P により決定することができる。例えば、減速開始速度 $v_0 = 0.1m/s$、位置時定数 $T_P = 0.5s$ とすると、減速開始距離 ℓ は 0.05m と計算される。速度時定数 T_S を 20ms として、最大加速度（減速度）a_{MAX}

を式 (5-20) により計算すると、−0.181m/s^2 になる。この絶対値が時刻 t_3 から時刻 t_2 までの区間で減速制御するときの最大加速度 a_{MAX} の絶対値を超えないことを確認することが大切である。時刻 t_1 から時刻 t_0 までの位置決め時間は位置精度と関係するが、減速開始距離 ℓ の 2% にな

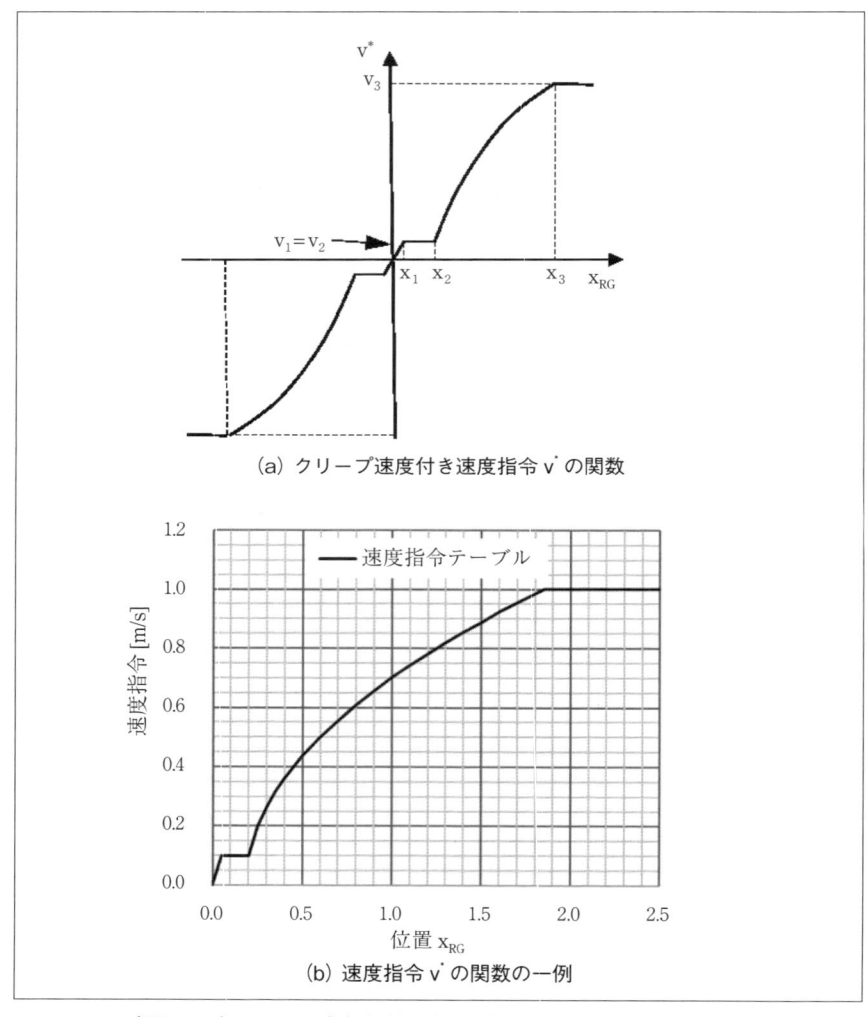

(a) クリープ速度付き速度指令 v^* の関数

(b) 速度指令 v^* の関数の一例

〔図 5.23〕クリープ速度付き位置決め制御の速度指令関数

る場合と仮定すると、$4T_P$ となる。つまり、この計算例の場合には、時刻 t_1 から時刻 t_0 までの位置決め時間は約 2s となり、時刻 $t_1 = -2s$ になる。

　なお、制御システムとして考慮しておくことは、位置センサ、速度センサの性能である。位置検出精度、位置分解能、ばらつきなどが、mm 単位の制御演算を行うのに適しているかが主なチェックポイントである。また、位置決め時における速度も mm/s オーダーの制御を行うことになるので、速度分解能が位置決め制御の特性に影響を与えないように配慮する必要があるかもしれない。

　次に、距離 x_2 を設定する。走行ロボット R がクリープ速度 v_C で移動する時間、つまり、時刻 t_2 から時刻 t_1 までの時間を決めることになる。先に述べたとおり、クリープ速度 v_C で走行する間に、走行ロボット R の速度 v がクリープ速度 v_C に収束させることが、この区間を設けた目的であるので、それを考慮して設定する必要がある。走行ロボット R が構造上、ゆっくりした固有振動数を持っている場合には、この区間を設定したほうがよい。特に振動などを考慮する必要がない場合には、位置決め時間を短くするために、距離 x_2 から距離 x_1 の間を縮めてもよい。次式で距離 x_2 と時刻 t_2 を関係づけられるので、x_2、t_2 のいずれか一方を設定することで、他方の値を決定することになる。

$$x_2 = x_1 - v_C(t_1 - t_2) \quad \cdots\cdots\cdots\cdots\cdots\cdots\cdots\cdots\cdots\cdots \text{(5-21)}$$

　図 5.23（b）の例では、距離 $x_2 = -0.2m$ と設定することで、時刻 $t_2 = -3.5s$ と計算される。

　ここで、距離 x_3 と速度 v_3 の関係式を導出する。距離 x_3 と速度 v_3 になる時刻 t_3 から、一定の加速度 a で減速し、時刻 t_2 のとき、距離 x_2、速度 v_2 の動作点に達するものとすると、次のような式を展開できる。

$$\begin{aligned}
x &= \int v\,dt \\
x_2 - x_3 &= \int_{t_3}^{t_2} (v_3 + at)\,dt = [v_3 t + at^2/2]_{t_3}^{t_2} \\
&= \{v_3(t_2 - t_3) + a(t_2 - t_3)^2/2\} \quad \cdots\cdots\cdots\cdots\cdots \text{(5-22)}
\end{aligned}$$

また、速度 v_2、v_3 と加速度 a の関係から

$$(v_2 - v_3) = a(t_2 - t_3) \quad \cdots\cdots\cdots\cdots\cdots\cdots\cdots\cdots\cdots\cdots\cdots\cdots\cdots\cdots \quad (5\text{-}23)$$

の式が成立つ。式 (5-22)、式 (5-23) を用いると、次の式が得られる。

$$x_2 - x_3 = (v_2^2 - v_3^2) / (2a) \quad \cdots\cdots\cdots\cdots\cdots\cdots\cdots\cdots\cdots\cdots \quad (5\text{-}24)$$

$$v_3 = \sqrt{v_2^2 - 2a(x_2 - x_3)} \quad \cdots\cdots\cdots\cdots\cdots\cdots\cdots\cdots\cdots\cdots \quad (5\text{-}25)$$

時刻 t が時刻 t_3 から時刻 t_2 までの間にあるとき、距離 x と速度 v の関係は次のようになる。

$$v = \sqrt{v_2^2 - 2a(x_2 - x)} \quad \cdots\cdots\cdots\cdots\cdots\cdots\cdots\cdots\cdots\cdots \quad (5\text{-}26)$$

最高速度 $V_{MAX} = 1.0\text{m/s}$ を速度 v_3 とし、加速度 $a = -0.3\text{m/s}^2$ とすると、距離 x_3 を計算できる。

式 (5-24) より、$x_3 = 1.85\text{m}$ と計算される。また、式 (5-26) により距離 x_2 から距離 x_3 までの速度 v も計算できる。式 (5-23) より、時刻 t_3 から時刻 t_2 までの時間は 3s と計算される。

以上のような計算式を用いることで、図 5.23 (b) のような関数を作成できる。

この条件を用いて、終点 **G** からの位置 −2.5m からの位置決め応答特性を計算する。走行ロボット **R** の速度 v を 1.0m/s としたときの特性が図 5.24 であり、示されている破線と実線の曲線は速度指令 v^*、速度 v である。速度時定数 T_S を 20ms としているので、減速しているときの 2 つの線はほぼ 20ms の差があるが、図 5.24 の時間スケールでは影響は少ないことがわかる。しかし、速度応答の遅れにより、実際の走行ロボット **R** の速度 v は速度指令 v^* よりもわずかながら速いので、速度指令 v^* で想定される位置よりも、走行ロボット **R** の位置 x_{RG} は終点 **G** に近づく。そのため、図 5.24 のシミュレーション結果では、減速している時間は設計計算した 3s より短く、約 2.9s になっている。クリープ速度 v_c の領域があるので、速度応答の遅れを吸収できる。また、図 5.24 のクリープ速度 v_c で走行する時間は、設計した時間 1.5s に対して、速度遅れで吸収した時間分だけ短く、約 1.4s になっている。従って、図 5.24 の計算結

果はほぼ設計どおりの特性になっていることがわかる。

　なお、図5.23（b）ではクリープ速度v_cを0.1m/sとした場合を示したが、位置決め時間をさらに短くするためには、より低い速度に設定することも可能である。ただし、クリープ速度を開始する前の減速時に、走行ロボット **R** の速度がオーバーシュートする特性である場合には、減速しすぎて、負の速度になってしまうことが想定される。その点を注意して、クリープ速度の大きさを決定することが重要である。また、クリープ速度で走行する時間を短くすることにより、位置決め時間を短くできる可能性はある。この点については、前述したとおり、位置決めの精度、ばらつきにも影響するので、それらの評価を行いながら、クリープ速度の走行時間を短くすることが望ましい。

　図5.25 には、減速開始速度v_0を横軸として、図5.24 と同様にして計算

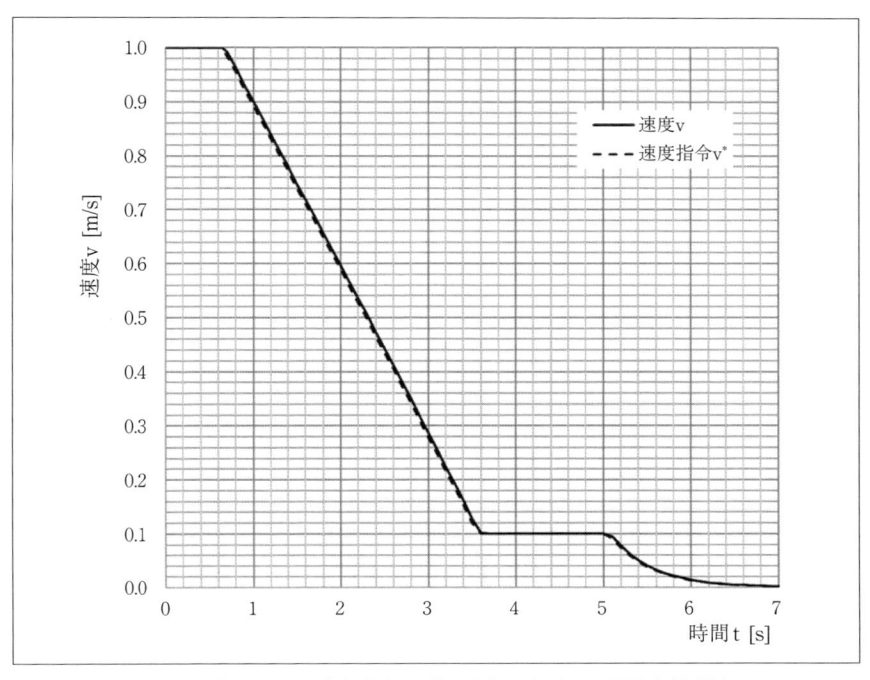

〔図5.24〕クリープ速度付き位置決め制御の時間応答特性

される整定時間の特性を示す。終点 G までの距離−2.5m の時点から、終点 G に整定する時点までの整定時間を表している。線形制御により位置決めしたときの特性である図 5.16、最短時間制御のときの特使である図 5.20 と比較する。当然、最短時間制御に比べて、位置決めの整定時間は 3s 程度長くなっているが、線形制御の場合に比べると、大幅に短くなっている。図 5.25 でもわかるように、終点 G までの距離が−100mm から停止するまでの時間は、減速開始速度によらず、ほぼ同じく、約 2.5s である。

　以上で述べたように、クリープ速度を用いた位置決め制御に活用することで、走行ロボット R の位置決めを、短時間で、精度よく、実現できる可能性がある。7.2 節の制御システムとしては、このクリープ速度付き位置決め制御を活用している。

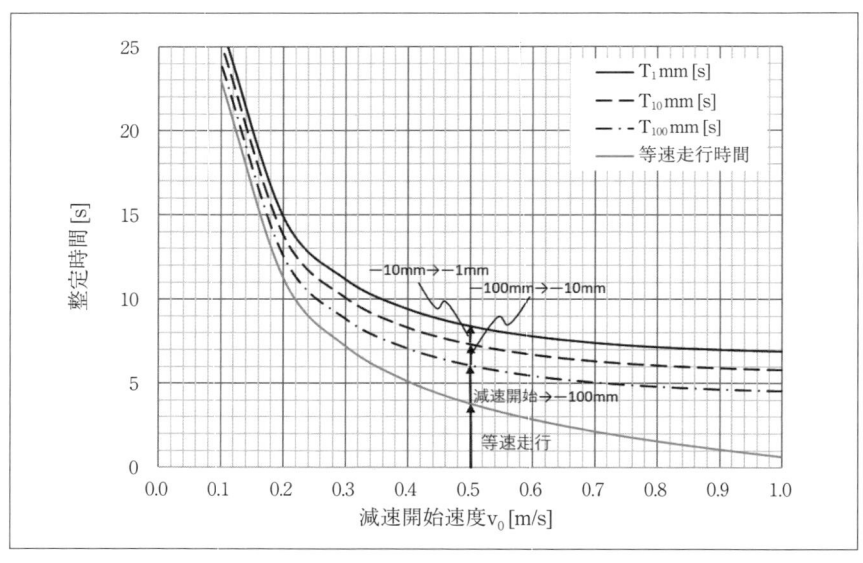

〔図 5.25〕クリープ速度付き位置決め制御における整定時間

5.4 直線の目標経路に対するライン追従制御とその課題

ガイド式 AGV で用いられている誘導線による目標経路は任意に設定することができる。実際には、AGV が走行時に脱線しないことを確認する必要はあるが、決められた曲率半径以上であれば、経路を制限する制約条件はない。しかし、5.2 節で述べたように、目標経路は任意の曲率を持つ円弧と直線でほぼ実現できるので、目標経路は一定の曲率を持つ円弧（曲率 0 の直線を含む）を対象とする。

さて、目標経路に追従するためのライン追従制御の目的を、「目標経路どおりに走行ロボットの旋回中心を一致させ、かつ、走行ロボットの角度を目標経路の進行方向と一致させながら、走行すること。」と定義する。この目的を実現するために、2 段階で考える。

①直線の目標経路に追従するライン追従制御

②円弧の目標経路に追従するライン追従制御

後者については、第 7 章の 7.2 節でその一手法を紹介するので、ここでは、目標経路が直線路である場合に対するライン追従制御方法を中心に、下記の順番にその概要と課題について述べる。

1) 磁気センサの検出値を用いた制御

2) 目標経路からの距離と角度を用いた制御

3) 目標経路からの距離、角度、角速度を用いた制御

5.4.1 磁気センサの検出値を用いた制御

最も簡単な方式は、磁気センサで目標経路からの距離を検出するガイド式 AGV で採用されているものである。図 5.26 (a) に直線路に追従しながら走行するときの AGV 状態を示す。この図は直線の目標経路で目標点 P（座標の原点）まで走行するイメージで図示しているが、この座標系の原点 O_P 方向に一定の速度 v で走行しながら、x_P 軸上に設定された目標経路に追従する制御だけについて述べる。なお、この項に関しては、AGV と走行ロボットはまったく等価な意味で用いているが、ここでは、あえて、走行ロボットのことを AGV とよぶことにする。

この座標において、AGV は位置 x_{RP}、y_{RP}、角度 θ_{RP} にあるものとする。その AGV の前方に磁気センサ F を取り付けてある。AGV の旋回中心の

位置 R から磁気センサまでの距離は W_{SF} とする。磁気センサ F は目標経路上に設置した磁気テープの磁束を検出し、磁気センサの中心 S_C から S_R 方向に距離 d だけずれていることを検知し、その検出値 d_{SF} を出力する。この磁気センサの特性を図 5.26 (b) に示す。磁気センサの特性はその端部までの間、検出した距離 d に比例した検出値を出力することができる。ここで検出した検出値 d_{SF} は、目標経路からの y 軸方向の距離である位置 y_{RP} の情報だけではなく、AGV の角度 θ_{RP} の情報も含んでいることに着目することが大切である。つまり、次のような式が成立つ。

$$d_{SF} = y_{RP}/\cos\theta_{RP} + W_{SF} \cdot \tan\theta_{RP} \qquad \cdots\cdots\cdots\cdots\cdots\cdots\cdots (5\text{-}27)$$

この磁気センサ F の検出値 d_{SF} を常に 0 にするように制御することで、AGV を直線の目標経路上に一致させて走行することができる。この AGV の制御は、直線路だけでなく、曲線状の目標経路に対しても有効に働き、ほぼ目標経路に沿って AGV を追従させることができる。ただし、曲線の場合、完全に目標経路上を走行することを補償しているわけではない。

　また、AGV を制御しながら後進する場合には、前進するときと異なる場所に設置した磁気センサ B を用いなければならないことが知られている。例えば、図 5.27 (a) に示すように、速度 v が負の値で、後進制

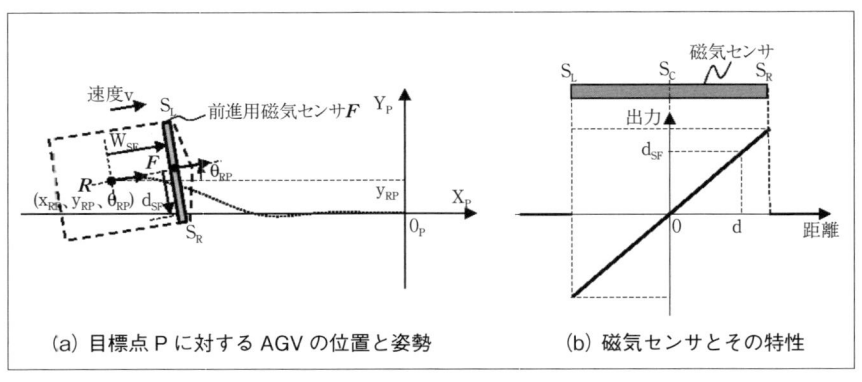

(a) 目標点 P に対する AGV の位置と姿勢　　　(b) 磁気センサとその特性

〔図 5.26〕前進しながら直線の目標経路に追従する AGV の動作

御を行うときは、磁気センサ **B** は AGV の旋回中心よりも後方の位置 W_{SB} に取り付けている。

なお、磁気センサ **B** の取付方向についても逆になっていることに注意する必要がある。図 5.27 の磁気センサ **B** の方向 S_R、S_L は図 5.26 の磁気センサ **F** の方向と異なっている。そのため、図 5.27 で示すように、AGV の距離 y_{RP} が正であるときには、磁気センサ **B** の検出値 d_{SB} は負の値になっている。従って、その検出値 d_{SR} の式は下記のようになる。

$$d_{SB} = -y_{RP}/\cos\theta_{RP} + W_{SB} \cdot \tan\theta_{RP} \quad \cdots\cdots\cdots\cdots\cdots\cdots \quad (5\text{-}28)$$

ここで、AGV の角度 θ_{RP} に影響する式 (5-28) 第 2 項の $W_{SB} \cdot \tan\theta_{RP}$ の符号は、式 (5-27) のそれと同じである。

それでは、磁気センサ **B** を取り付けることにより、同じ制御方法で制御できる AGV の動作原理を次に説明する。

図 5.28 が直線の目標経路に従って AGV を走行するときのライン追従制御方法である。ここでは、AGV の機構が差動 2 輪駆動方式の場合を例として制御システムの構成を行っている。図 5.28 (a) は前進するときの制御構成であり、図 5.26 (a) のように取り付けた磁気センサ **F** を用いている。図 5.28 (b) は後進するときの制御構成で、そのとき用いる磁

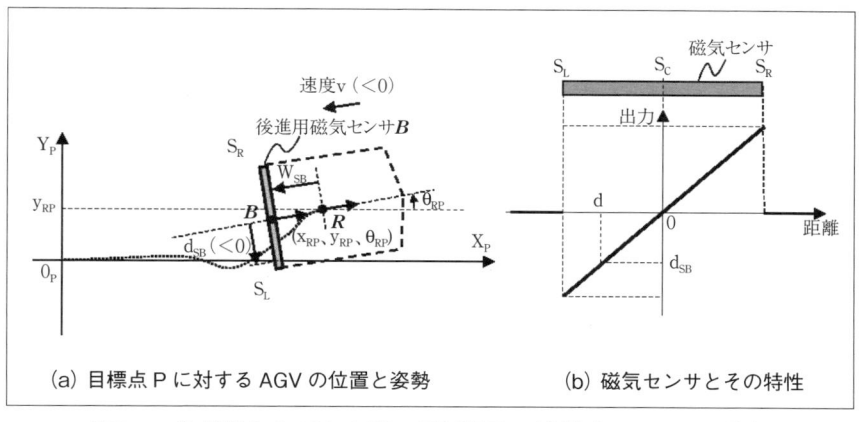

(a) 目標点 P に対する AGV の位置と姿勢　　　(b) 磁気センサとその特性

〔図 5.27〕後進しながら直線の目標経路に追従する AGV の動作

気センサ **B** は図 5.27 (a) に示すように、AGV の後部に取り付ける。

　図 5.28 (a) において、AGV はコントローラで演算される左右の車輪速度指令 $v_L{}^*$、$v_R{}^*$ を入力することにより駆動される。それぞれの速度指令に応じて、左右のモータが制御され、車輪速度 v_L、v_R が所定の値になる。左モータ、右モータのブロックは、それぞれ図 3.5 に示すような速度制御系が内蔵されている場合を考える。一般に、速度制御の時定数が数 10m:s 程度であれば、走行制御全体に与える影響は少ないと考えられる。

　車輪速度 v_L、v_R が制御されると、第 2 章で説明したように、走行速度 v と旋回角速度 ω は式 (2-30) により決定され、AGV の走行状態が決まる。なお、この式は車輪が走行路面に接着して、車輪のすべりをほぼ無視してよい場合の特性である。路面の摩擦係数が小さくてすべりやす

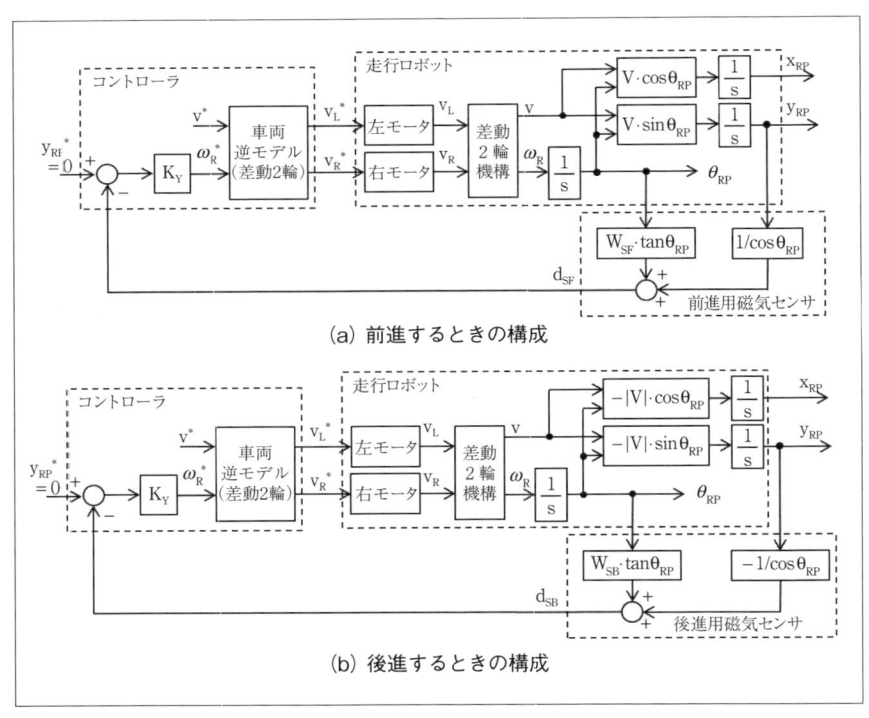

(a) 前進するときの構成

(b) 後進するときの構成

〔図 5.28〕磁気センサの検出値をフィードバックするライン追従制御のブロック図

い場合には、その影響を考慮する必要がある。ここでは、車輪のすべりは無視できるものとする。

AGV は旋回角速度 ω で車体を旋回させるので、AGV の角度 θ_{RP} は旋回角速度 ω を積分することにより計算される。また、AGV はその角度 θ_{RP} 方向に、走行速度 v で移動するので、目標点 P の座標系の x_P 軸方向、y_P 軸方向で考えると、それぞれの速度は $v \cdot \cos\theta_{RP}$、$v \cdot \sin\theta_{RP}$ となる。従って、AGV の位置 x_{RP}、y_{RP} はそれぞれの速度を積分することにより求まる。このような考え方により、図 5.28 (a) のブロック図を構成することができる。これにより、差動 2 輪駆動方式の AGV の位置と角度を知ることができる。

図 5.28 (a) のブロック図において、前進用磁気センサ F は右下方の破線内のブロックで示している。この特性は式 (5-27) に示す。前述したとおり、この磁気センサの出力 d_{SF} には、位置 y_{RP} と角度 θ_{RP} の情報を含んでいる。この出力 d_{SF} をコントローラにフィードバックしている。

目標となる y_P 軸方向の位置指令 $y_{RP}{}^*$ は 0 である。図 5.28 (a) に示すように、y_P 軸位置 y_{RP} をフィードバックする位置制御としては、下記の式により、角速度指令 ω^* を算出する。

$$\omega^* = K_Y(y_{RP}{}^* - d_{SF}) = -K_Y \cdot d_{SF} \quad \cdots\cdots\cdots\cdots\cdots\cdots\cdots\cdots\cdots\cdots\cdots (5\text{-}29)$$

この式において重要なことは、あくまでも目標となる位置指令 $y_{RP}{}^*$ に対するフィードバック制御であるということである。AGV の制御方法は簡単な演算で算出されるが、比較的優れた手法と考えてよい。これにより計算された角速度指令 ω^* と、速度指令 v^* を用いると、差動 2 輪機構の車両逆モデルから、左右の車輪速度指令 $v_L{}^*$、$v_R{}^*$ を、コントローラの中で求めることができる。式 (2-30) に逆行列を両辺に乗じることにより、次のように与えられる。

$$\begin{bmatrix} v_R{}^* \\ v_L{}^* \end{bmatrix} = \begin{bmatrix} 1/2 & 1/2 \\ 1/Tr & -1/Tr \end{bmatrix}^{-1} \begin{bmatrix} v^* \\ \omega_R \end{bmatrix} = \begin{bmatrix} 1 & Tr/2 \\ 1 & -Tr/2 \end{bmatrix} \begin{bmatrix} v^* \\ \omega_R{}^* \end{bmatrix} \quad \cdots\cdots\cdots (5\text{-}30)$$

以上のようにして、直線の目標経路に追従する AGV の制御系を構成す

ることができる。

　AGV を後進しながら目標経路に追従するための制御方法は、図 5.28（b）のブロック図で表される。前進のときの図 5.28（a）と比較すると、後進用磁気センサ $\boldsymbol{B}$ のブロックのうち、y 軸位置 y_{RP} からの検出ブロックが $-1/\cos\theta_{RP}$ になっている点だけが異なる。また、図 5.28（b）において、AGV の位置 x_{RP}、y_{RP} を算出する積分の前のブロックには、走行速度 v に比例する項目が入っている。走行速度 v は負の値なので、そのブロックは負の値であることを強調するため、あえて、$-|v|$ と表現した。

　では、この制御系をより理解するために、ブロック図を近似的に簡単化していく。

　前述したように、モータ制御の時定数が数 10ms 以下の特性が得られる場合で、かつ、車輪のすべりが AGV の走行軌跡に影響を与えないほど小さく、滑りにくい路面環境である場合を考える。さらに、磁気センサの検出値をフィードバック制御するときの時定数が 100ms 以上に設計すると仮定しよう。図 5.28 の左モータ、右モータのブロックは伝達関数 1 とみなしてよい。コントローラ内の車両逆モデルも実際の AGV 諸元を基に計算することができたとする。その場合、車両逆モデルの入力から AGV の差動 2 輪機構の出力までの伝達関数はほぼ 1 となる。つまり、

$$v = v^{*}、\quad \omega = \omega^{*}$$

となるので、図 5.29（a）のように、制御ブロック図を簡略化できる。一般的には、この制御ブロックを用いて制御系を評価すれば、各種の知見が得られる。

　ここでは、さらに、AGV の角度 θ_{RP} が十分に小さく、

$$\sin\theta_{RP} \fallingdotseq \theta_{RP}、\tan\theta_{RP} \fallingdotseq \theta_{RP}、\cos\theta_{RP} \fallingdotseq 1 \quad \cdots\cdots\cdots\cdots\cdots \text{(5-31)}$$

の式で近似できるものとすると、図 5.29（b）の制御ブロック図になる。

　この伝達関数を求めると、次のように導出される。

$$H(s) = \frac{K_Y \cdot v}{s^2 + W_{SF} K_Y s + K_Y \cdot v} = \frac{1}{T_\theta T_Y s^2 + T_Y s + 1}$$

$$= \frac{\omega_n^2}{s^2 + 2\xi \omega_n s + \omega_n^2} \qquad \cdots\cdots\cdots (5\text{-}32)$$

ここで、T_Y、T_θ はそれぞれ図 5.29（b）の y_P 軸位置制御時定数、角度制御時定数であり、次式で与えられる。

$$T_Y = W_{SF} / v \qquad \cdots\cdots\cdots\cdots\cdots\cdots\cdots\cdots\cdots\cdots\cdots (5\text{-}33)$$

$$T_\theta = 1 / (K_Y \cdot W_{SF}) \qquad \cdots\cdots\cdots\cdots\cdots\cdots\cdots\cdots (5\text{-}34)$$

また、2次遅れ系の固有角周波数 ω_n、減衰係数 ξ としては、次のようになる。

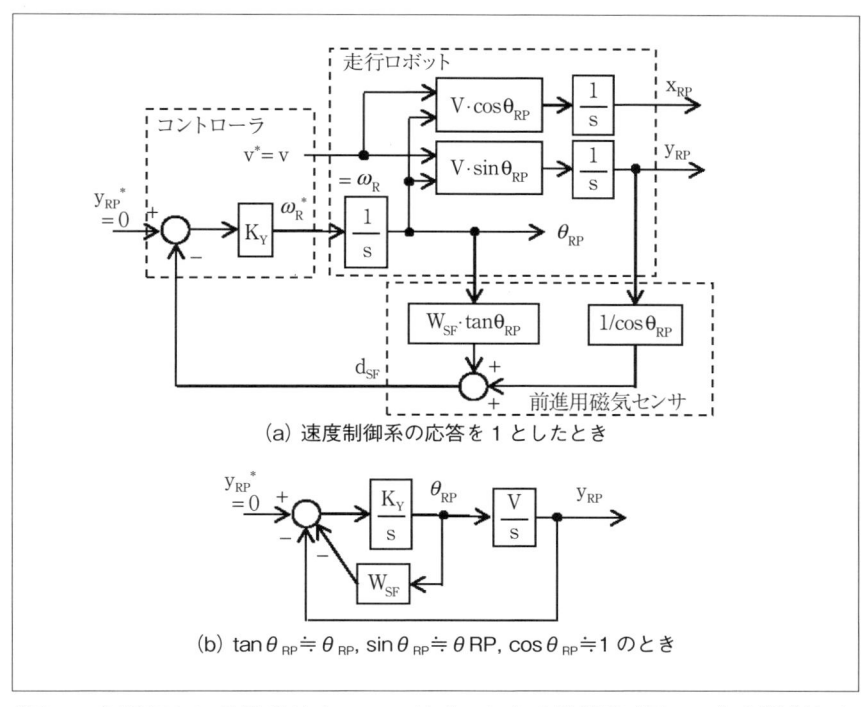

（a）速度制御系の応答を 1 としたとき

（b）$\tan\theta_{RP} \fallingdotseq \theta_{RP}$, $\sin\theta_{RP} \fallingdotseq \theta_{RP}$, $\cos\theta_{RP} \fallingdotseq 1$ のとき

〔図 5.29〕磁気センサ検出値をフィードバックする制御系（図 5.28）を近似したブロック図

$$\omega_n = (K_Y \cdot v)^{1/2} \quad \cdots\cdots\cdots\cdots\cdots\cdots\cdots\cdots\cdots\cdots\cdots\cdots \text{(5-35)}$$

$$\xi = W_{SF}(K_Y/v)^{1/2}/2 \quad \cdots\cdots\cdots\cdots\cdots\cdots\cdots\cdots\cdots\cdots \text{(5-36)}$$

3.4 節で説明した式 (3-27) 〜式 (3-38) までの速度制御系、電流制御系と同様の関係で、y_P 軸位置制御系の内側に、角度制御系がマイナーループとして存在する構成になっている。また、$n = T_\theta/T_Y$ とすると、

$$n = v/(K_Y \cdot W_{SF}{}^2) \quad \cdots\cdots\cdots\cdots\cdots\cdots\cdots\cdots\cdots\cdots\cdots \text{(5-37)}$$

となる。3.4 節と同様に、$n < 1/4$ であれば、2 次遅れ系の極は 2 つの実根となるので、y_P 軸位置 y_{RP} を振動させないで、$y_{RP} = 0$ に整定させることができる。なお、$n = 1/4$ のとき、減衰係数 ξ は 1 となる。式 (5-36)、式 (5-37) から、制御特性に関して、下記の 2 つのことがわかる。

① 磁気センサの取付距離 W_{SF} の 2 乗に反比例で、n の値が決まるので、W_{SF} が小さいときには、制御系は振動的になりやすい。そのため、取付距離 W_{SF} は AGV の旋回中心からできるだけ前方の位置に配置することが必要である。

② 速度 v に比例して n の値が大きくなるので、AGV が高速になると、場合によっては、制御系が振動的になる可能性がある。

なお、式 (5-37) によれば、y_P 軸位置制御系のゲイン K_Y に対して n の値は反比例の関係になるので、K_Y を大きく設定することによりライン追従制御系を安定化することができる。ただし、式 (5-34) の関係から、K_Y を大きくすると、角度制御時定数 T_θ は小さくなる。そのため、近似的に省略していたモータ制御系の速度時定数 T_S に影響しない程度で、角度制御時定数 T_θ は小さくしすぎない配慮が求められる。

さらに、図 5.29 (b) の近似的な制御系において、y_P 軸位置 y_{RP} は角度 θ_{RP} に速度 v を乗じて積分することにより求められるが、速度 v は可変であり、負の値にもなりうる。そのときには、この制御系は正帰還の状態となり、発散することが容易にわかる。従って、AGV が後進するとき、つまり、$v < 0$ のときには、図 5.28 (a) でなく、図 5.28 (b) の制御系を用いる必要がある。後進用磁気センサ **B** を用いることにより、制御系

を安定的に動作させることができる。

　図 5.28（b）のコントローラの構成は、図 5.28（a）と同じで良いことは先に述べた。後進用磁気センサ $\boldsymbol{B}$ の取付位置 W_{SB} が前進用磁気センサの取付距離 W_{SF} と同じであれば、y_P 軸位置制御系のゲイン K_Y はまったく同じ値でよいが、取付位置 W_{SB} が短い場合には、式（5-36）で説明したように、制御系が振動しないように設計で配慮しなければならない。特に、図 2.4 に示したような後輪を駆動する差動 2 輪駆動方式の場合には、取付位置 W_{SB} を長くできない可能性もあるので、注意する必要がある。

　それでは、ライン追従制御系の時間応答特性の一例を説明する。

　時刻 t＝0 において、AGV の位置と角度が $\boldsymbol{R_P}(=[-10、0.2、0]^T)$ の状態、つまり、y_P 軸位置 y_{RP}＝0.2m、角度 θ_{RP}＝0rad (0deg) としてシミュレーションを行った。そのときの磁気センサ $\boldsymbol{F}$ の取付距離 W_{SF} は 0.5m と設定している。

　図 5.30 は y_P 軸位置制御ゲイン K_Y を 1 としたときの特性である。このとき、角度制御時定数 T_θ は 2s である。図の実線、一点鎖線、二点鎖線、破線の特性はそれぞれ走行速度 v を 1.0m/s、0.5m/s、0.2m/s、0.1m/s とした場合である。図 5.30（a）に示す y_P 軸位置 y_{RP} の時間応答特性はいずれもオーバーシュートして、目標経路である y_{RP}＝0 の直線に近づいている。走行速度 v が 1.0m/s のときには、オーバーシュート量は約 0.09m と、低速の場合よりも大きい値になっている。y_P 軸位置時定数 T_Y は、走行速度 v に反比例し、v＝1.0m/s では、T_Y は 0.5s と計算されて、T_θ＝2s より短くなっている。そのときの減衰定数 ξ は 0.25 となる。そのため、制御特性としては、応答は速いものの振動的な特性になることが明らかである。図 5.30（b）の角度 θ_{RP} に関しては、走行速度 v が大きいときのほうが変化量は少なく、振動の振れは最大約−8.0deg である。走行速度 v が小さくなると、図 5.29（c）からわかるように、角度 θ_{RP} に対する y_P 軸位置 y_{RP} への感度が小さくなるので、角度 θ_{RP} の振れ幅は大きくなる。図 5.30（c）の x_P 軸位置 x_{RP} と y_P 軸位置 y_{RP} の特性は走行軌跡を表しているが、走行速度 v によりその軌跡が大きく異なっている。

　図 5.31 は、図 5.30 の条件に対して、y_P 軸位置制御ゲイン K_Y を 5 に

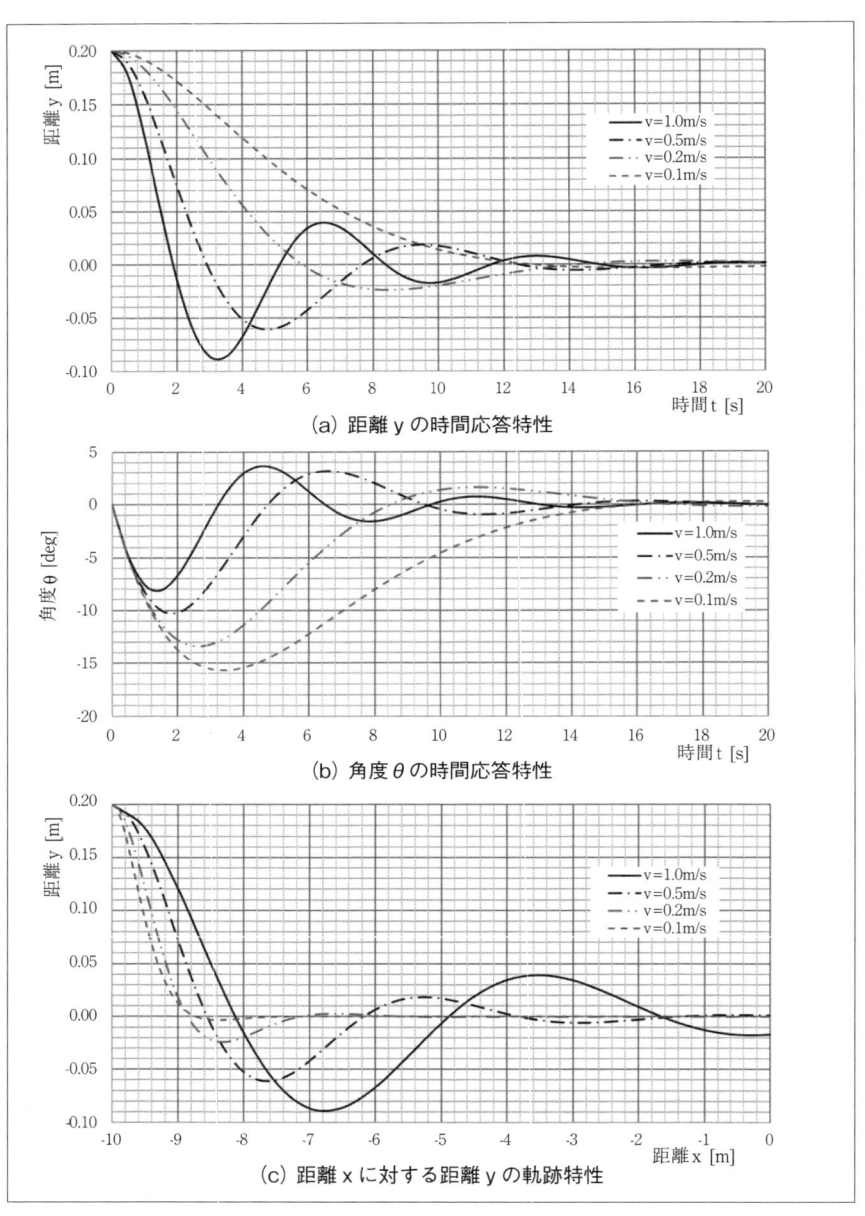

〔図 5.30〕直線の目標経路に対する走行ロボットの応答特性 1
（初期条件：y_{RP}=0.2m、x_{RP}=－10m、θ_{RP}=0deg、K_Y=1）

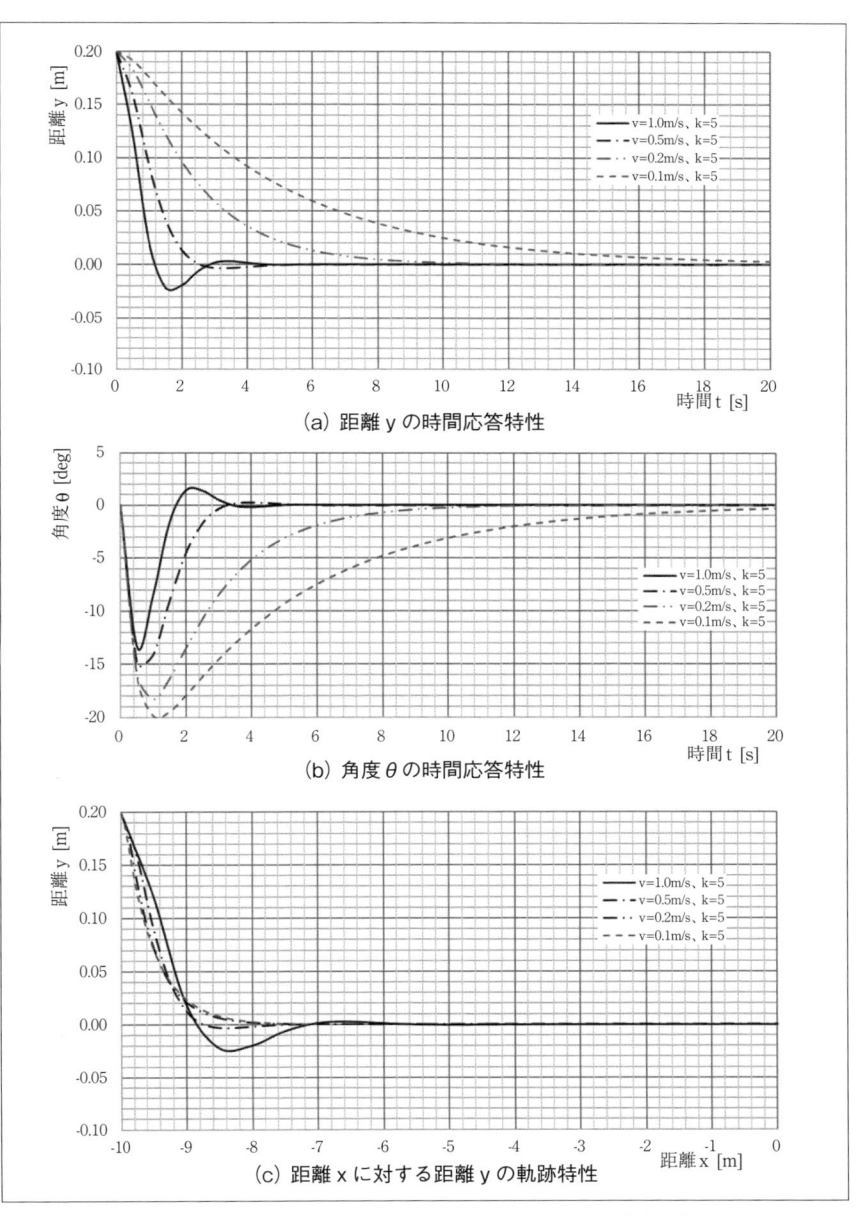

〔図5.31〕直線の目標経路に対する走行ロボットの応答特性2
（初期条件：y_{RP}=0.2m、x_{RP}=−10m、θ_{RP}=0deg、K_Y=5）

変更したときの特性である。走行速度 v＝1m/s のとき、減衰定数 ζ は 0.559 になり、振動的だった特性が改善されていることがわかる。図 5.31（a）、（b）において、走行速度 v が 0.2m/s 以下のときには、それらの特性は振動することなく定常状態に至っている。走行軌跡について、図 5.31（c）を図 5.30（c）と比較すると、走行速度 v によるばらつきが大幅に小さくなっており、x_P 軸位置 x_{RP} が−7m 付近で、y_P 軸位置 y_{RP} の値は±0.01m 以内に収束していることがわかる。

　以上のことから、ガイド式 AGV は磁気センサという比較的シンプルなセンサを用いているが、制御的に安定性を増すように、角度 θ_{RP} のマイナーフィードバックループが働いてダンピング効果を有する特性になっている。しかしながら、その特性は磁気センサの配置、走行速度により決まってしまうので、位置制御ゲイン K_Y だけで、全ての特性を満足するには限界があることを認識しなければならない。実際に走行している AGV をよく観察すると、旋回したときに、わずかながら車体後部が左右に振れていることを目にすることがあり、納得できる結論である。

　5.4.1 項で述べたように、AGV の動作を考えたとき、AGV の制御は前進向けと後進向けに異なる位置に設置した磁気センサを使わなければならないことは、動作原理から誰でも理解できる。しかし、ここで説明したように、制御的にどのような意味を持っているのかを深く把握しているかということとは別の話である。筆者を含めて見落としがちな視点であり、今一度、原理原則の重要性を確認したい。

　実は、前進・後進でセンサ特性を逆にしなければならないということは、ガイド式 AGV に限ったことではなく、すべての走行ロボットに共通する内容であり、後進走行を取り扱う走行ロボットの制御設計には、この点を注意する必要がある。

5. 4. 2 目標経路からの距離と角度を用いた制御 [41]

一般によく知られているライン追従制御方法について、図 5.32 を用いて説明する。

図 5.32（a）は直線の目標経路からの距離とその角度である y_P 軸距離 y_{RP}、角度 θ_{RP} をフィードバックするライン追従制御方法のブロック図である。前項で説明した磁気センサを用いた図 5.28 と比較すると、図 5.32（a）でフィードバックする情報自体は同じであることがわかる。その情報を用いて、コントローラでは、角速度指令 ω^* を次のような式により計算する。

$$\omega^* = K_Y(y_{RP}^* - y_{RP}) - K_\theta \cdot \theta_{RP} = -K_Y \cdot y_{RP} - K_\theta \cdot \theta_{RP} \quad \cdots\cdots\cdots (5\text{-}38)$$

なお、$y_{RP}^* = 0$ とする。前項の方式とコントローラの演算内容を比較する上では、図 5.29（b）と図 5.32（b）のブロック図を比較するとわかりやすい。それによれば、磁気センサの場合、角度 θ_{RP} のフィードバックゲインに関して、近似的に磁気センサの取付距離 W_{SF} に K_Y を乗じたものが、図 5.32（b）では角度制御系のゲイン K_θ に替わっただけである。なお、図 5.29（b）と図 5.32 と比較して、ゲイン K_Y の位置が異なっていることに注意する必要がある。

ここで重要なことは、取付距離 W_{SF} が走行ロボットの大きさ、配置などにより制約されるのに対して、ゲイン K_θ は制約されないので、制御系を任意に設計できることである。従って、y_P 軸距離 y_{RP}^* に対する y_P 軸距離 y_{RP} の伝達関数 $H(s)$ は次のようになる。

$$H(s) = \frac{K_Y \cdot v}{s^2 + K_\theta s + K_Y \cdot v} = \frac{1}{T_\theta T_Y s^2 + T_Y s + 1}$$

$$= \frac{\omega_n^2}{s^2 + 2\xi\omega_n s + \omega_n^2} \quad \cdots\cdots\cdots\cdots (5\text{-}39)$$

式（5-32）において、$K_Y \cdot W_{SF}$ を K_θ に置換えれば、この式と同じになり、式（5-33）～式（5-37）までの関係式を用いることができる。ここでは、わかりやすくするために、関係式だけを列挙しておく。

$$T_Y = K_\theta / (K_Y \cdot v) \quad \cdots\cdots\cdots\cdots\cdots\cdots\cdots\cdots\cdots\cdots\cdots\cdots \quad (5\text{-}40)$$

$$T_\theta = 1/K_\theta \quad \cdots\cdots\cdots\cdots\cdots\cdots\cdots\cdots\cdots\cdots\cdots\cdots\cdots\cdots \quad (5\text{-}41)$$

$$\omega_n = (K_Y \cdot v)^{1/2} \quad \cdots\cdots\cdots\cdots\cdots\cdots\cdots\cdots\cdots\cdots\cdots\cdots \quad (5\text{-}42)$$

$$\xi = K_\theta / \{2(K_Y/v)^{1/2}\} \quad \cdots\cdots\cdots\cdots\cdots\cdots\cdots\cdots\cdots\cdots \quad (5\text{-}43)$$

$$n = K_Y \cdot v / K_\theta^{\,2} \quad \cdots\cdots\cdots\cdots\cdots\cdots\cdots\cdots\cdots\cdots\cdots\cdots \quad (5\text{-}44)$$

　磁気センサを用いた場合には、走行速度により、制御系の応答特性が振動的になることを述べたが、y_P 軸距離 y_{RP}、角度 θ_{RP} をフィードバックする制御系を用いることにより、特性の改善が期待できることは明らかである。

　次に、図 5.32（b）のブロック図を変形して、図 5.33 のようなブロック図にすることについて説明する。図 5.33（a）は、図 5.32（b）における走行ロボットの角度 θ_{RP} をフィードバックする角度制御ゲイン K_θ のブ

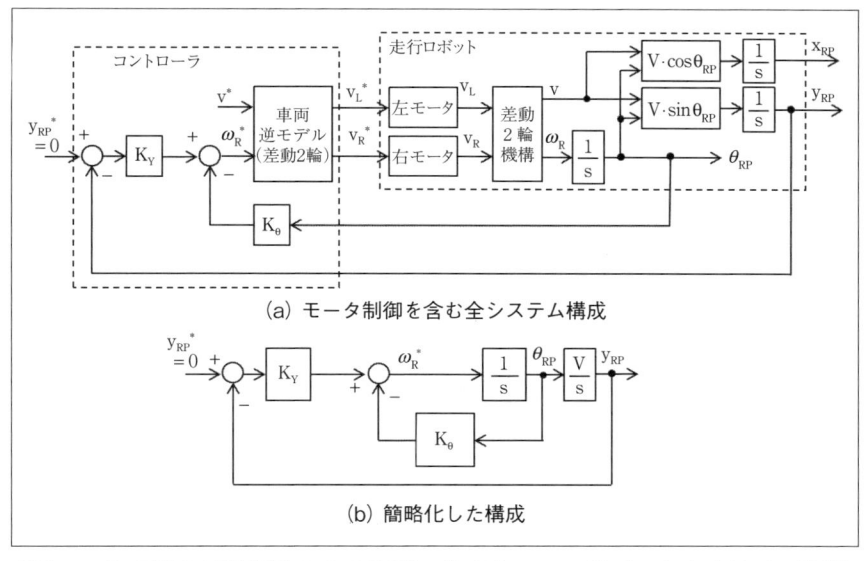

（a）モータ制御を含む全システム構成

（b）簡略化した構成

〔図 5.32〕直線の目標経路からの距離、角度をフィードバックするライン追従
　　　　　制御のブロック図

ロックの位置を主ループに入れたものである。そのゲイン K_θ の増加分を考慮するため、y_P 軸位置制御ゲイン K_Y のブロックは (K_Y/K_θ) となっている。このようにすると、内側ループを角度制御系と見なすことができ、その入力を角度指令 $\theta_{RP}{}^*$ を考えてよい。

　従って、y_P 軸位置制御系の内側に、角度制御系をマイナーループとして構成する制御系になっていることがわかる。y_P 軸位置指令 $y_{RP}{}^*$ に対して y_{RP} との差を求め、フィードバックゲイン (K_Y/K_θ) を乗じたものを、角度指令 $\theta_{RP}{}^*$ とする。その $\theta_{RP}{}^*$ に対して、θ_{RP} をフィードバックして、ゲイン K_θ を乗じて、角速度指令 ω^* とする構成である。

　このことから、さらに、図 5.33 (b) に示すように、角度リミッタ、角速度リミッタを、それぞれの出力部に設けることができる。角度リミッタは、y_P 軸位置 y_{RP} が大きくなっている場合、つまり、目標経路からの距離が大きい場合でも、目標経路に対して、設定した角度範囲内に走行

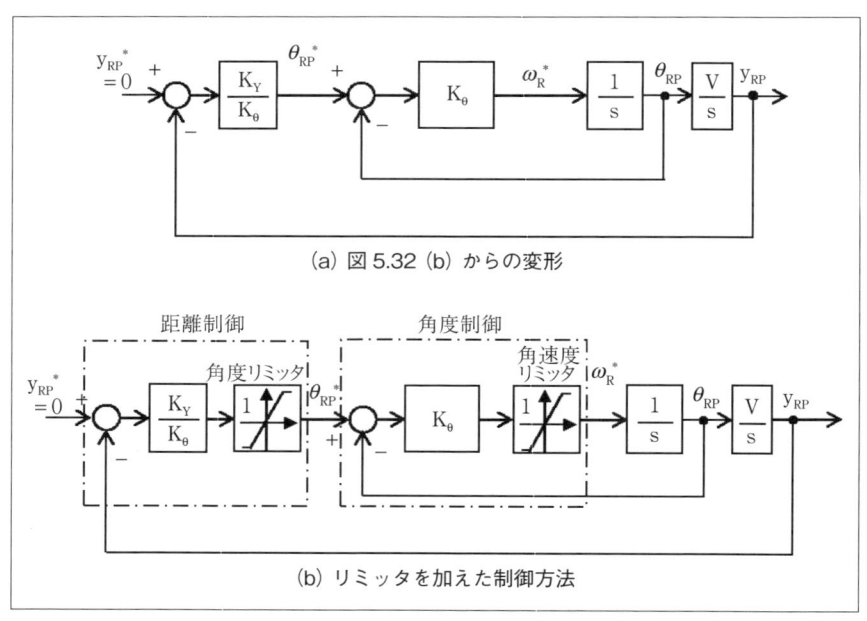

(a) 図 5.32 (b) からの変形

(b) リミッタを加えた制御方法

〔図 5.33〕リミッタを加えたライン追従制御方法のブロック図
（元の制御ブロック図：図 5.32）

ロボットの角度を維持するために重要な働きをする。少なくとも、目標経路に対して、角度指令 $\theta_{RP}{}^*$ が絶対値で 90deg を超えた値になるようなことは角度リミッタにより防止することができる。角速度リミッタに関しては、急旋回を防止することができるので、基本的には挿入しておくべきものと考える。

　マイナーループを含む多重フィードバック制御の特性に関しては、4.3 節で述べたとおりであり、扱う制御量は異なるが、y_P 軸位置制御系の内側に関する特性の変化をある程度、角度制御系として補償することができるメリットがある。

　図 5.32 の制御方式を用いたときの走行特性を図 5.34 に示す。図 5.30、図 5.31 と同じく、時刻 t＝0 において、y_P 軸位置 y_{RP}＝0.2m、角度 θ_{RP}＝0rad (0deg) の初期状態からシミュレーションを行った。y_P 軸位置制御ゲインは K_Y＝5 とし、図 3.30 と同じ値にしている。角度制御ゲイン K_θ は 2 に設定した。走行速度を v＝1m/s とすれば、これらの設定値により、y_P 軸位置制御時定数 T_Y は 0.4s、角速度制御時定数 T_θ は 0.5s、減衰定数 ξ は 0.047 となる。図 5.31 のときの T_θ は 2.5s であり、マイナーループである角速度時定数を 5 倍に小さくした。図 5.34 (a) の y_P 軸位置 y_{RP} の時間応答特性が示すように、走行速度 v が 0.1m/s から 1.0m/s までの特性はいずれも、オーバーシュートすることなく、安定に目標経路である x_P 軸上に整定されている。図 5.34 (b) の角度 θ_{RP} の特性に関しても、走行速度 v＝1.0m/s の場合でも、正方向に行き過ぎることなく、目標経路の方向である 0deg 方向に制御されている。

　図 5.34 (c) に示すロボットの軌跡である x_P 軸位置 x_{RP} と y_P 軸位置 x_{RP} の関係は、走行速度 v によらず、ほぼ一致している。速度に関係なく、走行ロボットの軌跡が一致することは、ロボットを運用、管理する者にとって重要な制御指標である。

　図 5.35 は図 5.34 (c) を拡大したもので、x_P 軸の距離が−10m から−8m までの走行ロボットの軌跡を示す。走行速度 v が 0.1m/s から 1.0m/s までの軌跡の誤差は、y_P 軸方向で 20mm 以内である。図 5.30、図 5.31 の特性に比べると、図 5.34、図 5.35 の特性は大幅に向上している。

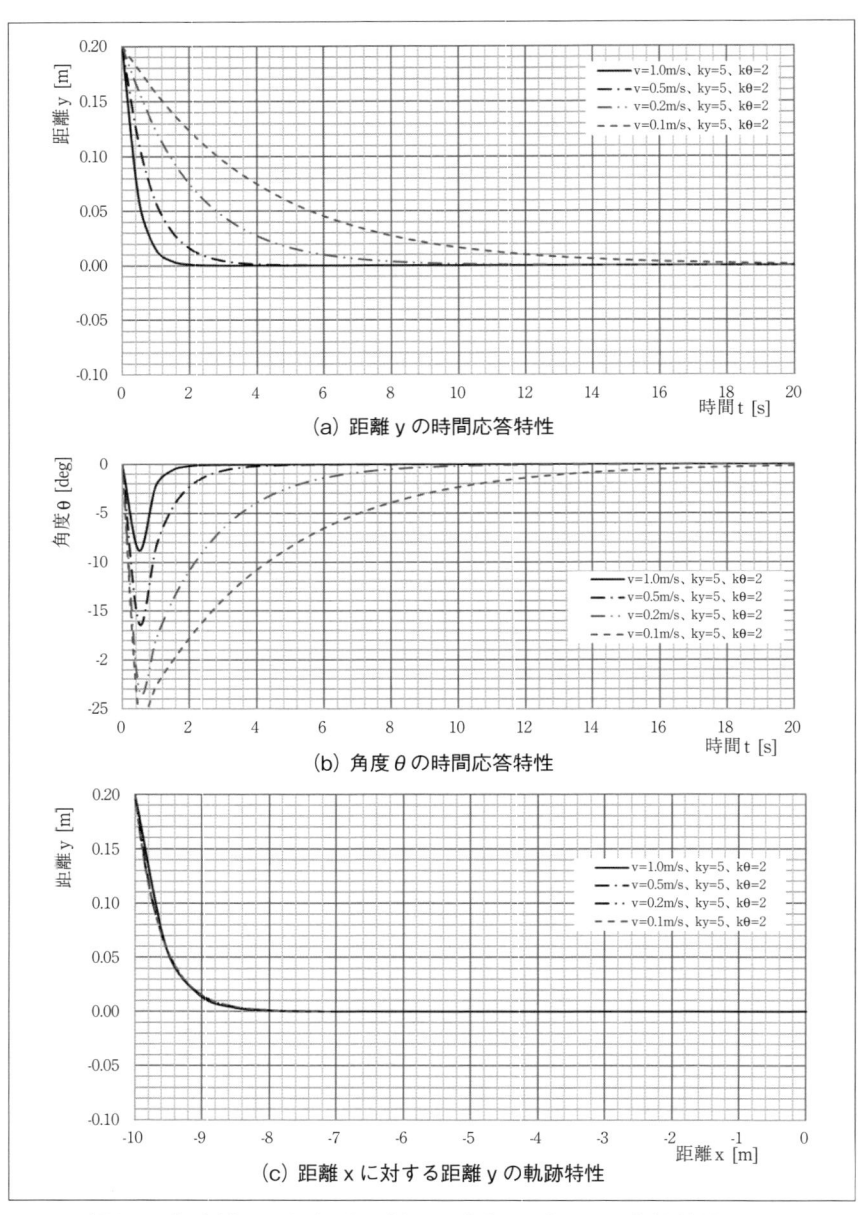

（a）距離 y の時間応答特性

（b）角度 θ の時間応答特性

（c）距離 x に対する距離 y の軌跡特性

〔図 5.34〕直線の目標経路に対する走行ロボットの応答特性 3
（初期条件：y_{RP}=0.2m、x_{RP}=−10m、θ_{RP}=0deg、K_Y=5）

ここでは、直線の目標経路に対する特性だけを説明した。曲線の目標経路に対しても、ここで示した制御方法を用いて走行させることが一般的であり、曲線の目標経路に対して、実際の走行ロボットの軌跡は少しずれながら追従することが知られている。

　従って、目標経路上に走行軌跡を一致させながら移動させるようなライン追従制御方法はあまり知られていない。さらに、走行速度が変化しても、走行軌跡が変わらず一定であることが望ましいライン追従制御であるといえよう。

5.4.3　目標経路からの距離、角度、角速度を用いた制御 [1]

　さらに、目標経路への追従性を向上する方法として、図 5.36 に示す制御方法が実用化されている。図 5.36 (a) のブロック図では、図 5.32 (a) で用いられている y_P 軸距離 y_{RP}、角度 θ_{RP} をフィードバックする他に、角速度 ω_R もフィードバックする構成になっている。y_{RP}、θ_{RP}、ω_R にそれぞれフィードバックゲイン K_Y、K_θ、K_ω を乗じた後、加算して、積分することにより、角速度指令 $\omega_R{}^*$ を算出し、それをコントローラ内の車

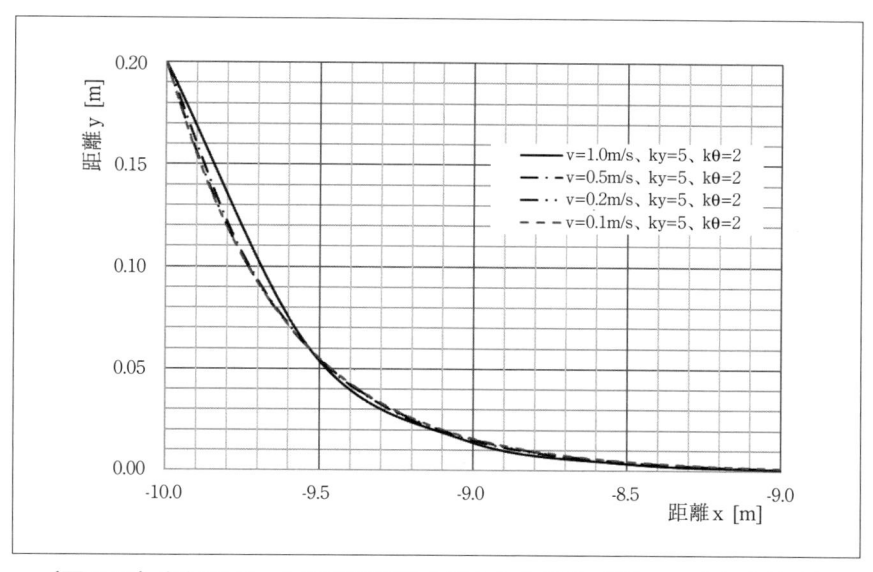

〔図 5.35〕走行ロボットの走行軌跡を拡大した特性（図 5.34 (c) を拡大）

両逆モデルの入力としている。

　ここで、少なくとも、2つの情報をフィードバックする前項の制御方法よりも、3つの情報をフィードバックする図5.36 (a) の方法が常に優れているように見えるが、性能比較のためには、制御システムをわかりやすくして、考察する必要がある。図5.36 (b) が図5.36 (a) のシステムを簡略化したものである。この図では、角速度指令 ω_R^* を入力とし、角速度 ω_R を出力とする、「モータ＆機構」というブロックを制御システムの中心部に挿入した形になっている。これは図5.36 (a) の車両逆モデル、左右のモータ、差動2輪機構に相当するブロックであり、前項までの走行制御では、近似的に、伝達関数は1と見なしていたものである。

　もし、この「モータ＆機構」のブロックを伝達関数1と考えると、角速度指令 ω_R^* と角速度 ω_R はほぼ同じものであり、フィードバックする必要はないし、コントローラ内に設けた積分器により、1次遅れの制御系をわざわざ内蔵させて、応答性を遅らせる構造になっていることが、

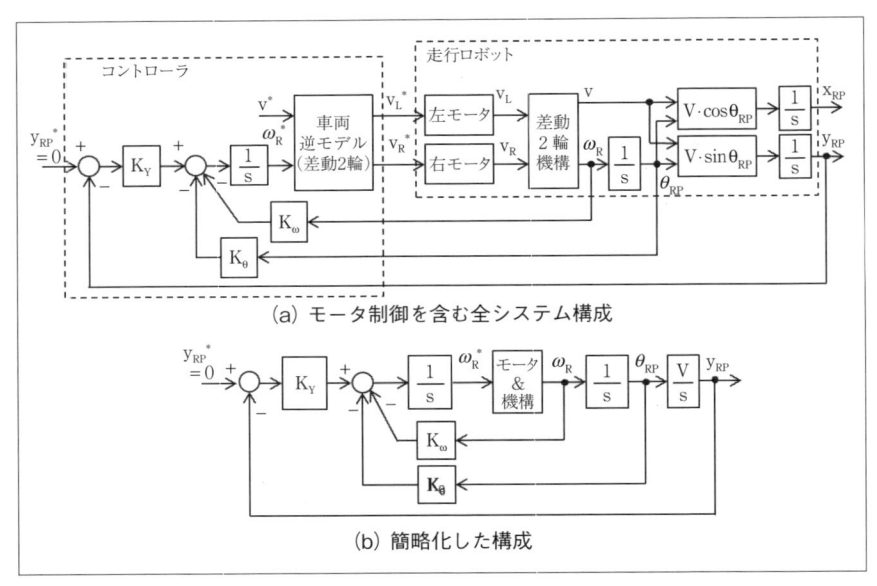

(a) モータ制御を含む全システム構成

(b) 簡略化した構成

〔図5.36〕直線の目標経路からの距離、角度、角加速度をフィードバックするライン追従制御のブロック図

図 5.36 (b) から理解できる。従って、図 5.36 (a) のように、角速度 ω_R もフィードバックする方法は、「モータ＆機構」のブロックを伝達関数 1 と見なせないときに採用することを意味している。例えば、下記のケースを考えられる。

①速度制御系の応答特性が遅い。

②走行ロボットの加速度が低い。

③路面が滑る。

ケース①の場合には、差動 2 輪方式において、左右のモータ速度制御系の応答が遅く、角度制御系及び y_P 軸制御系の特性に影響を与えるものと考えなければならない。この場合、角速度 ω_R をフィードバックする方法よりも、速度制御系の特性を改善すべきである。なお、モータ速度制御系が構築されていない場合には、角速度 ω_R をフィードバックすることにより、応答特性をある程度改善できるが、先に、速度制御系の導入を優先して行うべきである。それに対して、2.2.3 項、2.2.4 項で説明したような前輪操舵方式の走行ロボットの場合には、操舵に時間を要するので、図 5.36 (a) に示した走行制御方法は有効になる場合がある。このとき、制御系全体の特性を考慮して制御ゲインの設計を行うことが大切である。

ケース②については、走行ロボットに搭載する荷物の質量が大きく、加速度を上げられない場合が考えられる。この場合には、角速度 ω_R をフィードバックすることにより、その応答性を向上することができる。しかしながら、モータが出力できるトルクが最大になっている状態であり、その限界値を考慮した制御設計が必要である。また、荷重を推定して、その値に応じて、制御系全体の特性を可変にするなどの工夫も付け加えることも 1 つの手法である。

ケース③の場合には、モータ速度系としては応答性が良い状態であるにもかかわらず、走行ロボットが滑って角速度指令 ω_R^* どおりには旋回していない状態である。この場合には、角速度 ω_R のフィードバックはある程度有効である。ただし、走行制御を行いにくい状態なので、過度な高応答の制御にならないように注意しなければならない。

　以上のように、この制御方法は限定された範囲で、性能を改善できる可能性があると考えてよい。

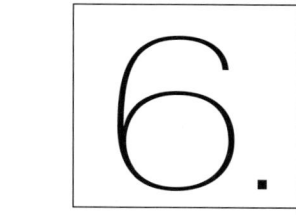

6.

SLAM技術の概要

SLAM 技術については第 2 章で簡単に述べた説明したが、ここでは、もう少し詳しく技術の内容を説明する。6.1 節では SLAM 技術の原理を概説する。6.2 節では SLAM を実現するために用いる主な内界センサ、及び、外界センサを紹介する。6.3 節では、SLAM の主な技法の 1 つであるスキャンマッチングについて述べる。さらに、6.4 節では、レーザスキャナだけで実現する SLAM 技術の一例を紹介する。

6. 1 SLAM 技術の原理 [42] [43]

　先にも述べたように、SLAM とは、Simultaneous Localization and Mapping の略で、地図を生成することと、位置を同定することを同時に行う技術である。その原理について図 6.1 を用いて説明する。

　図 6.1 は、時刻 t_i(i=1, 2, 3, …) のときの走行ロボットの位置と角度を R_i とし、前方に移動している状態を表わしているものである。位置を検出するための目標になる k 番目のランドマークは L_k と表記する。時刻 t_i から時刻 t_j までの間に移動した走行ロボットの相対位置と角度は r_{jRi} で示す。この相対位置と角度はオドメトリなどの内界センサを用いて計測するものである。また、走行ロボット R_i から見たランドマーク k までの相対距離を ℓ_{kRi} とする。この相対距離は外界センサとよばれるセンサにより計測するものであり、センサに関しては、次節で説明する。なお、これらの位置、角度、距離に関するそれぞれのベクトルを表す行列は表 6-1 に示す。

　ここで、座標変換のための行列 $C(\theta_R)^{-1}$ は式 (2-12) で与えられることを第 2 章で説明した。（再記）

$$C(\theta_R)^{-1} = \begin{bmatrix} \cos\theta_R & -\sin\theta_R & 0 \\ \sin\theta_R & \cos\theta_R & 0 \\ 0 & 0 & 1 \end{bmatrix} \quad\cdots\cdots\cdots\cdots\cdots (2\text{-}12)$$

式の展開を簡単に行うため、位置だけの座標変換を行う行列 $C_{22}(\theta_R)^{-1}$、$C_{23}(\theta_R)^{-1}$ を、上式から抜粋した形で下記のように表す。

〔表 6-1〕SLAM に関する記号の一覧表

名称	記号	行列
グローバル座標系における時刻 t_i のときの走行ロボットの位置と角度	R_i	$[x_{Ri} \quad y_{Ri} \quad \theta_{Ri}]^T$
走行ロボット R_i から見た座標系における時刻 t_j のときの走行ロボットの相対位置と角度	r_{jRi}	$[x_{RjRi} \quad y_{RjRi} \quad \theta_{RjRi}]^T$
グローバル座標系におけるランドマーク k の位置	L_k	$[x_{Lk} \quad y_{Lk}]^T$
走行ロボット R_i から見た座標系におけるランドマーク k の相対位置	ℓ_{kRi}	$[x_{LkRi} \quad y_{LkRi}]^T$

$$C_{22}(\theta_R)^{-1} = \begin{bmatrix} \cos\theta_R & -\sin\theta_R \\ \sin\theta_R & \cos\theta_R \end{bmatrix} \quad \cdots\cdots\cdots\cdots\cdots\cdots\cdots\cdots\cdots \quad (6\text{-}1)$$

$$C_{23}(\theta_R)^{-1} = \begin{bmatrix} \cos\theta_R & -\sin\theta_R & 0 \\ \sin\theta_R & \cos\theta_R & 0 \end{bmatrix} \quad \cdots\cdots\cdots\cdots\cdots\cdots\cdots \quad (6\text{-}2)$$

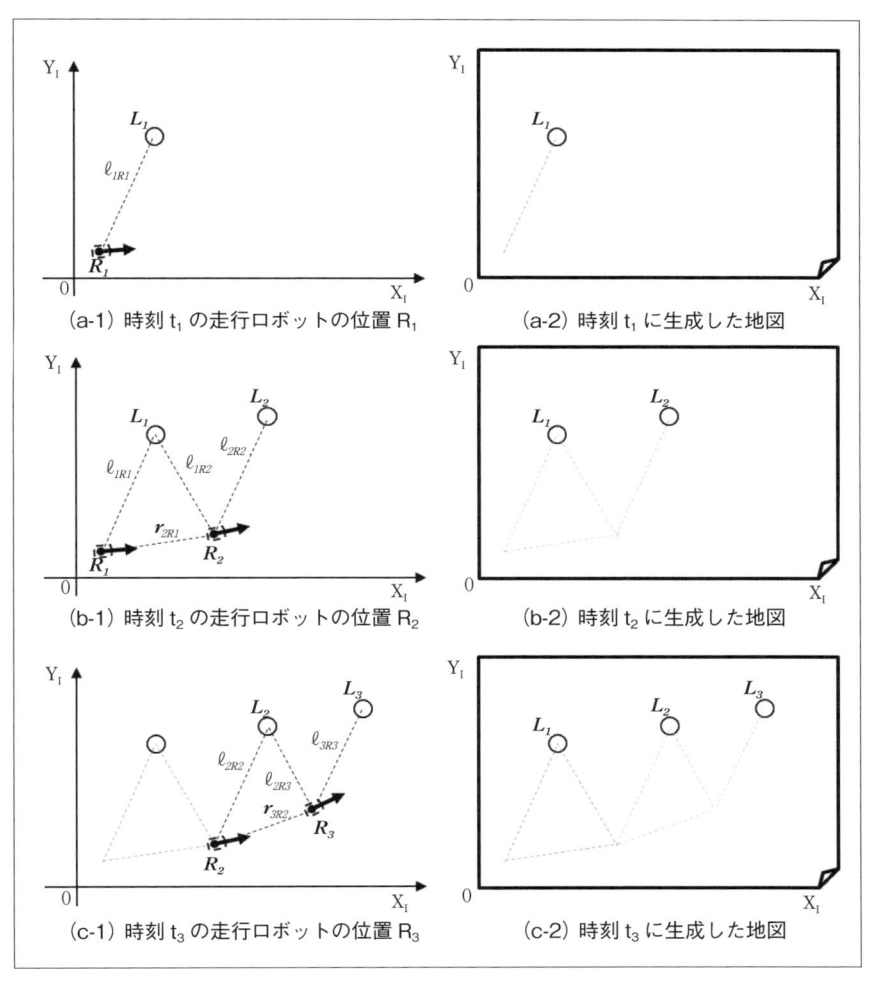

〔図 6.1〕基本的な SLAM 手法による位置同定と地図生成

　時刻 t_1 において、走行ロボットの位置と角度 R_1 が確定しているものとする。このとき、走行ロボット R_1 から見て、相対距離 $\ell_{1R1}=[\mathrm{x}_{\mathrm{L1R1}} \quad \mathrm{y}_{\mathrm{L1R1}}]$ の位置にランドマーク L_1 が計測される。外界センサの特性が精度良く計測できるものとすると、図 6.1（a-1）の関係から、ランドマークの位置 L_1 が下記の式で確定できる。

$$L_1 = I_{23} \cdot R_1 + C_{22}(\theta_{R1})^{-1} \cdot \ell_{1R1} \quad \cdots\cdots\cdots\cdots\cdots\cdots\cdots\cdots\cdots\cdots \quad (6\text{-}3)$$

　ここで、I_{23} は下記の式で表される。

$$I_{23} = \begin{bmatrix} 1 & 0 & 0 \\ 0 & 1 & 0 \end{bmatrix} \quad \cdots\cdots\cdots\cdots\cdots\cdots\cdots\cdots\cdots\cdots \quad (6\text{-}4)$$

この計算結果から、図 6.1（a-2）に示す地図にランドマーク L_1 を書き入れる。

　時刻 t_2 になったとき、走行ロボットは R_2 の位置に移動すると、内界センサにより、相対距離と角度 r_{2R1} が計測される。また、走行ロボット R_2 からランドマーク L_1 を観測すると、相対位置 $\ell_{1R2}=[\mathrm{x}_{\mathrm{L1R2}}、\mathrm{y}_{\mathrm{L1R2}}]^{\mathrm{T}}$ を検出することができる。ここで、図 6.1（b-1）からわかるように、下記の 2 つの式が成立つ。

$$R_2 = R_1 + C(\theta_{R1})^{-1} \cdot r_{2R1} \quad \cdots\cdots\cdots\cdots\cdots\cdots\cdots\cdots \quad (6\text{-}5)$$

$$L_1 = I_{23} \cdot R_2 + C_{22}(\theta_{R2})^{-1} \cdot \ell_{1R2} \quad \cdots\cdots\cdots\cdots\cdots\cdots\cdots\cdots \quad (6\text{-}6)$$

ここで、式（6-5）を用いると、走行ロボットの位置と角度 $R_2(=[\mathrm{x}_{R2}、\mathrm{y}_{R2}、\theta_{R2}]^{\mathrm{T}})$ を確定することができる。走行ロボット R_2 が確定したならば、次に、この R_2 から観測できる他のランドマーク 2 の相対位置 $\ell_{2R2}=[\mathrm{x}_{\mathrm{L2R2}} \quad \mathrm{y}_{\mathrm{L2R2}}]$ を外界センサにより計測する。その結果、下記の式により、ランドマーク 2 の位置 L_2 を確定することができる。

$$L_2 = I_{23} \cdot R_2 + C_{22}(\theta_{R2})^{-1} \cdot \ell_{2R2} \quad \cdots\cdots\cdots\cdots\cdots\cdots\cdots\cdots \quad (6\text{-}7)$$

この結果を用いて、図 6.1（b-2）の地図上に、ランドマーク L_2 を追加することで、地図が徐々に生成される。同様にして、図 6.1（c-1）、（c-2）

のように、時刻 t_3 のときの走行ロボットが位置と角度 R_3 に移動したとすると、下記の式により、走行ロボット $R_3(=[x_{R3}, y_{R3}, \theta_{R3}]^T)$ とランドマーク３の位置 L_3 を算出する。

$$R_3 = R_2 + C(\theta_{R2})^{-1} \cdot r_{3R2} \quad \cdots\cdots\cdots\cdots\cdots\cdots\cdots \quad (6\text{-}8)$$

$$L_2 = I_{23} \cdot R_3 + C_{22}(\theta_{R3})^{-1} \cdot \ell_{2R3} \quad \cdots\cdots\cdots\cdots\cdots \quad (6\text{-}9)$$

$$L_3 = I_{23} \cdot R_3 + C_{22}(\theta_{R3})^{-1} \cdot \ell_{3R3} \quad \cdots\cdots\cdots\cdots\cdots \quad (6\text{-}10)$$

このように、周囲環境までの距離を計測しながら、位置同定と地図生成を同時に繰り返すことで、走行ロボットを移動することが可能になる。これが SLAM 技術の原理である。

しかしながら、車輪の回転数などから計測する内界センサでは、車輪がスリップした場合に、r_{2R1} の値に誤差を生じることがある。また、実際の車輪の直径が設計値と異なる場合にも r_{2R1} の値は誤差を含むことになる。走行ロボットの移動距離が短い場合には影響は少ないが、移動距離が長くなると、誤差が無視できず、走行ロボットの位置と角度を正確に把握できない状態になることもある。

図 6.2 (a) の領域 A_1 が、誤差を含んだ r_{2R1} により得られる走行ロボット R_2 の推定範囲である。これに対して、ランドマークとの相対位置と角度を検出する外界センサは、計算時間を要する場合も多いが、走行ロボット R_2 からランドマーク１までの相対位置 ℓ_{1R2} を比較的精度よく検出できるものである。そこで、式 (6-5) で絞り込んだ領域 A_1 に対して、式 (6-6) を用いて位置と角度 R_2 を計算すると、走行ロボット R_2 を図 6.2 (b) に示すように、領域 A_2 の範囲に絞り込むことができる。しかし、ランドマーク１だけを用いる場合、走行ロボット R_2 を精度よく同定するには限界がある。

時刻 t_2 において、走行ロボット R_2 はランドマーク２までの相対位置 ℓ_{2R2} を検出していることは図 6.1 (b-2) に示したとおりである。そこで、仮に、時刻 t_2 までに事前にランドマーク２が地図に書き込まれているとしよう。その場合には、式 (6-7) の関係式により、相対位置 ℓ_{2R2} を用いても、走行ロボットの位置と角度 R_2 を計算することができる。式 (6-6)、式 (6-7)

により、ランドマーク1、2から走行ロボットの位置と角度 R_2 を計算すると、図6.2 (c) の領域 A_3 に示すように精度よく位置同定することができる。従って、実際のSLAMでは、複数のランドマークを活用することが一般的である。

図6.3が複数のランドマークを活用して走行ロボットの位置同定を行う過程を示したものである。

図6.3 (a-1) において、走行ロボット R_1 の位置と角度が確定しているとき、ランドマーク1だけでなく、ランドマーク2を観測できたとしよう。その場合、走行ロボット R_1 から見たときの2つの相対位置 ℓ_{1R1}、ℓ_{2R1}

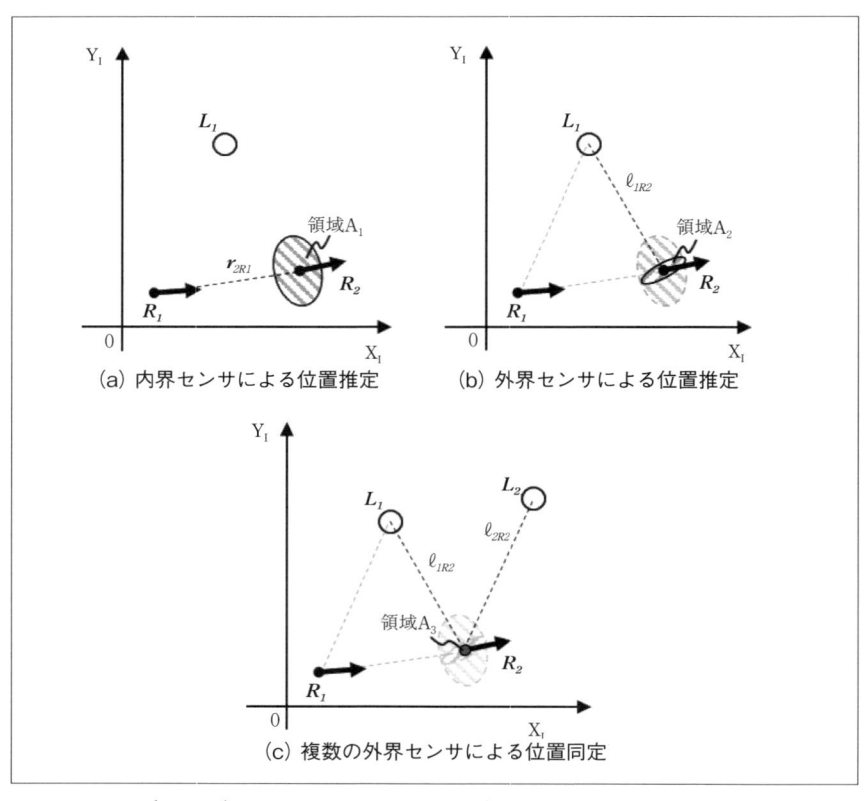

(a) 内界センサによる位置推定

(b) 外界センサによる位置推定

(c) 複数の外界センサによる位置同定

〔図6.2〕SLAM によるロボット位置・角度の決定方法

を計測することになるので、式 (6-3) と次の式を用いて、ランドマーク 1、2 の位置 L_1、L_2 を計算することができる。

$$L_2 = I_{23} \cdot R_1 + C_{22}(\theta_{R1})^{-1} \cdot \ell_{2R1} \quad \cdots\cdots\cdots\cdots\cdots\cdots\cdots\cdots\cdots \quad (6\text{-}11)$$

これにより、図 6.3（a-2）のように、地図に 2 つのランドマーク 1、2 の

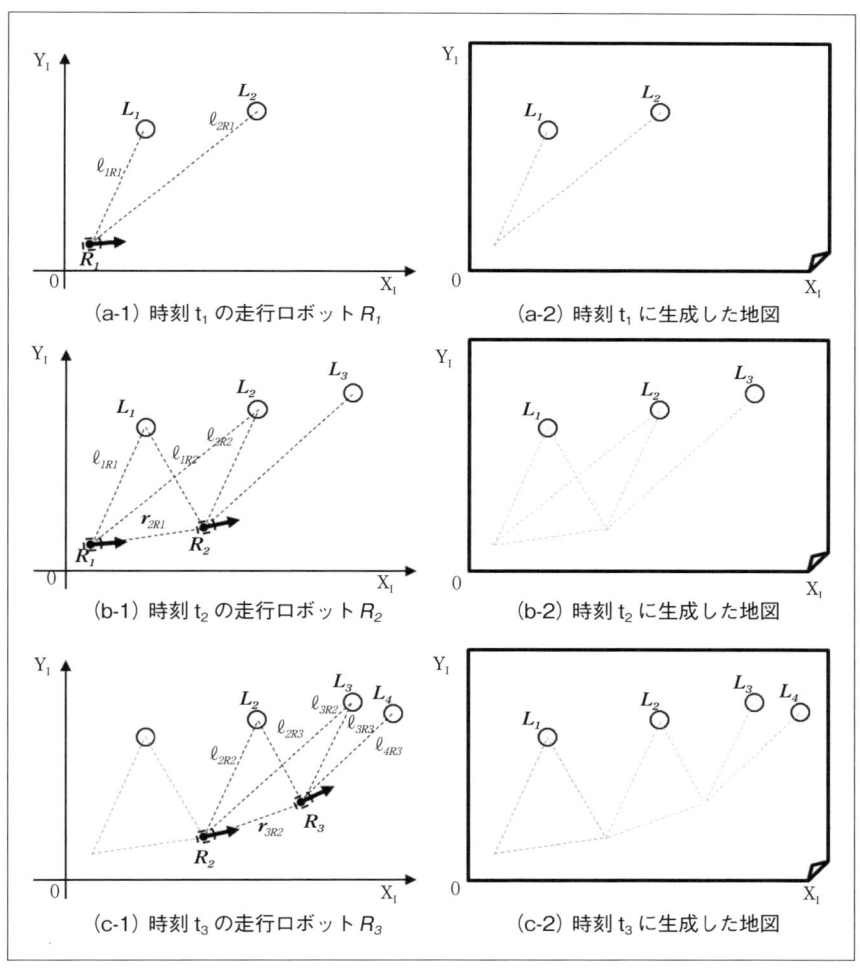

(a-1) 時刻 t_1 の走行ロボット R_1　　(a-2) 時刻 t_1 に生成した地図

(b-1) 時刻 t_2 の走行ロボット R_2　　(b-2) 時刻 t_2 に生成した地図

(c-1) 時刻 t_3 の走行ロボット R_3　　(c-2) 時刻 t_3 に生成した地図

〔図 6.3〕複数のランドマークを参照したときの SLAM 手法による位置同定と地図生成

位置が書き込まれる。この２つのランドマーク１、２を書き込んでいる状態で、時刻 t_2 のとき、走行ロボットが位置と角度 R_2 に移動すると、図 6.2 を用いて説明した状況になるので、走行ロボット R_2 が精度よく同定される。このとき、走行ロボットがランドマーク３を観測できる状態にあるとすると、走行ロボット R_2 からランドマーク３までの相対位置 ℓ_{3R2} を外界センサにより計測されるので、図 6.3 (b-2) に示すように、地図にランドマーク３の位置 L_3 を書き加えることができる。そのときの計算式は

$$L_3 = I_{23} \cdot R_2 + C_{22}(\theta_{R2})^{-1} \cdot \ell_{3R2} \quad \cdots\cdots\cdots\cdots\cdots\cdots\cdots\cdots\cdots (6\text{-}12)$$

で与えられる。

　同様に、時刻 t_3 における走行ロボット R_3 の状態を図 6.3 (c-1) に示す。走行ロボット R_3 は、内界センサで計測した走行ロボットの相対距離と角度 r_{3R2} を用いて、式 (6-8) で推定領域を絞り込む。次に、外界センサを用いて、ランドマーク２、３の位置 L_2、L_3 までの相対距離 ℓ_{2R3}、ℓ_{3R3} を計測した後、その絞り込んだ推定領域の中で、式 (6-9) と式 (6-10) により、走行ロボットの位置と角度 R_3 が精度よく同定される。さらに、走行ロボット R_3 からランドマーク４までの相対距離 ℓ_{4R3} が計測できれば、次の式により、ランドマークの位置 L_4 を計算できる。

$$L_4 = I_{23} \cdot R_3 + C_{22}(\theta_{R3})^{-1} \cdot \ell_{4R3} \quad \cdots\cdots\cdots\cdots\cdots\cdots\cdots\cdots\cdots (6\text{-}13)$$

　図 6.3 (c-2) のように、ランドマーク４を追記できる。

　このような方法により、精度の良い地図を生成しながら、位置同定を継続することが、SLAM 技術の基本である。

★コラム６：オドメトリとデッドレコニング

　内界センサで車両の位置と角度を計測するとき、エンコーダを用いて計測する方法のことをオドメトリ（odometory）とよぶ。ほぼ、同じ意味として、デッドレコニング（Dead Reckoning）ともよぶと説明されている場合がある。若干、それらの使い方に差異がある。

　オドメトリとは、走行距離計（odometer）により走行ロボットの移動距離を計測することをいう。自動車の場合、その車輪に取り付けたエンコーダにより得られるパルスを走行距離計に入力することで、車両速度を計測することが一般的である。従って、エンコーダを用いて走行ロボットの距離と角度を計測する方法をオドメトリとよぶことが基本と考えられる。

　それに対して、デッドレコニング（dead reckoning）とは、船が航行する際にその位置を計測する航法のことをいう。地球規模で運行する航空機の場合もデッドレコニングとよぶ。航空機における慣性航法と同じ意味である。そのような技術的な変遷を経ていることから、GPS において、トンネルなど、衛星が利用できないときに、走行距離、加速度、角速度を用いて自車の位置を推測することをデッドレコニングとよんでいる。従って、走行ロボットの位置と角度をエンコーダだけでなく、加速度センサ、ジャイロセンサを用いて推定する方法が、デッドレコニングと考えることができる。

　結論としては、内界センサを用いて走行ロボットの位置と角度を推定する方法は、オドメトリ、あるいは、デッドレコニングのどちらで表現しても構わないと、筆者は考える。

6．2　内界センサと外界センサ

　前節で説明したように、SLAM 技術を実現するためには、内界センサと外界センサを併用することが一般的である。ここでは、SLAM によく用いられるそれぞれの主なセンサについて説明する。

(1) 内界センサ

　内界センサは走行ロボットの動きをその内部の状態から計測するセンサである。主な内界センサとしては、車輪の回転角度を計測するエンコーダ、走行ロボットの加速度を計測する加速度センサ、ヨー方向の角速度を計測するジャイロセンサなどがある。

　走行ロボットの移動量を計測するには、エンコーダを用いて車輪の回転角度を計測することが基本である。走行ロボットが移動を開始する前の位置と角度が確定している状態で、その移動量を積分することにより、走行ロボットの現在の位置と角度を計測する方法をオドメトリとよんでいる。エンコーダの軸が減速機で減速されて、車軸に接続されている場合には、減速比 G を含めて計算する必要がある。図 2.5 の車輪速度とモータ角速度の関係で示すように、車輪の半径を Tw[m] とし、1 回転当たりのエンコーダのパルス数を N、減速比を G とすると、1 パルス当たりの車輪の移動量は

$$\Delta L = 2\pi \cdot Tw / (N \cdot G) \ \ [m/p] \quad \cdots\cdots\cdots\cdots\cdots\cdots\cdots\cdots\cdots (6\text{-}14)$$

で与えられる。従って、エンコーダのパルス数を計測することで、走行ロボットの移動状態を知ることができる。例えば、Tw＝0.15[m]、N＝100[p]、G＝10 とすると、1 パルスあたりの移動距離（距離の分解能）は 0.94mm となる。また、計測する時間間隔は短くてよいので、制御周期に合わせて、走行ロボットの位置と角度を数 ms から 10ms で算出できる。

　車輪を駆動するモータにはモータ制御のためのエンコーダが取り付けられたものが多く、別途、エンコーダを取り付ける必要がないので、オドメトリを計測する方法としてそれを活用することが一般的である。図 2.4 に示した差動 2 輪駆動方式の場合、後輪駆動輪の移動距離をエンコーダ

で計測する場合には、その計測期間における走行ロボットの移動距離 $(x_R、y_R)$ と旋回角度 θ_R を得ることができる。実際には、車輪を駆動する駆動力が路面に加わり、その間に生じる摩擦力に対する反力で走行ロボットが移動するため、わずかに車輪がすべり、走行ロボットの移動距離、旋回角度はオドメトリで計測した値からずれてくる。

　これを補正する方法としては、加速度センサ、ジャイロセンサがある。これらにより得られた走行ロボットの加速度、角加速度を用いることで、オドメトリで算出した移動距離、旋回角度の値を補正できる。この方法は、短時間の期間では優れた特性を得られるが、センサの出力を積分して補正するため、長い時間が経過すると、誤差が大きくなることがある。

　第2章で示した前輪操舵方式（図2.9、図2.11、図2.13など）の場合には、操舵角を検出する必要がある。操舵角はオドメトリの精度に対する影響が大きいので、その精度は事前に評価しておかなければならない。

　また、図2.9の前輪操舵・前輪駆動方式の場合には、操舵角を検出するセンサの代わりに、2輪の非駆動輪にそれぞれエンコーダを取り付ける方法がある。非駆動輪のすべりは駆動輪のすべりよりも少ないので、この方法で得られるオドメトリは駆動輪のエンコーダで計算する場合よりも、実際の走行ロボットの移動状態に近いと考えられる。走行ロボットの路面環境が小さい摩擦係数の場合には、このような方法を検討することも大切である。

(2) 外界センサ

　外界センサは走行ロボットの周囲にある物体を利用して、走行ロボットの位置と角度を計測するものであり、代表的なセンサとしては、レーザスキャナ、ステレオカメラ、距離画像センサ、超音波センサなどがある。

　ステレオカメラは自動車の安全運転の支援システムとして実用化されている。距離画像センサについては、物体までの距離を3次元で計測できるもので、有望なセンサであるが、消費電力の低減、計測距離の拡大などの課題があり、今後の開発が期待される。超音波センサはSLAM用としてよりも走行ロボットの障害物検知用として利用されてきた。

　レーザスキャナは周囲の物体までの距離を複数計測できるセンサで、他のセンサと比べると、計測距離範囲、距離精度、計測時間などで、走行ロボットに適用する装置としては優位である。ここでは、レーザスキャナについて説明する。なお、レーザスキャナで距離を計測する代表的な原理は、レーザスキャナから照射したレーザが物体に反射して戻ってくるまでの時間を計測して距離に換算するもので、タイム・オブ・フライト方式という名称で知られている。一般に、レーザスキャナはレーザレンジファインダ、レーザ測域センサ、レーザ距離センサ等ともよばれている。

　図6.4にレーザスキャナによる周囲物体までの距離を計測する様子を、上方から走行ロボットを見たときの状態例として示す。この図では、走行ロボットの前方に取り付けたレーザスキャナから、一定の角度毎に周囲の壁（●）までの距離を計測している。そのため、図6.5に示すように、これらの距離データを用いれば、走行ロボットが移動する通路の一部を表す地図を作成することができる。これにより、先に示したランドマークに相当する位置情報を得るものである。

　表6.2は製品化されている代表的なレーザスキャナの一覧表である。レーザスキャナとしては、2次元平面の距離を計測するセンサと、3次元空間の距離を計測するセンサがあるが、ここでは、2次元レーザス

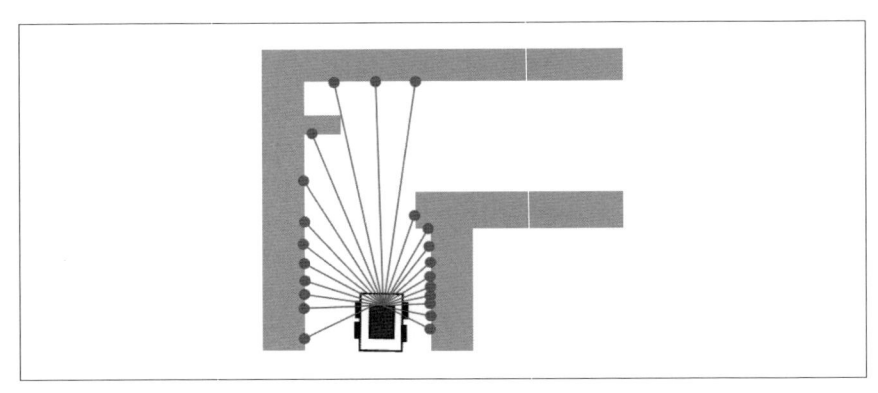

〔図 6.4〕レーザスキャナによる周囲までの距離計測

キャナだけを取り上げている。この他にも多くのレーザスキャナが製品化されているが、紙面の都合上、一覧表にはごく一部を列挙したものであり、それぞれの使用用途に応じて、適切なセンサを選定することをお勧めする。

　この表に示したレーザスキャナの仕様について述べる。これらのセンサの計測可能距離は 15m から 40m である。走行環境の状況により、必要な計測可能距離を設定し、センサを選定することになる。

　計測できる角度はこの一覧表の場合、ほぼ270°である。一般的には180°以上で計測できれば、SLAM 用センサとしては活用できるといえるが、計測角度が広いほど、外乱に強いロバストな位置同定ができることは当然のことである。角度分解能は 0.25°から 0.51°となっている。

　計測精度に関しては、位置決め精度を確保するために重要であり、できれば、高精度のものを利用することが望ましい。ただし、レーザスキャナの計測精度よりも、位置精度が良くなることもある。地図精度、位置同定精度については、走行ロボットを使用する現場で、別途、事前に評価しておくべきである。

　表 6.2 において、右側の 3 つの製品は、黄色い筐体を持つセーフティ・レーザスキャナと呼ばれるもので、設定された区域に物体が検出された場合に、設置された機械の電源を遮断し、機械を停止する安全機能を

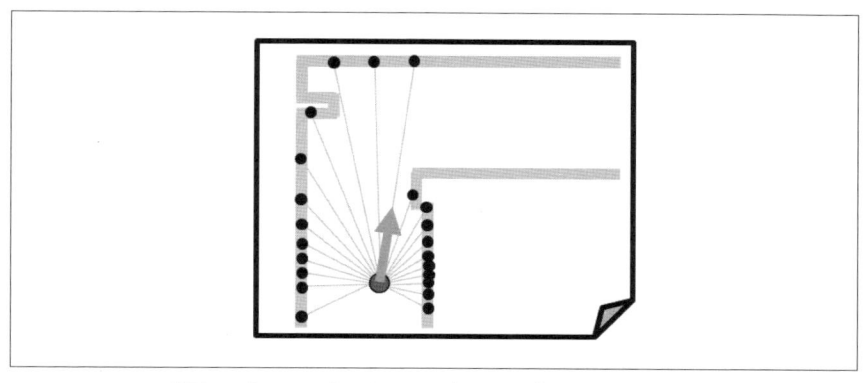

〔図 6.5〕レーザスキャナデータを書き込んだ地図

持っている。走行ロボットでは、機能安全のために、セーフティ・レーザスキャナを備え付けることが義務化されつつある。これらの3つのセンサは、安全機能とともに、距離データを出力する機能を合わせて持つため、これらのセンサ1台を走行ロボットに設置することで、安全を確保する機能と、SLAMにより位置同定する機能を同時に実現できる特長

〔表 6.2〕主なレーザスキャナ

メーカ	北陽電機[44]			SICK[45]	オムロン[46]
型式	UTM-30LX-EW	UST-20LX	UAM-05LP-T301	microSan3 Pro	OS32C-xxx-4M
外観					
サイズ・質量	$60 \times 60 \times$H87、300g（ケーブル含）	$50 \times 50 \times$H70、130g	$80 \times 80 \times$H95、0.8kg	$112 \times 111 \times$H150、1.4kg	$133 \times 142.7 \times$H104.5、1.3kg
計測範囲	30m、270°、分解能 0.25°	20m、270°、分解能 0.25°	20m、270°、分解能 0.25°	40m、275°、0.51°（30ms）	15m、270°、分解能 0.4°
計測精度	±30mm	±40mm	±30mm（1.8mm）	±100mm（5.5mm）	100mm（検知距離3m以内）
スキャン時間	25ms	25ms	30ms	30ms or 40ms	40ms
光源	半導体レーザ（905nm）レーザクラス1	半導体レーザ（905nm）レーザクラス1	半導体レーザ（905nm）レーザクラス1	半導体レーザ（845nm）レーザクラス1	赤外レーザダイオード（905nm）
通信	イーサネット100Base-TX	イーサネット100Base-TX	イーサネット、USB2.0、RS-485	イーサネット、USB2.0	イーサネット
消費電力	0.7A（8.4W）以下	0.15A（24V、3.6W）以下	6W（出力負荷なし）	7W（出力負荷なし）	最大5W、通常4W
電圧	DC12V ±10%	DC10V ～ 30V	DC24V ±10%	DC16.8V ～ 30V	DC24V ±25%／−30%
周囲温度	動作時：−10℃～+50℃保存時：−25℃～+75℃	動作時：−10℃～+50℃保存時：−30℃～+75℃	動作時：−10℃～+50℃保存時：−25℃～+70℃	動作時：−10℃～+50℃保存時：−25℃～+70℃	動作時：−10℃～+50℃保存時：−25℃～+70℃
保護構造	IP67（IEC standard）	IP65（IEC standard）	IP65（IEC standard）	IP65（IEC 60529）	IP65（IEC 60529）
安全カテゴリ	—	—	PLd/安全カテゴリ3（ISO 13849）	PLd/安全カテゴリ3（ISO 13849）	PLd/安全カテゴリ3（ISO 13849-1）
電子安全関連係の機能安全	—	—	SIL 2（IEC 61508）PFHD=7.8×10^{-8}	SIL 2（IEC 61508）PFHD=8.0×10^{-8}	SIL 2（IEC 61508）PFHD=8.0×10^{-8}
備考	FEW（スキャン時間 10ms）あり	10LX（検出距離10ms）あり	—	—	—

がある。今後、このようなセーフティ・レーザスキャナを備えた走行ロボットの製品化が多くなることが予想される。

6.3 スキャンマッチング

　6.1 節において、ランドマークの位置を計測することにより、走行ロボットの位置と角度を同定できることを述べた。実際には、ランドマークを設置する代わりに、走行する周囲環境の設置物を地図にして参照することで、走行ロボットの位置と角度を同定する方法が SLAM 手法として基本になっている。

　ここで紹介するスキャンマッチングはレーザスキャナにより、地図を生成し、位置を同定するときに、最も重要な技術の1つである。走行ロボットの位置と角度が R_1 であるときにレーザスキャナで得られた距離データに対して、走行ロボットが R_2 の位置と角度に移動したときに検出される距離データを比較して、2つの距離データの形状が一致するように位置同定を行うことをスキャンマッチングという。この2つの距離データを精度よく重ね合わせることができれば、オドメトリで得られる走行ロボットの相対的な位置と角度を補正して、真値に近づけることができる。

　また、走行ロボットが移動する毎に距離データを収集し、順次、スキャンマッチングすることで、走行領域の地図を徐々に拡大することができる。

　スキャンマッチングを具体的に行う方法としては、いくつかの手法があるが、ICP（Iterative Closest Point）アルゴリズムが用いられることが多

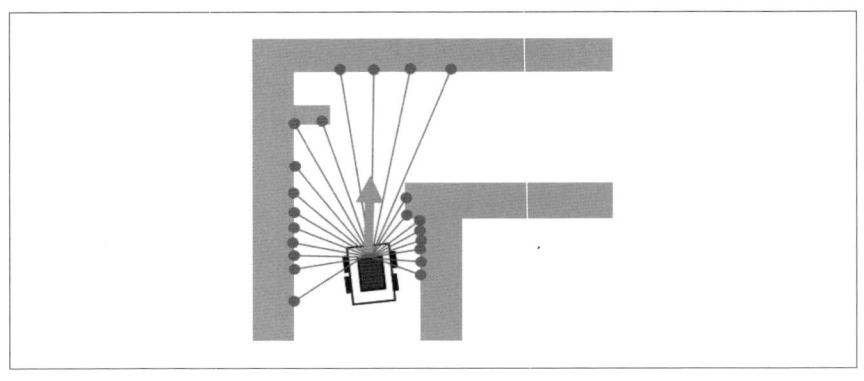

〔図 6.6〕走行ロボットが前進したときの状態

い。以下、その手法を図 6.6、図 6.7 により説明する。

走行ロボット R_1 が図 6.4 の状態のときには、レーザスキャナで得られる距離データは図 6.5 のようになることをすでに述べたとおりであるが、その状態から走行ロボットの位置と角度 R_2 が図 6.6 に示すように前進したときを考える。オドメトリにより計測された移動距離と角度が r_{2R1} であるとすると、図 6.7 (a) のように、移動したときの位置と角度を推定することができる。この推定値を R_2' とする。しかしながら、車輪のすべりなどの影響により、推定した位置と角度 R_2' は真の位置と角度 R_2 とは異なっていることが考えられる。

ICP アルゴリズムでは、最初に、オドメトリで得られた位置と角度 R_2' を初期値として、そのときの R_2' の距離データ（図中の○）と、位置と角度 R_1 の距離データ（図中の●）を照合する。具体的には、R_2' の距離データ（○）から見て、最も近い R_1 の距離データ（●）を照合する点としてそれぞれ選択し、その距離誤差 L を計算する。図 6.7 (a) において、（○）と（●）の間を結んだ線分の長さが距離誤差 L である。この距離誤差 L が最小になるときを、2 つの距離データが一致した状態と考えることができる。つまり、位置と角度 R_2' を真の位置と角度 R_2 に補正させることができたといえる。距離データ（○）の数を N とすると、非線形計画問題として次の目的関数 $F(R_2)$ を計算すればよい。

$$F(R_2) = \sum_{i=1}^{N} L^2 \quad \cdots\cdots\cdots\cdots\cdots\cdots\cdots\cdots\cdots\cdots\cdots\cdots\cdots \quad (6\text{-}15)$$

図 6.7 (a) の場合、目的関数 $F(R_2)$ を計算すると、基準となる一致判定値より大きいと判断される。

次に、式 (6-15) を最小化させるために、走行ロボットの位置と角度 R_2' を変更する。その変更する移動量（Δx、Δy、$\Delta \theta$）の計算方法は非線形計画問題の手法を用いる。一般的には、収束性が良いとされているニュートン法、準ニュートン法などが推奨される。ただし、マッチングする距離データの状態により影響されるため、現状では最適な方法は確定されていないように思われる。非線形計画問題の詳細については、文献 47) などのオペレーションズ・リサーチに関する本を参照していただ

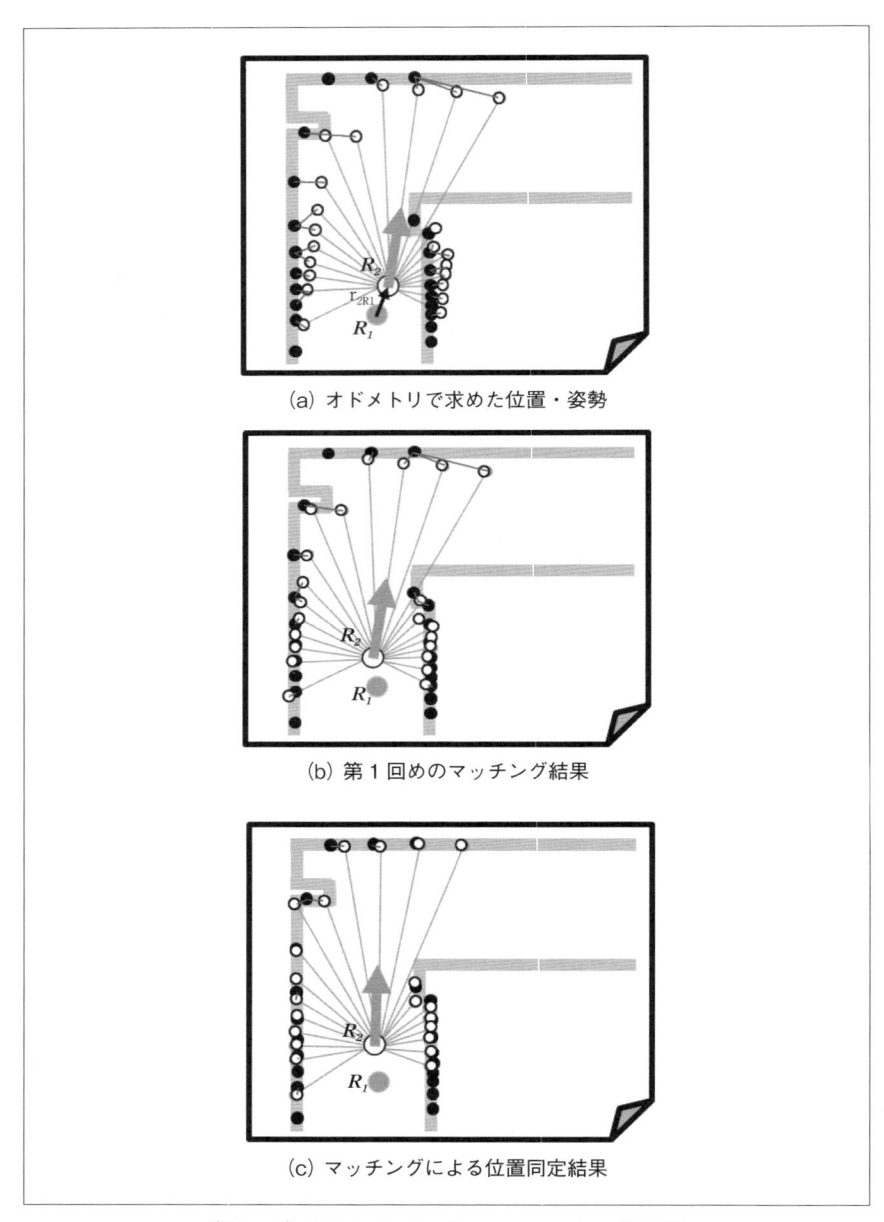

(a) オドメトリで求めた位置・姿勢

(b) 第 1 回めのマッチング結果

(c) マッチングによる位置同定結果

〔図 6.7〕ICP によるスキャンマッチングの例

きたい。他に、文献54) が ICP 手法として有効な示唆を与えるものである。

　いずれかの方法で移動量を決定した後、再度、位置と角度 R_2' の再設定、スキャンデータの照合を行い、目的関数 $F(R_2)$ を求める。その状態が図 6.7 (b) である。この手順を繰り返すことで、最終的に、図 6.7 (c) に示すように、2つの距離データがほぼ一致した状態となる。

　ここで述べた ICP アルゴリズムをフローチャートとしてまとめたものが図 6.8 である。

　このように、マップマッチングを行うことで、走行ロボットの位置と角度を補正し、真の値にすることができる。また、この手法を用いれば、同時に地図を作成、拡張することができる。なお、外界センサによる位置同定の演算時間は繰り返し演算を行うため、一般的には内界センサの位置演算より長くなる。

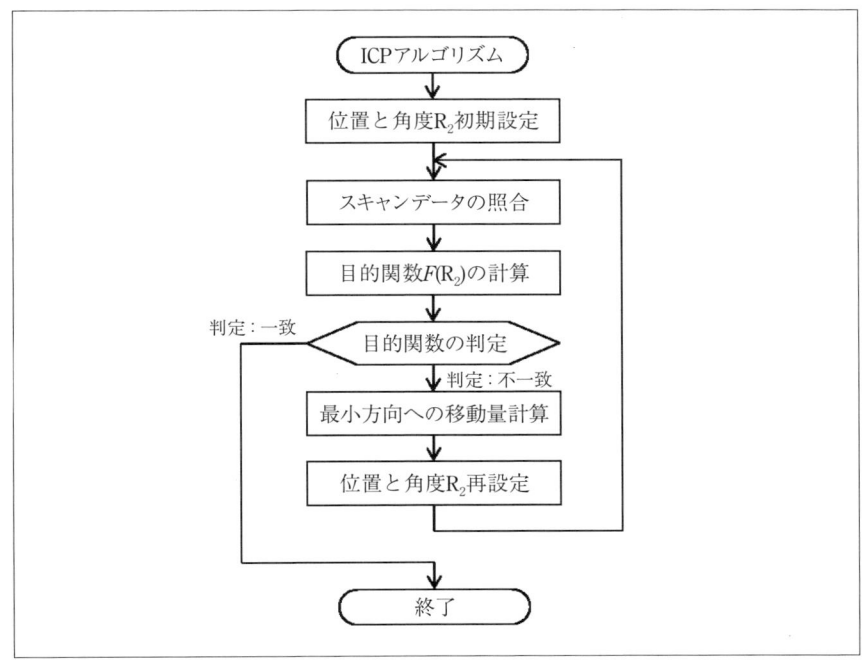

〔図 6.8〕ICP アルゴリズムのフローチャート

6.4　SLAM 技術の利用方法

　SLAM 技術を活用するためには、①前述した原理を基に独自にプログラムを開発する方法、②現在 OSRF（Open Source Robotics Foundation）が開発・管理を行っている ROS（Robot Operating System）の SLAM 関連モジュールを活用する方法、③市販されている位置同定、地図生成システムを利用する方法、などが考えられる。それぞれについて解説する。

①独自にプログラムを開発する方法は、SLAM 技術を研究開発する技術者にお勧めするものである。SLAM 技術の基本は比較的わかりやすいものであり、プログラム開発の経験が豊富なロボット研究者であれば、一度は挑戦していると思われる。ただし、走行ロボットを実用化する上では、走行環境の変化への対応、障害物の有無などへの対応が必要であり、現場で認められる性能を確保するためには、非常にハードルが高いといわざるを得ない。

② ROS の SLAM モジュールを活用する方法は、現在、最も用いられているものである。SLAM モジュールは複数のソフトウェアが開発されており、適用するアプリケーション毎に、最適なモジュールを選定する必要がある。すでに、製品化されているいくつかの走行ロボットには ROS が採用されている。このソフトウェアを利用する方法に関しては、多くの解説記事・紹介記事があるので、参考にされたい。

③ SLAM 技術を製品化している例は多くないものの、最近、徐々に製品化される例が増加している。[48) 49)] 提供する形態としては、ハードウェアを提供する方法、ソフトウェアを提供する方法、SLAM 技術をまとめてソリューションとして提供する方法などがある。しかしながら、その製品の仕様を明確にしている例は少ない。

　そこで、次節では、③の方法の1つ、ハードウェアとして提供している㈱日立産機システムのレーザ測位システム ICHIDAS-Laser を紹介する。[50)]なお、本製品は筆者が開発に関わったものであることをあらかじめ断っておく。

6.5 レーザスキャナだけを用いた地図生成、位置同定方法

先に説明したように、SLAM 技術は、オドメトリなどの内界センサによる相対位置情報で走行ロボットの位置と角度を大まかに把握し、レーザスキャナなどの外界センサによる位置補正情報を用いて、走行ロボットの位置と角度を同定することを、基本としている。このような手法を採用する理由は、レーザスキャナによる位置同定演算が、オドメトリの演算よりも時間を要するためである。

ここで、レーザスキャナによる位置同定演算時間が下記の2つの条件を満たす場合を考える。

①位置同定演算を行う時間の間に移動する走行ロボットの移動距離が短く、スキャンマッチングで位置補正を行う演算に影響を与えない距離であること。

②位置同定演算時間が、走行ロボットの制御周期に近い、あるいは、走行制御系の特性に影響を与えない程度に短いこと。

このような条件の下では、オドメトリなどの内界センサによる移動量の演算を行わないで、レーザスキャナによる演算だけを行うことで、走行ロボットの位置同定を実現することができる。この考え方により、レーザスキャナだけを用いた地図生成、位置同定を実現したシステムについて述べる。

（1）システム構成

図6.9 にレーザ測位システム ICHIDAS-Laser の構成を示す。図6.9 (a)、(b) はそれぞれハードウェア構成、ソフトウェア構成である。図6.9 (a) において、位置同定コンポーネントが ICHIDAS-Laser の本体であり、レーザスキャナから得られた距離データを Ethernet により入力し、地図生成、位置同定などの演算を行って、その結果を Ethernet (UDP) により出力する構成になっている。従って、UDP プロトコルが扱える機器があれば、SLAM 機能を簡単に活用できる構成であり、ユーザが独自の SLAM のアプリケーションシステムを構築できる。

ソフトウェア構成としては、図6.9 (b) に示すように、地図生成機能と位置同定機能に分けられる。このシステムは SLAM 技術を基に実現

したものであるが、実際には、地図生成機能と位置同定機能を同時に作動させるものではなく、別々に動かすことを基本としている。

　地図生成機能では、はじめに、地図を生成するための距離データをレーザスキャナから入力し、位置同定コンポーネントに内蔵するメモリに収集する。これらの距離データを用いて、スキャンマッチング処理を自動的に行いながら徐々に統合することで、走行ロボットが活動する領域の地図を構築していく。ここで作成できる1枚の地図のサイズは10,000m^2（1ha）を基本としている。例えば、100m×100m、200m×50mなど、1ha以内であれば、地図の縦横比は任意に設定できる。走行ロボットの移動範囲がそのサイズを超える場合や、エレベータなどを経由して複数の場所を走行する場合には、複数の地図を用意する必要があるが、事前にそれらの地図を作成して、保存しておけば対応できる。

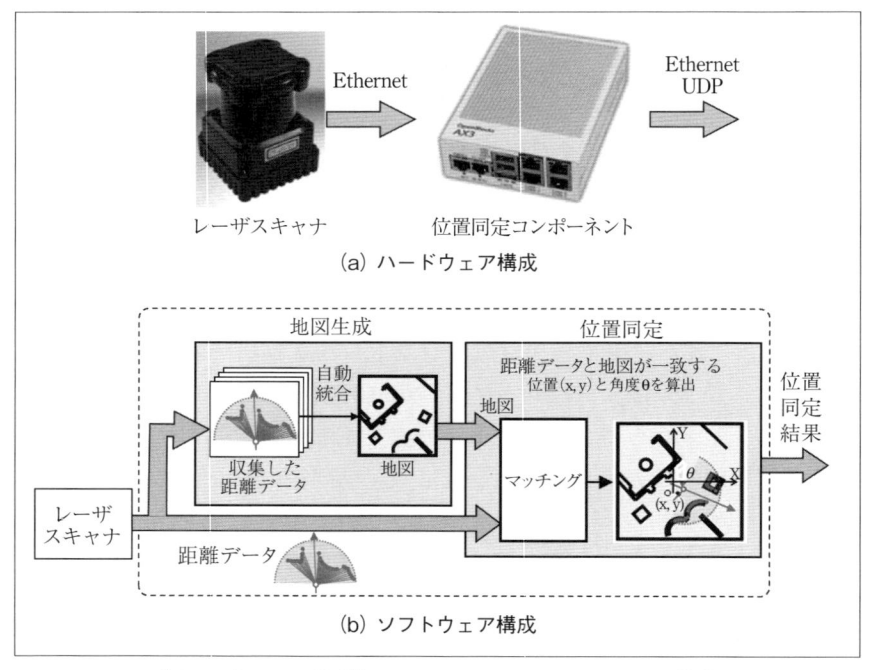

〔図 6.9〕レーザ測位システム ICHIDAS-Laser の構成

位置同定機能については、生成された地図のうち、走行ロボットがいる領域の地図をあらかじめ指定する。この地図に対して、走行ロボットに搭載されたレーザスキャナから得られたその時点の距離データを入力し、マッチングを行う。距離データが比較する地図と一致すると、走行ロボットの位置（x_R、y_R）、及び、角度 θ_R が同時に求められる。これらの位置同定結果を外部の機器に出力する。

　このシステムの主な特長は次の3項目である。

①高速処理

　　位置同定コンポーネントのCPUはDual Core Marvell（1.33GHz）を採用している。CPUの演算能力としては標準的で、必ずしも高い処理能力を持っているものではないが、ソフトウェアとして、後述する位置同定処理を高速に行う演算手法を開発した。これにより、レーザスキャナから出力される距離データの出力周期と同じ25ms毎に、位置と角度を出力できるようにした。この周期であれば、得られた位置（x_R、y_R）、及び、角度 θ_R をそのまま用いて、走行ロボットの制御演算を行うことができる。

②シンプルなハードウェア構成

　　SLAMの演算を行う際には、レーザスキャナの他に、エンコーダ、ジャイロセンサ、加速度センサなど、内界センサも用いることが一般的であるが、このシステムでは、レーザスキャナ以外のセンサは一切用いる必要がないことが特長である。高速処理により25msの周期で結果を得られるので、例えば、走行ロボットの最高速度が1m/sとすると、その間に移動する距離は25mmとなる。SLAMの探索域としては狭い範囲で設定できるので、内界センサによる位置計算は不要であることがわかる。

③ロバストな位置同定性能

　　工場や物流センタなどの現場では、部品や製品が一時的に仮置きされたり、設備が所定の場所から少しずれていたりすることがある。また、当然のことながら、作業員が作業通路を往来する。そのような現場で運用する走行ロボットを考えた場合、SLAMで生成した地図には

記載されていない物体の配置の変化、作業者の動きによる外乱などに、位置同定結果が影響されにくい性能、つまり、検出のロバスト性（堅牢さ）を有することが必要である。例えば、走行ロボットの周囲を人が 50% 取り囲んでいる状態であっても、残りの 50% で地図と照合できれば、安定して位置同定を継続することができる性能を、このシステムでは備えているといえる。

(2) 高速演算手法 [51]

図 6.10 に、SLAM で位置を同定する際の高速演算手法の 1 つを示す。これは解像度が異なる地図を用いて、効率よく位置同定を行う Coarse to Fine 法の説明図である。

まず、図 6.10 (a) の低解像画像の地図を用いて、走行ロボットの位置と角度を概略で絞り込む。画素自体が粗いため、精度を求めることはできないが、図に示すように、広い探索域に対して、効率よく位置と角度を同定し、大まかに探索域を絞り込める。ここで、重要なことは絞り込んだ探索域に必ず走行ロボットの真の位置と角度が入っていることであり、絞り込みすぎないように配慮が必要である。絞り込んだ探索域は図 6.10 (a) よりも数分の 1 程度にすることが目標となる。図 6.10 (b) のように、絞り込んだ探索域に対して、中解像度の地図を用いて位置同定を行う。これにより、効率よく、走行ロボットの位置と角度の探索域を、さらに図 6.10 (c) の範囲に絞り込むことができる。

最終的に、図 6.10 (c) に示すように、2 回の絞り込みにより得られた探索域の範囲内に限定して、高解像度の地図を用いて位置同定を行う。この手順により、少ない演算量で、効率よく、高精度の位置と角度を同定することができる。なお、解像度の異なる地図は、地図生成時に内部で自動的に生成されるので、ユーザが取り扱う必要はなく、ユーザの負担になるものではない。

(3) 地図生成機能

図 6.9 で示したソフトウェア構成は、位置同定コンポーネント内部で地図を生成するようになっているが、実際のシステムでは、ユーザが

持っている PC を利用することを基本としている。製品に付属している地図生成ソフト CHIZUDAS をユーザの PC にインストールして用いる。その構成を図 6.11 に示す。地図生成用に収集した距離データを保存した距離ファイルを一旦、PC に転送する。次に、PC 上で地図生成ソフトを起動する。この地図生成アルゴリズムは前述した高速演算手法と同じ

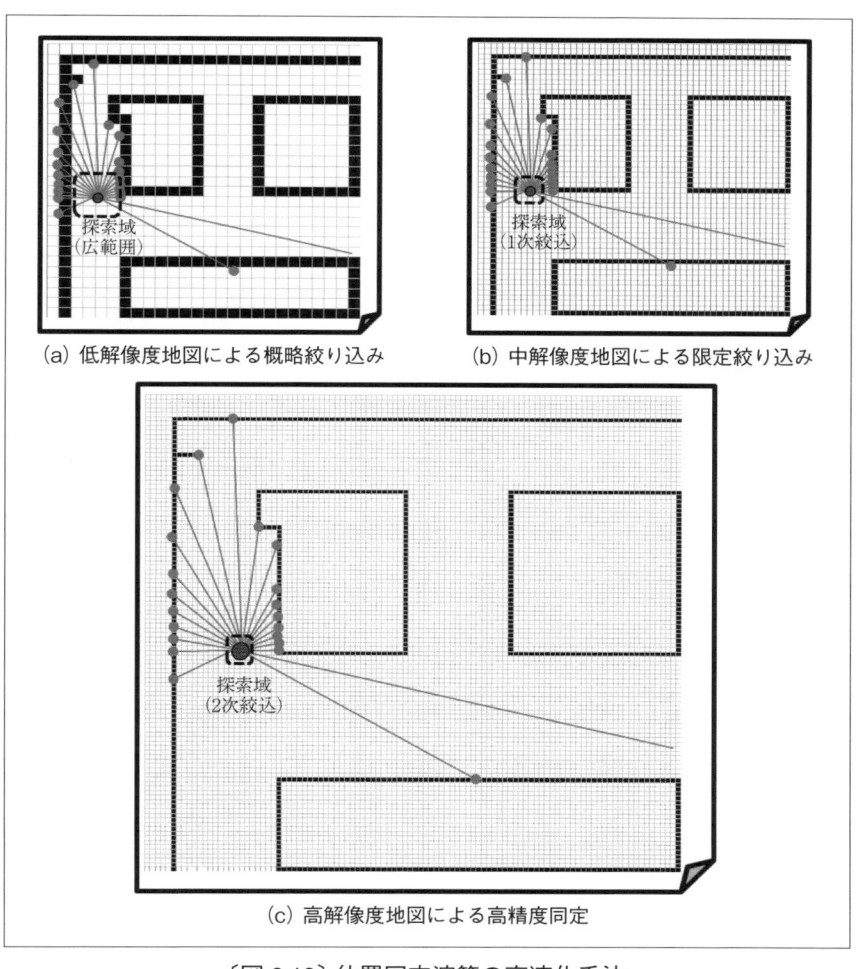

（a）低解像度地図による概略絞り込み　　　（b）中解像度地図による限定絞り込み

（c）高解像度地図による高精度同定

〔図 6.10〕位置同定演算の高速化手法

である。一般的には、位置同定コンポーネントのCPUよりも、ユーザの
PCのCPUは動作周波数、演算能力ともに優れているので、地図生成に
はユーザのPCを活用することを推奨している。地図生成ソフトを用いて、
転送された距離ファイルを指定することにより地図を自動的に生成す
る。PCで地図を完成するための時間は距離データを収集するのに要する
時間と同程度であり、ユーザが比較的容易に地図を完成できる。できあ
がった地図は再度位置同定コンポーネントに転送することで活用する。

　図6.12にICHIDAS-Laserにより地図を生成する過程の例を示す。
図6.12 (a-1)、(b-1)、(c-1)はそれぞれ時刻 t_1、t_2、t_3 における走行ロボッ
トの位置と角度を示しており、その時点で走行ロボットに搭載している
レーザスキャナにより、地図を生成するための距離データが収集される。

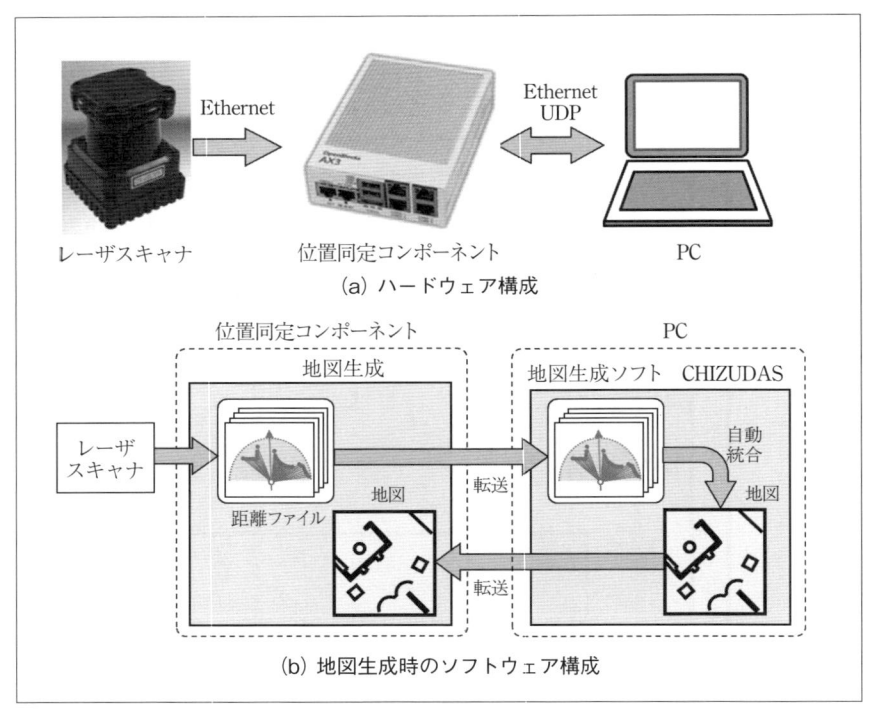

（a）ハードウェア構成

（b）地図生成時のソフトウェア構成

〔図6.11〕地図生成を行うときのシステム構成

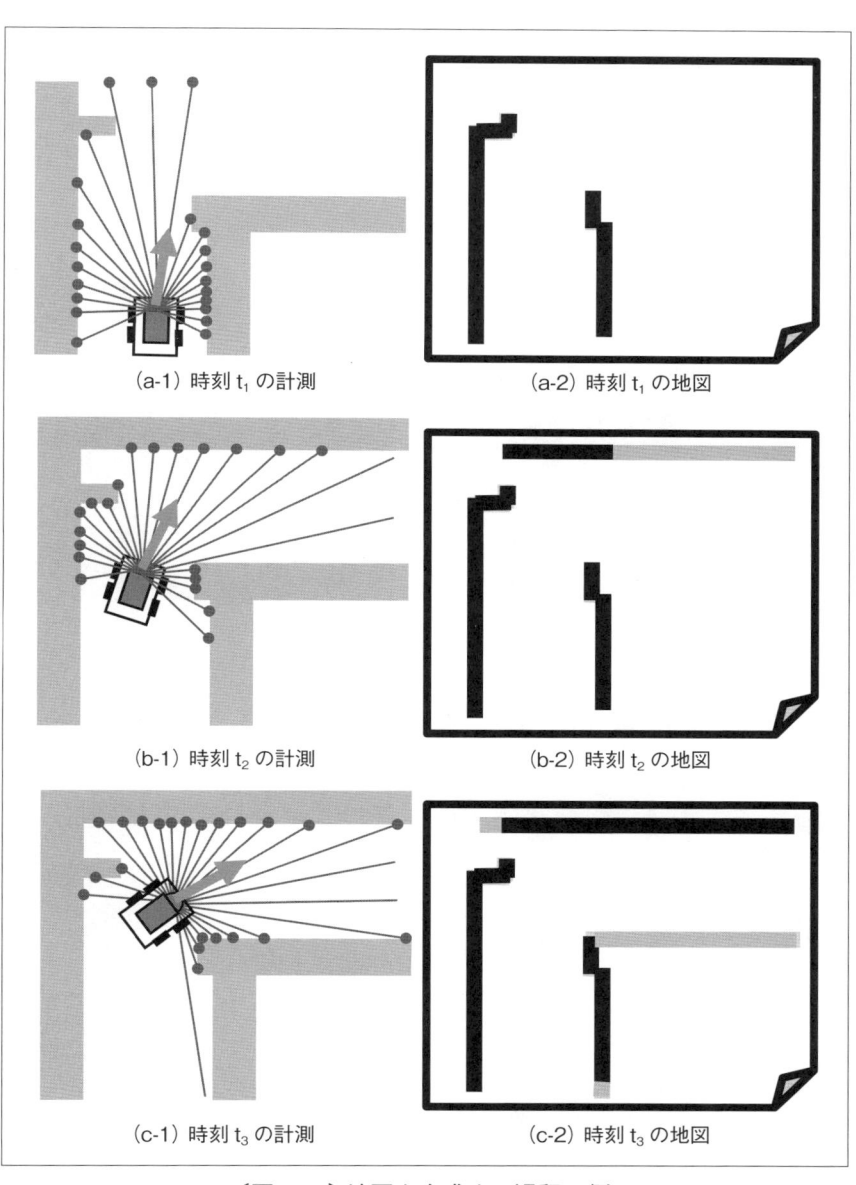

(a-1) 時刻 t_1 の計測　　　　　　(a-2) 時刻 t_1 の地図

(b-1) 時刻 t_2 の計測　　　　　　(b-2) 時刻 t_2 の地図

(c-1) 時刻 t_3 の計測　　　　　　(c-2) 時刻 t_3 の地図

〔図 6.12〕地図を生成する過程の例

　地図の生成は、地図生成ソフトにより、図 6.12（a-2）、（b-2）、（c-2）
の順に、自動的に地図が生成されていく。図 6.12（b-2）に示すように、
既に書き込まれた地図（黒の太い実線）に、マッチングされた距離デー
タから得られる情報（灰色の太い実線）が新たに書き込まれる。これを
繰り返すことで、地図が完成する。

　図 6.13 は地図生成を行った実例である。

　時刻 t_1、t_2、t_3、t_4 の順番に移動することで、レーザスキャナで得られ

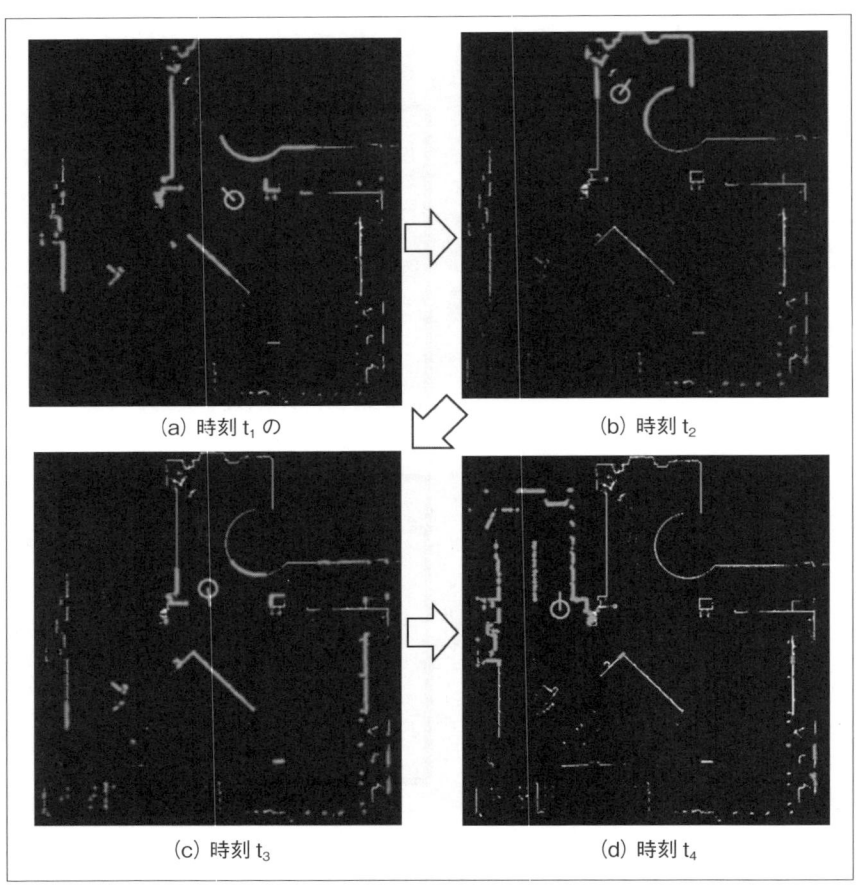

(a) 時刻 t_1 の　　　　　　　(b) 時刻 t_2

(c) 時刻 t_3　　　　　　　　(d) 時刻 t_4

〔図 6.13〕地図生成機能の作図過程

た距離データ（太い実線）が、地図データ（細い実線）とマッチングされていることがわかる。その結果が、地図データ（細い実線）として追加されて、徐々に地図としてできあがっていく状態を示している。

(4) 位置同定

　図 6.14 に位置同定を行うときの構成方法の例を示す。自律走行ロボットに用いる場合には、レーザスキャナ、及び、位置同定コンポーネントを走行ロボットに搭載する。ロボットの位置 x_R、y_R、角度 θ_R をリアルタイムに検出し、自律走行コントローラに出力することで、自律移動を可能にする。図 6.14 (b) に示すように、自律走行コントローラでは、位

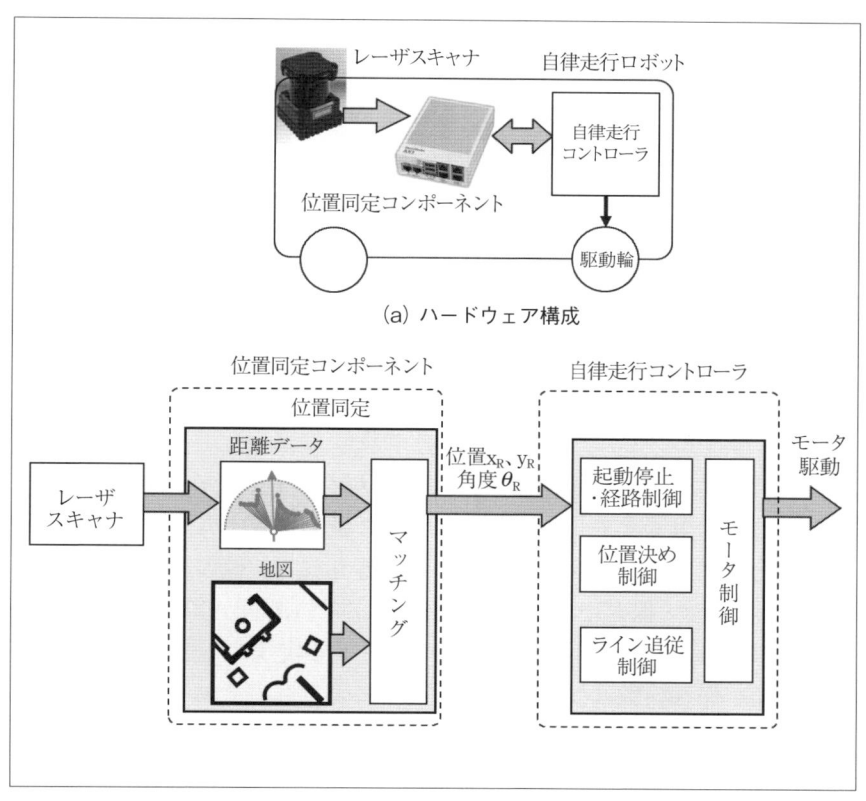

〔図 6.14〕自律走行ロボットのシステム構成例

置と角度情報を基に、起動停止・経路制御、位置決め制御、ライン追従制御が行われ、モータを駆動することで、走行ロボットの移動方法を制御している。

　図 6.15 には、走行ロボットが位置と角度を検出する際の状態を時系列で示す。時刻 t_1、t_2、t_3 のときの走行ロボットの状態が図 6.15 (a-1)、(b-1)、(c-1) である。走行ロボットの前方に丸い物体（○）があり、図面の右方向に移動していることを示している。このときのレーザスキャナから得られる距離データの中で、丸い物体を計測した距離データも含まれる。それらの距離データは、図 6.15 (a-2)、(b-2)、(c-2) からわかるように、地図と照合した際に、地図データと一致しない状態になっている。しかしながら、地図データと一致する距離データが多いため、丸い物体の影響を受けることなく、位置同定ができている。これが位置同定におけるロバスト性を表しているものである。

　なお、電源を立ち上げた際、1ha の地図の中から走行ロボットの位置と角度を最初に同定することは時間が非常に必要であり、事実上困難である。そのため、このシステムでは、ユーザが走行ロボットの概略の位置を指定した後で位置を同定する機能を備えている。これを初期位置同定機能という。また、長い通路や参照できる物体がほとんどない環境では、レーザスキャナ以外のセンサを利用しないので、位置を同定することができないという課題はある。

(5) レーザ測位システムの仕様と特徴

　レーザ測位システム ICHIDAS2-AX の仕様を表 6.3 に示す。

　現状は、利用できるレーザスキャナは 3 種類に限定されているが、今後、対応できるセンサが増えることが期待される。標準のシステムとしては、地図として保存できる枚数は 1ha サイズの地図が 10 枚程度であり、約 10ha の範囲を動き回る自律走行ロボットを実現することが可能である。なお、保存枚数はメモリ容量の制限によるものであり、それ以上の領域を動く走行ロボットへの対応も可能である。

　地図は自動生成されるので、通常、ユーザは地図作成ファイルを指定するだけで、地図を活用できる。しかしながら、広範囲で作図する場合

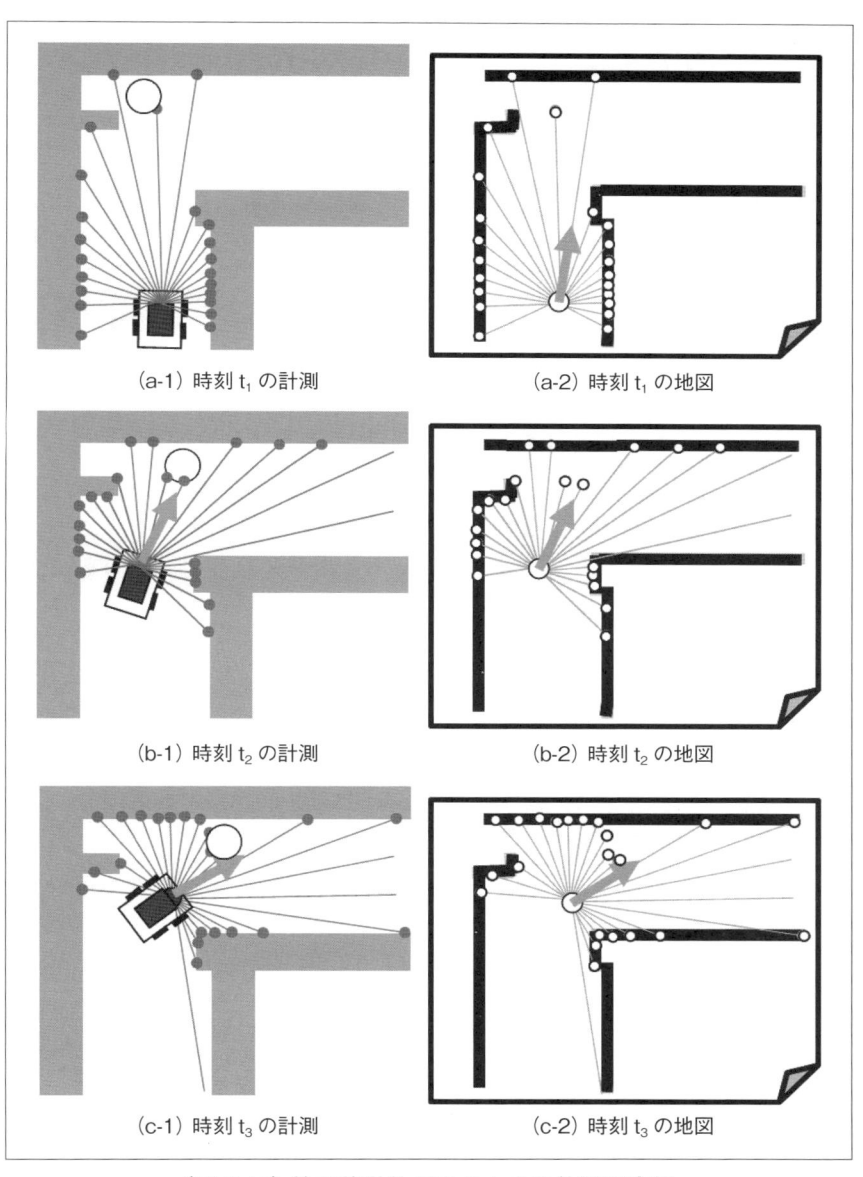

(a-1) 時刻 t_1 の計測   (a-2) 時刻 t_1 の地図

(b-1) 時刻 t_2 の計測   (b-2) 時刻 t_2 の地図

(c-1) 時刻 t_3 の計測   (c-2) 時刻 t_3 の地図

〔図 6.15〕他の移動体があるときの位置同定例

に、外周を1周して、地図作成開始地点まで戻ってきた場合に、ずれを生じる場合がある。（例えば、角度が±0.6°の誤差を持っているとき、x軸方向に100m直進すると、y軸方向に±1mの誤差になる。）

そこで、1周回ってきた場所が同じ地点であることを指定すると、自動的に補正する機能をこのシステムでは備えている。これが表6.3の地図作成の項目に記載している「自動作成・補正機能」である。一般的に、このような処理を「ループクロージング」とよぶ。

また、10枚の地図を活用するためには、地図切替を行う必要があるが、それに要する時間が25msとなるシステムにした。そのため、走行ロボットが移動している状態でも、問題なく、地図切替を行うことができ、広範囲に迅速に動き回る走行ロボットシステムが構築可能である。

また、表6.3の仕様としては、位置同定精度は±50mm、±3degであるが、繰り返し精度では±10mm、±1deg（いずれも3σの値）の性能を有しており、一般的に要求されるAGVの位置決め精度の仕様は±10mm以内であり、十分にそれを満足するものと考える。[52]

〔表6.3〕レーザ測位システム ICHIDAS2-AX の仕様

項目		ICHIDAS2-AX	
対応センサ		UTM-30LX-EW、UST-20LX	UAM-05LP-T301
ハード	寸法、質量	$101 \times 142.1 \times 41$mm、0.37kg	
	インターフェース	LAN1（移動体との通信用）Ethernet UDP LAN2（センサ用）Ethernet	
	地図保存枚数	128MB（ユーザ50MB）地図保存枚数：10枚相当	
	電圧／電力	DC12V ／ 10W	
標準機能	位置同定項目	位置 x, y [mm]、姿勢 θ[deg]	
	出力周期	平均25ms	平均30ms
	精度（静止時）	位置：±50mm、姿勢：±3deg	
	地図作成	自動作成・補正機能、10,000m^2（例、100m×100m）	
	地図切替	高速切替（25ms）	
オプション機能	ICHIDAS機能	準SLAM機能、PCレス地図作成機能	
	CHIZUDAS機能	地図部分書換機能	

SLAM技術を用いた
自律走行ロボット制御システムの構築

前章までで走行ロボットの制御に関する基本的な要素技術、SLAM 技術の概要を述べてきた。技術的には、これらを知ることで、SLAM 技術を用いた自律走行ロボットを実現することは可能である。しかし、現実に工場や物流センタなどの現場で走行ロボットを稼働するためには、制御システム全体をどのように構築するかが重要である。走行ロボットが動き回る目標経路の具体的な与え方、走行ロボットの動きを指示する指示方法、SLAM 技術により得られた走行ロボットの位置・角度を適切に走行制御に用いる方法など、検討すべき課題は多い。

　そこで、本章では現場で活用するための自律走行ロボット制御システム全体を構築する手法について述べる。

　7.1 節では、ガイド式 AGV をガイドレス化して自律走行ロボットにする一手法を取り上げる。この節の狙いは自律走行ロボットの早期立上げ、早期普及を図ることである。製品化されている AGV、特に、AGV キットに、SLAM 技術を結び付ける方法を提案することにより、誰でも比較的容易に現場で利用できる自律走行ロボットが実現できることを明らかにする。主に、既に AGV を活用しているユーザ、AGV の導入を検討しながら、床に誘導線を敷設できないなどの理由により断念した生産技術関係者などに向けた内容である。

　7.2 節は第 5 章で述べた走行ロボットの制御技術を活用して、より高性能なシステムを構築する一手法について説明する。自律走行ロボットの製品化、高性能化を考える上で、参考になる内容と考えている。

　なお、本章で述べるシステムでは、安全性への配慮、障害物への対応などについては記載していないが、システムを構築する上では重要な項目であり、これらについては、ユーザ、あるいは、メーカとして対応していただく必要がある。

7.1 AGVキットを用いた自律走行ロボットシステム

　ガイド式 AGV を比較的安価に現場に導入する方法の１つとしては、複数のメーカから製品化されている AGV キットを用いる方法がある。多くの AGV キットは、簡単な設定を行うだけで、比較的柔軟に現場ニーズに対応できるようになっており、技術力がある生産部門ではよく活用されている。当然のことながら、AGV キットにおいて、AGV の位置を把握する主な方法は、目標経路として床に敷設した磁気テープの磁束を検出する磁気センサである。

　そこで、磁気センサの代わりに、SLAM 技術を用いて、AGV キットによるガイドレス化を実現する方法を提案する。この方法は誘導ラインを設置することが原因で生じるいくつかの AGV の課題を解決することができるものである。なお、ここで述べる方法は AGV キットの取扱説明書などに記載されているものではない。磁気センサなどの仕様から把握できる情報を基に、磁気センサの出力仕様と全く同じ信号を、SLAM技術の情報から出力することで実現するものである。活用するにあたっては、各 AGV キットの取扱説明書の内容をよく把握していただきたい。また、この方法により実現できる走行ロボットの制御性能は AGV キットで与えられる仕様でほぼ決定されることを事前に承知しておく必要がある。

　さらに、利用する SLAM 技術としてはどのような方法でもよいが、実質的には、6.4 節で説明した方法のうち、ROS の SLAM モジュール、あるいは、SLAM 技術を製品化したものが推奨される。

7.1.1 対象となる AGV キットの構成

　図 7.1 に AGV キットを用いたガイド式 AGV のシステム構成例を示す。走行する方向、走行経路の形状、マーカの有無などにより、各種の構成方法が考えられる。図 7.1 (a) は前進・後進の双方向の走行を行うとき、図 7.1 (b) は前進走行のみを行うときの構成例である。

　図 7.1 (a) のシステムは差動２輪駆動方式であり、AGV を駆動する２つの駆動輪、それを制御する AGV コントローラ、AGV の位置を検出するための２個の磁気センサから構成される。また、走行する床面には

AGVを誘導するための磁気テープを敷設しておく。AGVコントローラには、AGVの電源を起動する起動スイッチ、前進・後進を切替えるスイッチ、走行速度を設定する速度設定信号などが入力される。磁気センサはAGVが前進する際に用いる前進用と、後進する際に用いる後進用の2つがあるが、それらが配置される場所は駆動輪より、それぞれ、AGVの前方と後方である。5.4節で述べたように、角度制御系の安定化のために、旋回中心である駆動輪から磁気センサの取付箇所までは、あ

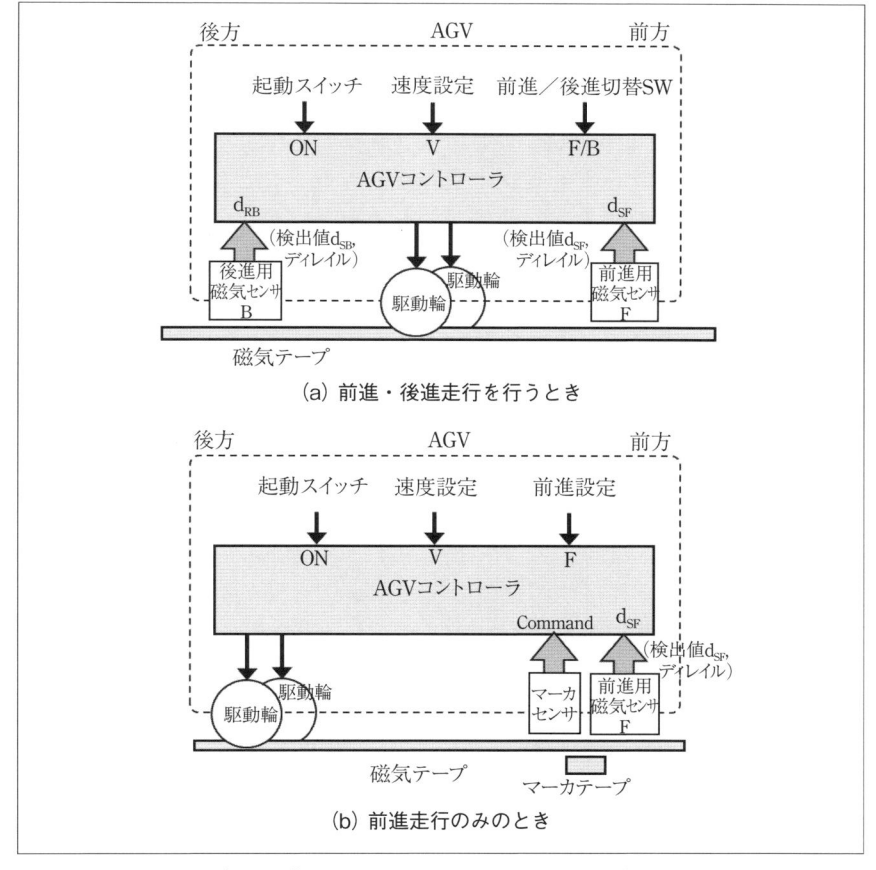

(a) 前進・後進走行を行うとき

(b) 前進走行のみのとき

〔図7.1〕ガイド式AGVシステムの構成例

る程度の距離を確保する必要がある。そのため、前進と後進の両方向に走行する AGV の駆動輪は車体の中央付近に配置されることが多い。

このように、AGV コントローラに必要な機器を接続するだけで、誘導ラインに従って自動走行するシステムを簡単に構築することができる。これが AGV キットを利用するメリットである。

図 7.1 (b) のシステムでは、後進する機能を省いており、AGV が前進走行しかしないことを前提とした構成例である。従って、図 7.1 (b) は図 7.1 (a) の構成から後進用磁気センサを削除している。このように、システムの機能を限定する場合には、図 7.1 (b) に示すように、駆動輪を AGV の最後部に配置することもできる。

図 7.1 (b) では、床に敷設したマーカの情報を検出するマーカセンサを AGV コントローラに接続して、その情報を活用する構成になっている。具体的には、マーカテープの情報を読み取ることにより、停止する場所を認識するものである。他に、マーカテープにより、前進あるいは左右方向への分岐・合流指示、速度指定、アドレス読取りなど、走行制御を行うための情報を提供することができ、その場所における必要な走行情報をマーカセンサにより収集できる。

ここでは、図 7.1 の構成例で実現するガイド式 AGV の走行システムの形態として、以下の 3 つの事例を紹介する。

①2 つの目的地を直線往復する方法

②2 つの目的地の間をループ状に前進走行する方法

③複数の目的地に分岐しながら往復走行する方法

初めに、直線路を往復するだけの単純な事例を図 7.2 により説明する。この図は直線路を往復するための AGV のセンサの配置図と誘導線パターンである。図 7.2 (a) において、AGV の中央部に配置した 2 つの駆動輪の中心に対して、前方の前進用磁気センサ F までの距離が W_{SF} であり、後方の後進用磁気センサ B までの距離が W_{SB} である。AGV を停止する箇所は目的地 1、2 の 2 ヶ所であり、現場の作業者の指示により AGV はその間を往復する。目的地 1、2 は AGV の始点 S_1、S_2 であり、かつ、終点 G_1、G_2 である。図 7.2 (b) に示す敷設された磁気テープで形成され

る誘導ラインは2つの目的地1、2間の距離（ここでは、例として 10m としている。）を直線で結ぶだけのものである。ただし、図面上で、その直線の延長方向である目的地1の左側と目的地2の右側に、それぞれ距離 W_{SB}、距離 W_{SF} だけ長く誘導線が敷設されている。誘導線を延長している理由は、AGV が目的地1、2の位置に到着したことを、磁気テープの磁束の有無により検知するためである。例えば、AGV が前進する

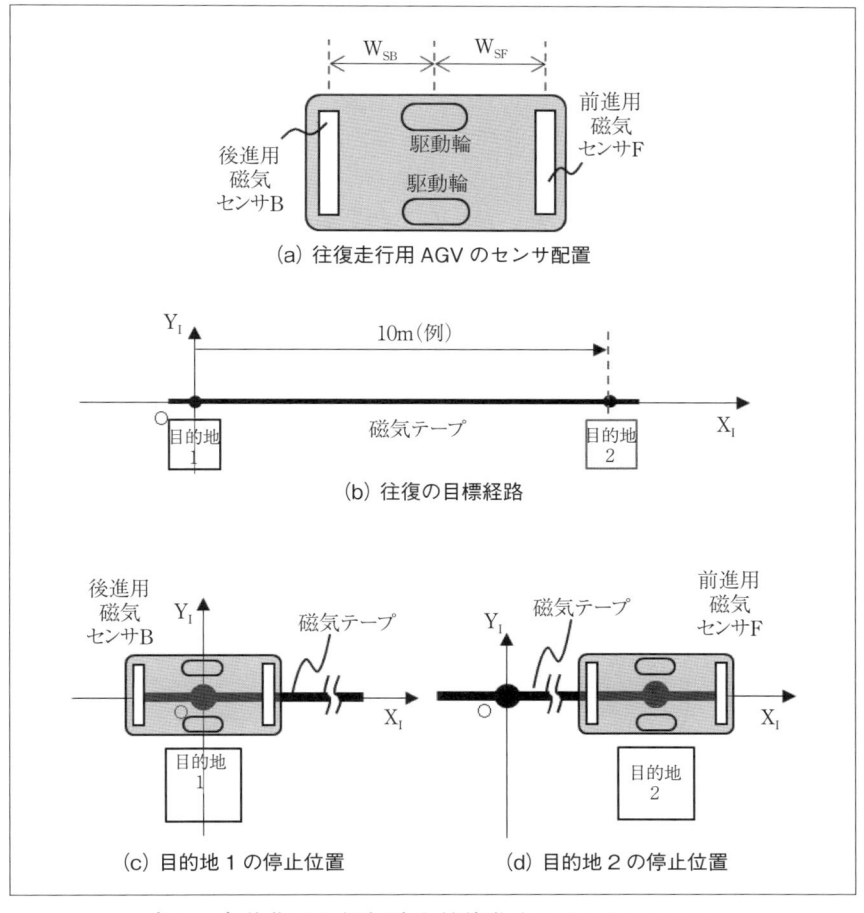

（a）往復走行用 AGV のセンサ配置

（b）往復の目標経路

（c）目的地1の停止位置 　　　　（d）目的地2の停止位置

〔図 7.2〕往復の目標経路を前後進する AGV システム

ときには、目的地1である始点 S_l から発進し、前進用磁気センサ F の位置が目的地2である終点 G_l を通過し、誘導線の端部を越えたとき、磁気センサ F は磁束がなくなったことを検知する。このとき、その場で AGV が停止すれば、その AGV の駆動輪の位置が目的地2である終点 G_2 と一致する。図 7.2 (d) にこのときの停止位置の関係を示す。磁気センサ F からは、ディレイル信号（脱線検知）が AGV コントローラに入力されているので、磁束がなくなったとき、AGV コントローラは AGV に停止させる動作を行う。後進時についても同様であり、その状況に図 7.2 (c) に示すとおりである。従って、この方式では、磁気センサ F、B は誘導ラインからの距離（検出値）を計測するだけでなく、AGV の停止位置も検出する役割を持っている。図 7.3 に往復走行を行う際の AGV の移動範囲とそのときの前進用、後進用磁気センサの計測位置の関係を示す。目標点 P_1、P_2、P_3、P_4 は第5章で述べた目標経路を設定するための点であり、実際の誘導線の代わりに、AGV のコントローラ上にソフト的に実現する目標経路（仮想ライン）の始点、あるいは、

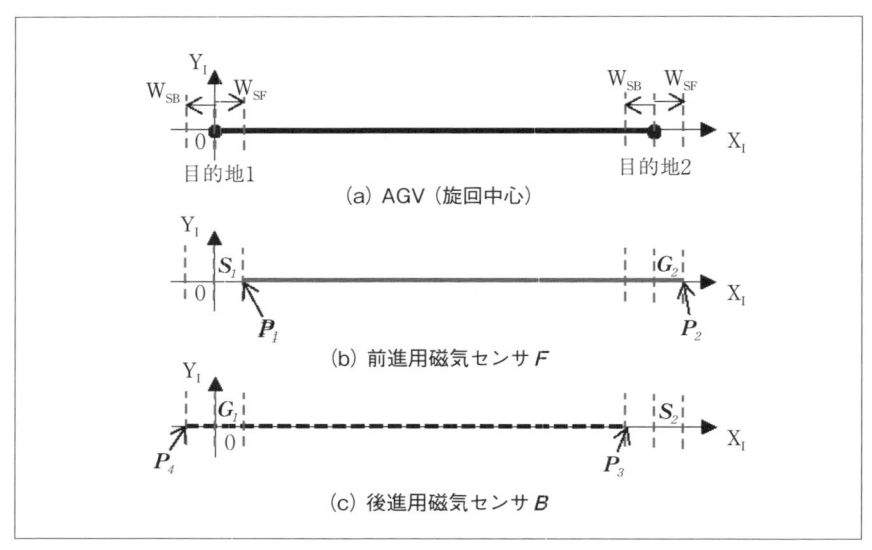

(a) AGV（旋回中心）

(b) 前進用磁気センサ F

(c) 後進用磁気センサ B

〔図 7.3〕往復の目標経路における AGV とセンサの移動範囲

終点となるものである。目標点 P_1 は AGV が始点 S_1 から前進するときの磁気センサ F の位置であり、目標点 P_2 は AGV が終点 G_1 に一致したときの磁気センサ F の位置である。同様に、磁気センサ B に関しては、目標点 P_3、目標点 P_4 がそれぞれ後進するときの位置である。

　次に、ループ状の誘導線を用いて、2つの目的地を往来する事例を説明する。図7.4 がそのときの AGV のセンサの配置図と誘導線パターン例である。図7.4（a）に示すように、前進用磁気センサ F、及び、マーカセンサを走行制御用のセンサとして用いている。この誘導ラインパターンでは、外部から前進の指令が入力されると、目的地1にあった

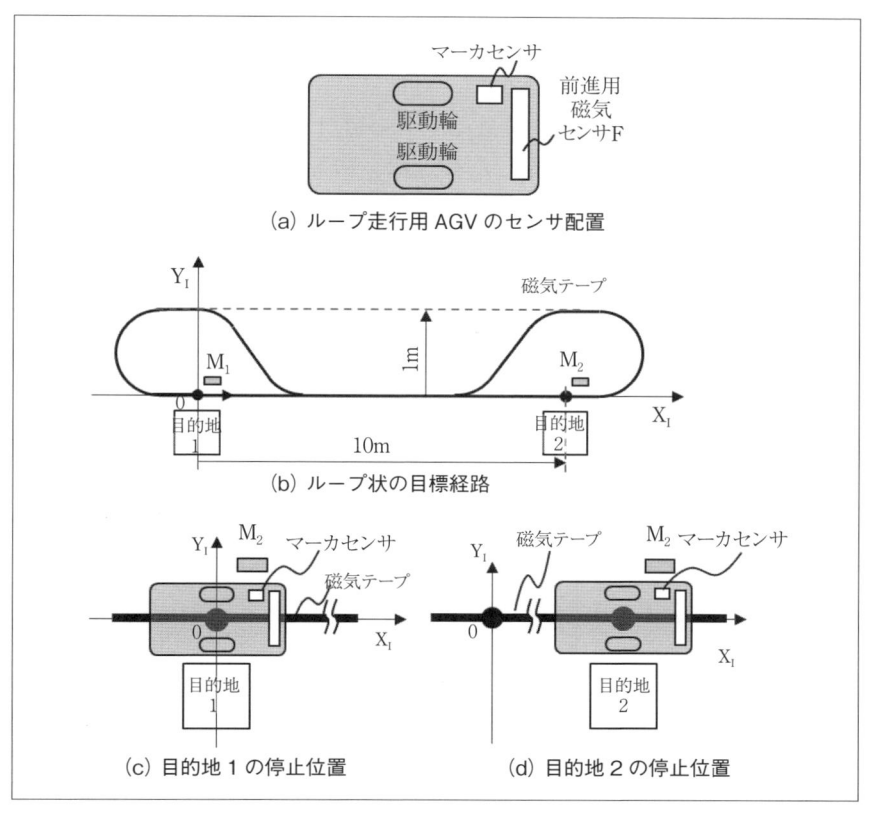

（a）ループ走行用 AGV のセンサ配置

（b）ループ状の目標経路

（c）目的地1の停止位置　　　　（d）目的地2の停止位置

〔図7.4〕ループ状の目標経路を前進する AGV システム

AGV はその点から直進し、次の目的地 2 に到着し停止する。さらに、前進の指令が再度入力されると、目的地 2 から前進し、ループ状に旋回して、中央の 1 本の誘導線を通る。その後、左側のループを反時計回りに旋回して、元の目的地 1 に戻ることで、搬送作業を行うものである。ここで注意しなければならないことは、左右のループ状の誘導線が中央付近で 1 本のラインになっていることである。AGV が分岐する誘導線のどちらを選択するかは、事前に決めるか、あるいは、床面に敷設したマーカテープの情報により判断することになる。実際には、磁気センサ **F** の磁気の読取り方法を設定することで選択することができる。この事例では、ラインが容易であるため、AGV の進行方向に対して、常に、右側の誘導線を選択するように、磁気センサ **F** の読取り方法を設定する。一般に、磁気センサの機能として、直進モード、右分岐モード、左分岐モードを選択できるので、右分岐モードを選択することで実現できる。[57]

　また、目的地 1、2 に到達したことは、床面のマーカ M_1、M_2 の存在を AGV に取り付けたマーカセンサにより読み取ることで検出し、AGV を停止させる。このときの停止位置の状態を図 7.4 (c)、(d) に示す。

　なお、停止させる方法としては、AGV キットメーカ毎にいくつか選択することができるので、その取扱説明書を熟読する必要がある。ここで説明した目的は、AGV コントローラを活用して、ガイドレス化するための基礎知識を把握しておくことである。

　第 3 番目の事例は分岐を伴う経路を往復する AGV の場合である。起点になる 1 つの目的地 1 に対して、物品を搬送する 3 つの目的地 2、3、4 がある場合の構成であり、搬送先に行った AGV は必ず元の目的地 1 に戻ってくることを基本としたシステムとする。図 7.5 (a) には、分岐を含む経路を前進、後進する AGV のセンサの配置方法を示している。前進用磁気センサ **F**、後進用磁気センサ **B** とマーカセンサを備えている。図 7.1 (a) の構成に、図 7.1 (b) のマーカセンサを追加したものが図 7.5 (a) の構成である。

　前述したように、AGV が目的地 1 から前進するときには、誘導線は分岐しているので、床面のマーカ M_1 〜 M_7 の番地情報を読取りながら、

AGVはその場所を認識し、指示された搬送先に応じて、右分岐、あるいは、直進のいずれかを選択し、その搬送先まで走行する。

　上記で述べた事例がAGVを動かす上では、基本となる考え方である。このような手法を組み合わせることで複雑な経路、複雑な搬送形態を実現できる。そこで、次項以降では、この3つの事例について、ガイドレス化する方法を議論する。

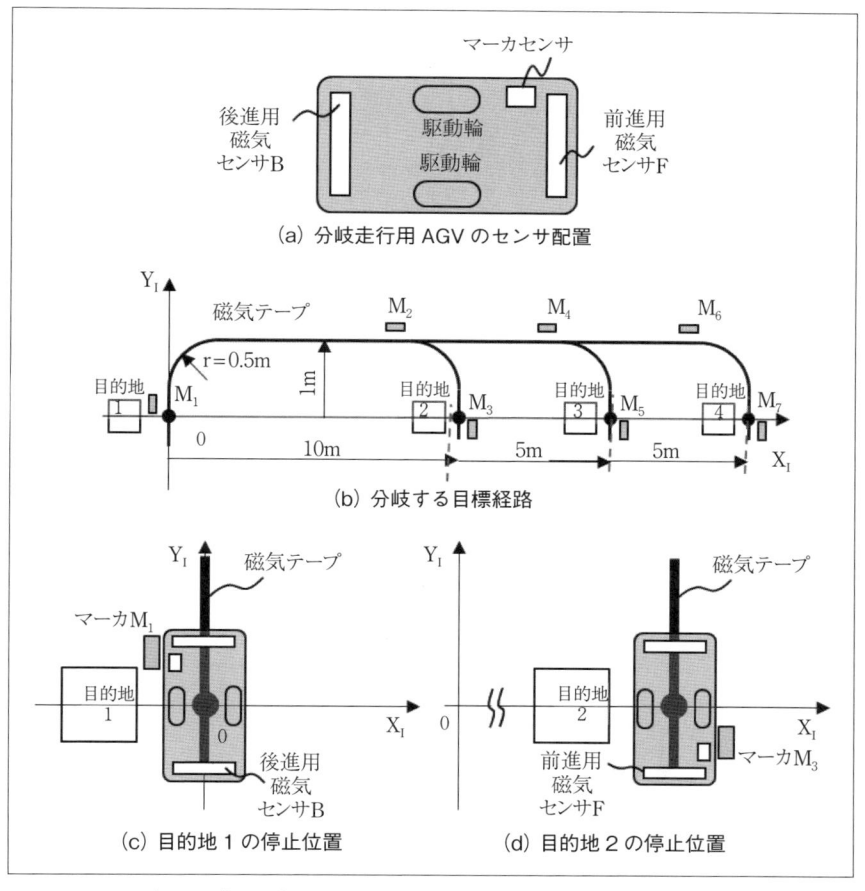

（a）分岐走行用AGVのセンサ配置

（b）分岐する目標経路

（c）目的地1の停止位置　　　　（d）目的地2の停止位置

〔図7.5〕分岐する目標経路を往復するAGVシステム

7.1.2　AGV キットを用いたシステム構成

　ここでは、SLAM 技術を用いて、AGV キットをガイドレス化させる方法、つまり、AGV キットを用いて自律走行ロボットを実現する方法について述べる。SLAM 技術としては、第 6 章で述べたように、読者が独自に開発したものを活用する方法、ROS の SLAM モジュールを利用する方法、製品化された SLAM 技術を利用する方法のいずれでも対応可能であるが、説明の都合上、走行ロボットの稼働範囲について、事前に地図を生成し、その地図上で誘導ラインに対応する目標経路を作成しておくことを条件とする。また、その生成した地図上で、安定して位置同定できることを確認しておくことも前提とする。そのようにして実現した SLAM 技術を、ここでは、SLAM コンポーネントとよぶことにする。この SLAM コンポーネントを用いて、レーザスキャナ S の位置 x_S、y_S と角度 θ_S が得られる状態になったものとする。なお、そのレーザスキャナの位置ベクトル S は、$S=[x_S、y_S、\theta_S]^T$ を表すものとする。

　このレーザスキャナ、SLAM コンポーネントに、AGV コントローラを中心とする AGV キットを組合せた構成例を図 7.6 に示す。基本的な

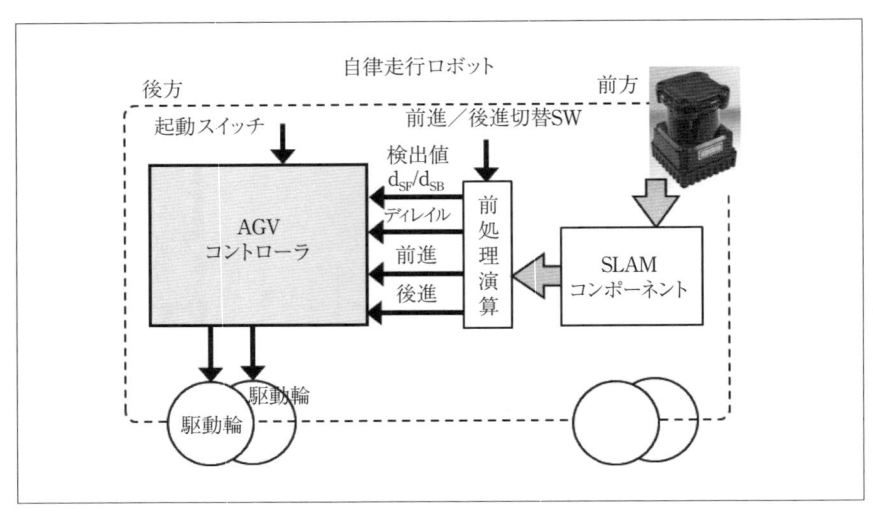

〔図 7.6〕AGV コントローラを用いた自律走行ロボットシステムの構成

考え方は、SLAMコンポーネント、前処理演算部を用いて、磁気センサが出力していた信号を代替してAGVコントローラに入力する。これにより、ガイド式AGVと同じ動き方をさせるものなので、AGVコントローラ自体は従来の設定のままでよい。AGVの制御はAGVコントローラの設定で決まるので、このシステムはAGVの走行制御の特性を向上することを目的としているわけではなく、あくまでもガイドレス化による効果を得ることを目的としたものである。

　図7.6において、SLAMコンポーネントから得られた情報は一旦、前処理演算部に入力される。この前処理演算部において、磁気センサが出力する信号と同じ信号に変換することで、前項で説明した3つの事例と同じ機能を持つシステムを構成するものである。磁気センサの出力信号のうち、AGVコントローラを動かすために利用する信号は、目標経路（誘導線）からの距離に相当する検出値、磁気がないことを検出するディレイル信号、前進信号、後進信号である。検出値d_{SF}、d_{SB}、及び、ディレイル信号は、それぞれ前進用と後進用の2つの信号を与えるものとする。

　以下、前項で提示した3つの目標経路の場合について、AGVコントローラを利用した自律走行ロボットシステムを構築していこう。

7.1.3　直線経路を往復する方法

　図7.6の構成を用いて、7.1.1項に示した直線の目標経路を往復する場合の動かし方について説明する。外部からの前進／後進切替スイッチの操作は図7.1 (a) と同じであり、走行ロボットが図7.2 (a) の目的地1にある場合には、前進指令を与え、目的地2から移動させるときには後進指令を与えることで、直線の目標経路を往復するものである。

　はじめに、誘導線に相当する目標経路を設定する。表7.1に目標経路を確定するための目標点ベクトルの一覧表を示す。目標点P_iの一覧表には、位置（x_{Pi}、y_{Pi}）、角度θ_{Pi}を設定するとともに、制限速度v_{Pi}、目標曲率$1/r_{Pi}$、停止信号STOPの情報も設定している。5.2節で説明した表5.1の目標点の一覧表と同じであるが、この項で必要がないアラーム、ライト、オプションの項目を削除した。目標点ベクトルP_iは、$P_i=[x_{Pi}、y_{Pi}、\theta_{Pi}]^T$を表すものであるが、走行ロボットが走行するときの到達すべき目標と

なる位置、角度を示すものである。また、定義した目標点の間を、設定した目標曲率の曲線（曲率 0 の場合は直線）で結ぶことで、目標経路ができあがる。これが誘導線の代わりとなるものである。

制限速度 v_{Pi} については、その目標点までの区間において走行環境として安全に走行することが許可された最高速度（制限速度）を意味する。図 7.6 のシステムでは、AGV コントローラの入力信号としては、速度信号を用いていないので、制限速度の情報は無視される。なお、前進するか、後進するかの判断には制限速度の符号を活用することができる。

表 7.1 において、目標点 P_1、P_2 は走行ロボット R が目的地 1（始点 S_1）から目的地 2（終点 G_2）まで前進で直進するための目標経路を設定するためのものである。前進用磁気センサ F の出力に相当する情報を用いることを前提としており、図 7.3 (b) に示した目標経路を表している。目標点 P_3、P_4 については、走行ロボットが直線で後進する目標経路を設定するためのもので、後進用磁気センサ B の出力に相当する情報を用いることを想定している。それぞれの目標点は走行ロボット R が始点 S_2、終点 G_1 にいることを意味している。その状態も図 7.3 (c) に示しているとおりである。また、図 7.1 に記載したすべての角度 θ_{Pi} を 0deg としていることで、走行ロボットは姿勢を変えずに常にグローバル座標系の正の x 軸方向を向くように制御することが目標となっていることがわかる。

表 7.1 において、直線を往復するだけなので、目標曲率 $1/r_{Pi}$ もすべて 0 と設定している。また、目標点 P_2、P_4 については、停止信号は On としている。これらは終点である目標点なので、当然、その目標点で停止することを意味する。

〔表 7.1〕直線経路のための目標点一覧表（$W_{SF}=W_{SB}=0.4m$ のとき）

目標点 番号 i	目標点	x 軸 x_{pi}[m]	y 軸 y_{pi}[m]	角度 θ_{pi}[deg]	制限速度 V_{pi}[m/s]	曲率 $1/r_{pi}$[1/m]	停止STOP [on/off]
1	P_1	0.4	0.0	0	0.3	0.0	Off
2	P_2	10.4	0.0	0	1.0	0.0	On
3	P_3	9.6	0.0	0	−0.3	0.0	Off
4	P_4	−0.4	0.0	0	−1.0	0.0	On

次に、図 7.6 の前処理演算部で行う演算内容を図 7.7 のブロック図を用いて説明する。この図において、破線の中のブロックが前処理演算部の機能を表している。大別すると、下記の 3 つの機能に分けられるので、それぞれについて述べる。

　①運転指示機能

　　この機能は、運転開始ブロックと、目標点選択ブロックからなる。運転開始ブロックでは、外部から与えられる前進・後進切替スイッチの信号が入力されると、前進する経路か、後進する経路かを選択する。このブロックに入力される終点到着信号により、それ以前の目標経路での走行が終了し、終点に到着していることを確認して、次の経路に切替えてよいかをチェックする構成になっている。目標点選択ブロックでは、経路選択信号により目標経路が選択され、その経路の中から目標点切替信号に応じて順に目標点 P_i が設定される。

　②ロボット位置演算機能

　　目標点座標のロボット位置ブロック、センサ位置補正値ブロック

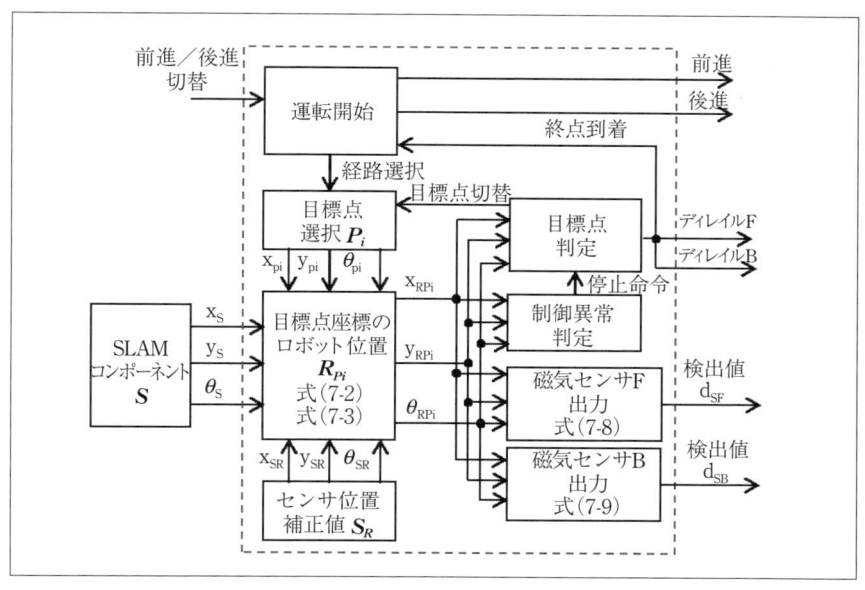

〔図 7.7〕AGV コントローラの前処理演算のブロック図（前進・後進切替）

で構成される。この機能は目標点 P_i 座標における走行ロボットベクトル $R_{Pi}(=[x_{RPi}、y_{RPi}、\theta_{RPi}]^T)$ を算出するものである。SLAM コンポーネントから得られるベクトルはレーザスキャナの位置、角度を表すセンサベクトル $S(=[x_S、y_S、\theta_S]^T)$ であり、それを目標点 P_i 座標系のセンサベクトル $S_{Pi}(=[x_{SPi}、y_{SPi}、\theta_{SPi}]^T)$ に変換した後、走行ロボットにおけるレーザスキャナの取付位置であるセンサベクトル $S_R(=[x_{SR}、y_{SR}、\theta_{SR}]^T)$ で補正することにより、走行ロボットベクトル R_{Pi}、つまり、位置 x_{RPi}、y_{RPi}、角度 θ_{RPi} を求める。

③磁気センサ出力機能

　磁気センサ出力ブロック、目標点判定ブロック、制御異常判定ブロックから構成される。ここでは、前進用磁気センサ F、後進用磁気センサ B の出力に相当する信号を演算で算出する。詳細は後述する。他に、制御異常判定ブロックでは、走行ロボット R_{Pi} のデータを用いてその走行状態が正常であることをチェックする。

運転指示機能について説明するために、図7.8 にこのシステムの状態遷移図を示す。図7.6 において、起動スイッチがオンになると、AGV コントローラ、SLAM コンポーネント、前処理演算部などが起動する。初期設定モードでは、全ての機器が立ち上がった後、SLAM コンポーネントで初期位置同定が行われ、走行ロボットが目的地1あるいはその付近にいることを確認する。初期位置同定を失敗、あるいは、目的地1付近にいないと判断した場合には、設定 NG として、位置失敗モードに遷移して、不具合の状態をチェックし、再起動して初期設定モードから立ち上げ直す。目的地1にいることが確認されると、設定完了となり、始点 S_1 待機モードに遷移する。

　ここで、前進/後進切替スイッチが操作され、前進スイッチがオンになると、前進モードになる。表7.1 の目標点番号1の情報から、走行ロボット R が始点 S_1 に一致しているかを確認する。つまり、走行ロボット R の磁気センサ F に相当する位置が目標点 P_1 に一致しているかを確認する。一致していない場合には、まず、走行ロボット R を始点 S_1 に一致させる。一致した状態になると、図7.7 の目標点切替信号が出力され、

目標点が P_1 から P_2 に切り替わる。目標点 P_2 は走行ロボット R が終点 G_2 を目的地にしていることを意味し、その点に向かって前進を開始する。走行ロボット R が走行して終着点 G_2 に到着したと判断したときには、走行ロボット R は停止し、始点 S_2 待機モードに遷移する。終点 G_2 は始点 S_2 でもあり、そのときの磁気センサ B の位置は目標点 P_3 に一致している。次に、前進 / 後進切替スイッチが操作され、後進スイッチがオンになると、後進モードに遷移する。前進モードと同様の手順により、走行ロボット R の磁気センサ B の位置が目標点 P_3 に一致していることを確認した後、目標点を P_4 に切り替えて、それに向かって走行ロボットが後進し始める。走行ロボット R が終点 G_1 に到着すると、始点 S_1 待機モードに遷移する。このように、作業者が走行ロボットの前進 / 後進切替スイッチを操作することにより、走行ロボットを前進、後進させることができる。

図 7.9 にレーザスキャナの配置を示す。走行ロボット R におけるレーザスキャナの位置は任意であるが、ここでは、左前方 45°方向を向いた位置をレーザスキャナの正面として設置した場合を考える。前述したように、SLAM コンポーネントで得られる位置、角度はレーザスキャナ S

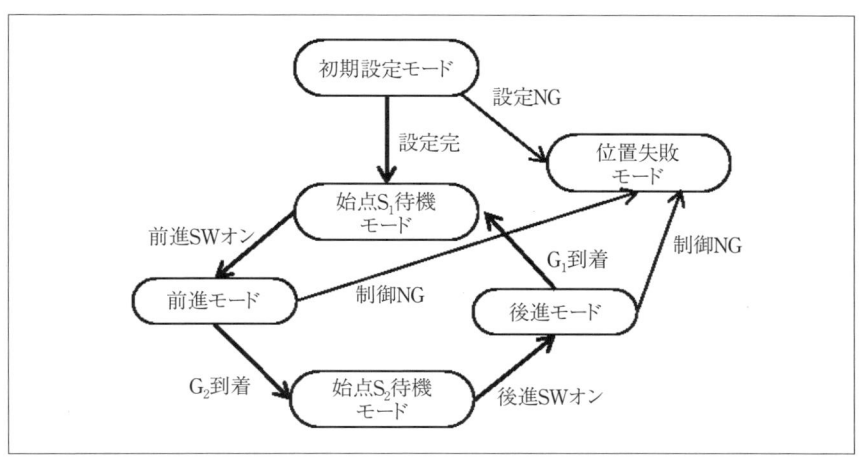

〔図 7.8〕AGV コントローラを用いた自律走行ロボットシステムの状態遷移図
　　　（前進・後進切替）

の情報である。グローバル座標系における走行ロボット $\boldsymbol{R}$ の位置、角度を計算するときには、式（2-5）を参照して、次のように展開して求めることができる。

$$\boldsymbol{S_R} = \boldsymbol{C}(\theta_S - \theta_{SR}) \cdot (\boldsymbol{S} - \boldsymbol{R}) \quad \cdots\cdots\cdots\cdots\cdots\cdots\cdots\cdots\cdots \quad (7\text{-}1)$$

$$\boldsymbol{R} = \boldsymbol{S} - \boldsymbol{C}^{-1}(\theta_S - \theta_{SR}) \cdot \boldsymbol{S_R} \quad \cdots\cdots\cdots\cdots\cdots\cdots\cdots \quad (7\text{-}2)$$

ここで、ベクトル $\boldsymbol{S_R}(=[x_{SR}、y_{SR}、\theta_{SR}]^T)$ は走行ロボット $\boldsymbol{R}$ の座標系から見たレーザスキャナの位置と角度である。図 7.9（a）の場合、$\theta_{SR} = \pi/4$ である。

また、$\boldsymbol{C}(\theta_R)$ は 2.2.1 項で述べたとおり下式で定義している。なお、$\theta_R = (\theta_S - \theta_{SR})$ である。

$$\boldsymbol{C}(\theta_R) = \begin{bmatrix} \cos\theta_R & \sin\theta_R & 0 \\ -\sin\theta_R & \cos\theta_R & 0 \\ 0 & 0 & 1 \end{bmatrix} \quad \cdots\cdots\cdots\cdots\cdots \quad (2\text{-}6)（再記）$$

ちなみに、SLAM コンポーネントの機能として、検出したレーザスキャナの位置と角度を走行ロボット $\boldsymbol{R}$ の位置と角度に自動的に変換する機能を備えたものもあるが、ここでは、わかりやすくするためにそのよう

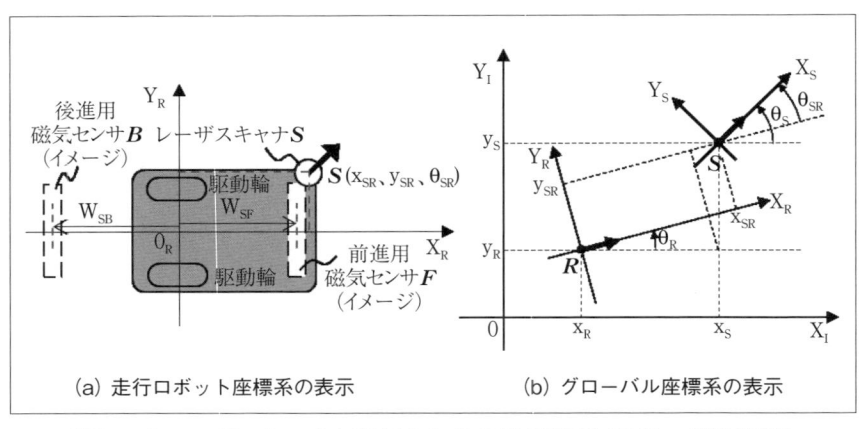

（a）走行ロボット座標系の表示　　（b）グローバル座標系の表示

〔図 7.9〕レーザスキャナと磁気センサの位置関係（前進・後進切替）

な機能は利用しないものとして説明した。

　さらに、目標点 P_i を原点とする座標系から見た走行ロボット R_{Pi} は次のように計算できる。

$$R_{Pi}=C(\theta_{Pi})\cdot(R-P_i) \quad \cdots\cdots\cdots\cdots\cdots\cdots\cdots\cdots\cdots\cdots\cdots \quad (7\text{-}3)$$

従って、図 7.7 の目標点座標系のロボット位置ブロックにおいて、式 (7-2)、式 (7-3) の計算を行い、走行ロボット R_{Pi} を得ることができる。$R_{Pi}=0$ となったときには、走行ロボットが角度を含めて目標点 P_i と一致したことを意味しており、R_{Pi} の状態により走行制御の特性を評価することができる。

　次に、磁気センサの出力計算の方法について図 7.10、図 7.11 を用いて述べる。図 7.10 は図 5.26 を基にレーザスキャナ S の位置と角度を追記したものであり、目標点 P_i を原点とする座標系において、ロボット R、レーザスキャナ S、想定する磁気センサ F（イメージ）の位置関係を示す。図 7.10 (a) は目標点 P_i に対して、走行ロボット R が前進して移動している状態を示している。図 7.10 (b) にこのシステムで得られる検出値 d_{SF} の特性を示す。図 5.26 (b) に示す実際の磁気センサの特性では、磁気センサの長さを超える状態では検出値 d_{SF} が 0 になっているが、これに対して、図 7.10 (b) の検出値 d_{SF} は最大値 d_{LMT}、あるいは、最小値

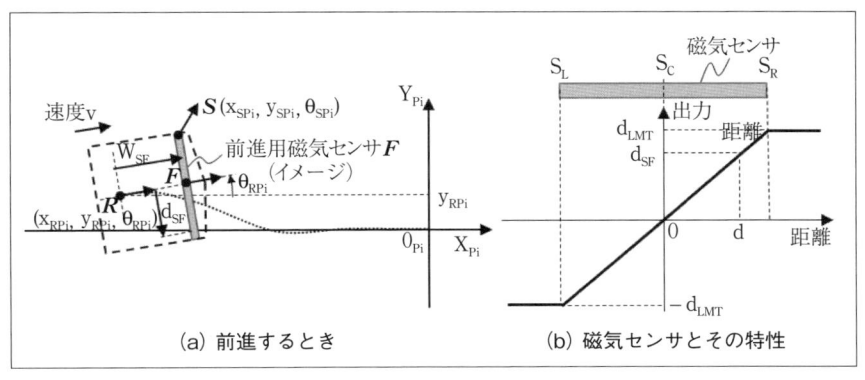

（a）前進するとき　　　　　　（b）磁気センサとその特性

〔図 7.10〕目標点に対するロボット、レーザスキャナ、磁気センサ F の位置関係

－d_{LMT} を保持する特性にしてある。この特性により、走行ロボットが目標経路から大きく外れても脱線して制御不能になることはない。SLAMコンポーネントから計算する場合には、走行ロボット **R** がどのような位置、角度であっても、目標経路からの距離（検出値）を求めることができるからであり、直接、誘導線の磁束を計測する磁気センサでは実現できない特長である。なお、リミッタを設けている理由は、磁気センサから AGV コントローラに入力する値がアナログであり、入力できる最大電圧が物理的に制限されるためである。

　図 7.11（a）は目標点 **P_i** に向かって、走行ロボット **R** が後進して移動している状態を示している。図 7.11（b）の検出値 d_{SB} の特性についても、図 7.10（b）と同様にその絶対値が大きくなると、最大値 d_{LMT}、あるいは、最小値－d_{LMT} を保持する特性としている。

　図 7.10（a）において、目標点 **P_i** のとき、磁気センサ **F** が検出する直線の目標経路（x 軸）までの距離、つまり、検出値 d_{SF} は式（5-27）で導出したように次式で表される。（この事例では、表 7.1 における目標点番号 i＝2 が相当する。）

$$d_{SF} = y_{RPi} / \cos\theta_{RPi} + W_{SF} \cdot \tan\theta_{RPi} \quad\cdots\cdots\cdots\cdots\cdots\cdots\quad (7\text{-}4)$$

なお、y_{RPi}、θ_{RPi} は走行ロボット **R_{Pi}** の計算で算出された値である。同様

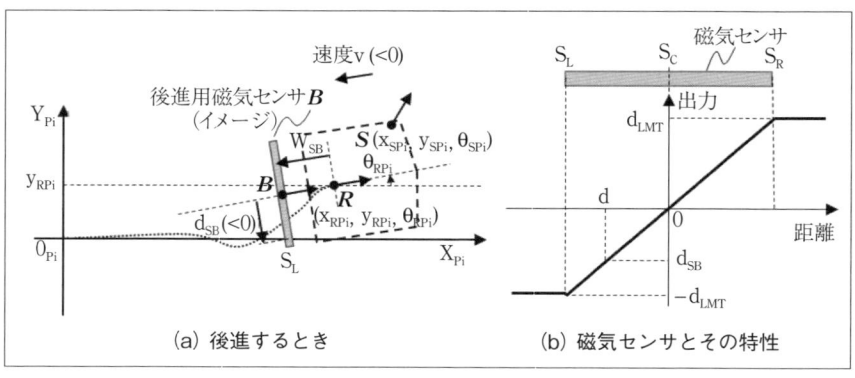

(a) 後進するとき　　(b) 磁気センサとその特性

〔図 7.11〕目標点に対するロボット、レーザスキャナ、磁気センサ **B** の位置関係

に、式 (5-28) に準じて、図 7.11 (a) に示す磁気センサ $\boldsymbol{B}$ の検出値 d_{SB} は、目標点 $\boldsymbol{P}_i$ に対して下記のようになる。（この事例では、表 7.1 における目標点番号 i=4 が相当する。）

$$d_{SB}=-y_{RPi}/\cos\theta_{RPi}+W_{SB}\cdot\tan\theta_{RPi} \quad\cdots\cdots\cdots\cdots\cdots\cdots\quad (7\text{-}5)$$

ここで、$\cos\theta_{RPi}\fallingdotseq 1$、$\tan\theta_{RPi}\fallingdotseq\theta_{RPi}$ で近似できれば、式 (7-4)、式 (7-5) を簡略化することができる。ちなみに、$\cos\theta_{RPi}\fallingdotseq 1$、$\tan\theta_{RPi}\fallingdotseq\theta_{RPi}$ が成立たない状態において、このような近似を行っても制御的には悪い影響を及ぼないので、以下、近似した値を利用することにする。

さらに、この値から 2 つのリミッタにより制限した値を、SLAM コンポーネントで得られる検出値 d_{SF}、d_{SB} と定義する。

まず、検出値の最大値 d_{LMT} と最小値 $-d_{LMT}$ の範囲に制限することを考慮した検出値 d_{SF1}、d_{SB1} は、次式のようになる。

$$d_{SF1}=\max\{-d_{LMT}、\min(y_{RPi}+W_{SF}\cdot\theta_{RPi}、d_{LMT})\} \quad\cdots\cdots\cdots\quad (7\text{-}6)$$

$$d_{SB1}=\max\{-d_{LMT}、\min(-y_{RPi}+W_{SB}\cdot\theta_{RPi}、d_{LMT})\} \quad\cdots\cdots\cdots\quad (7\text{-}7)$$

次に、図 7.12 (a)、(b) のように、角度 θ_{RPi} が大きくなりすぎている場合には、5.4 節で説明したとおり、リミッタを設けることが有効であり、

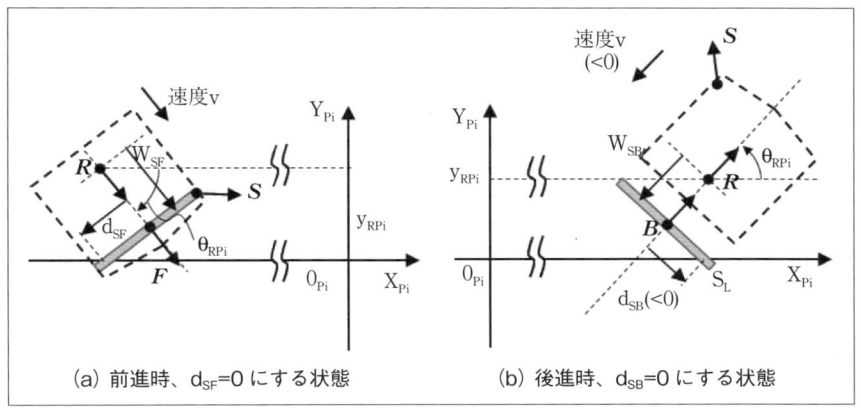

(a) 前進時、$d_{SF}=0$ にする状態　　　(b) 後進時、$d_{SB}=0$ にする状態

〔図 7.12〕目標点に対するロボットの角度が大きいときの位置関係

それと同じ効果を持たせるために、下記の処理を行い、ここで得られた値を検出値 d_{SF}、d_{SB} とする。

$$d_{SF}=\begin{cases}\min\{0, d_{SF1}\} & (\theta_{RPi} \leqq -\theta_{LMT}のとき)\\ d_{SF1} & (-\theta_{LMT} < \theta_{RPi} < \theta_{LMT}のとき)\\ \max\{0, d_{SF1}\} & (\theta_{RPi} \geqq \theta_{LMT}のとき)\end{cases} \quad \cdots\cdots \quad (7\text{-}8)$$

$$d_{SB}=\begin{cases}\min\{0, d_{SB1}\} & (\theta_{RPi} \leqq -\theta_{LMT}のとき)\\ d_{SB1} & (-\theta_{LMT} < \theta_{RPi} < \theta_{LMT}のとき)\\ \max\{0, d_{SB1}\} & (\theta_{RPi} \geqq \theta_{LMT}のとき)\end{cases} \quad \cdots\cdots \quad (7\text{-}9)$$

ここで、θ_{LMT} は角度の制限値であり、ライン追従制御において、目標経路に対して走行ロボット本体がその値を超えて傾かないようにするためのものである。

ところで、後進用磁気センサ **B** は図 7.11 (a) に示すように、太い破線で表示した走行ロボット本体の外側に配置した状態になっている。差動 2 輪駆動方式の場合、目標経路への追従制御の安定性のため、磁気センサの位置はその旋回中心よりある程度距離を離す必要があることを第 5 章で述べた。図 7.6 のような後輪を差動 2 輪駆動する方式では、後進用磁気センサ **B** を走行ロボット本体に取り付けると、走行ロボットの旋回中心からの距離を十分に大きくすることができないことがある。これに対して、ここに示した後進用磁気センサ **B** の位置は走行ロボット本体後部の外側に設定している。実際の磁気センサであれば、取り付けることができない場所であるが、その位置に磁気センサ **B** があると想定して式 (7-5) の計算を行えば、その検出値を得ることができる。従来のガイド式 AGV では難しかった後輪差動 2 輪駆動方式における後進方向の安定したライン追従制御を、レーザスキャナと SLAM コンポーネントを用いることにより実現できる利点もある。

先に述べたように、SLAM コンポーネントを用いた走行ロボットの場合には、目標経路から大きく逸脱しても脱線することなく、目標経路に復帰して走行を続けることができる点を含めて、このシステムの特長である。

図7.8 で述べた状態遷移のうち、走行ロボット R が始点 S_1 に一致しているか、終点 G_2、終点 G_1 に到着したかなどの判断については、図7.7 の目標点判定ブロックで行う。目標点 P_i 座標系における走行ロボットの位置 x_{Pi} をチェックすることで、目標点 P_i に到着したことを判断する。その目標点が目標経路の途中にあるときには通過点であるので、走行ロボットが所定の距離まで目標点に近づいてきたときに、次の目標点に切り替えるものとする。その距離を目標点切替距離 L_{Pi} と定義しよう。制御方法に支障がなければ、この値は 0 であっても構わないが、目標点切替距離 L_{Pi} については採用する走行制御をよく考慮しながら設定することが大切である。これにより、次の目標点の座標系が切り替わり、目標経路を形成することになる。ただし、直線路を往復するこの事例の場合には、走行しながら目標点を切替える処理は行う必要がない。

　目標経路の終点に相当する目標点 P_2 に向かって走行しているときには、走行ロボット R が $x_{Pi}=-W_{SF}$ となった時点で、終点 G_2 に到着したことを判断し、運転開始ブロックに終点到着信号を出力する。同時に、磁気センサの代わりにディレイル信号 F、B を出力することで、走行ロボット R は停止させられる。

　図7.7 の制御異常判定ブロックでは、走行ロボット R_{Pi} の位置と角度の情報から、目標経路からの距離を評価して、走行ロボットの動きが正常であることを確認することができる。

　上記の方法により、AGV コントローラを用いてガイドレス化を実現できる。磁気センサの位置が計算できるときには、その情報から目標経路までの距離（検出値）をより簡単に得ることができる。

　図7.10、図7.11 を用いると、磁気センサの位置も計算できるので、ここで、その値から検出値を求める式を導出しておこう。

　図7.10 において、目標点 P_i 座標系における想定した磁気センサ F のベクトル F_{Pi} は、

$$F_{Pi}=[x_{FPi}、y_{FPi}、\theta_{FPi}]^{T}=R_{Pi}+C^{-1}(\theta_{RPi})\cdot F_{R} \qquad (7\text{-}10)$$

で計算される。ここで、走行ロボット R の座標系における磁気センサ F

のベクトル F_R は

$$F_R = [\mathrm{W_{SF}}、0、0]^\mathrm{T}$$

で与えられる。同様に、図 7.11 より、目標点 P_i 座標系での想定した磁気センサ B のベクトル B_{Pi} は、

$$B_{Pi} = [\mathrm{x_{BPi}}、\mathrm{y_{BPi}}、\theta_\mathrm{BPi}]^\mathrm{T} = R_{Pi} + C^{-1}(\theta_\mathrm{RPi}) \cdot B_R \quad\cdots\cdots\cdots\cdots (7\text{-}11)$$

で計算される。ここで、走行ロボット R の座標系における磁気センサ B のベクトル B_R は次式である。

$$B_R = [-\mathrm{W_{SB}}、0、0]^\mathrm{T}$$

図 7.10 での磁気センサ F の検出値 $\mathrm{d_{SF}}$、図 7.11 での磁気センサ B の検出値 $\mathrm{d_{SB}}$ は、それぞれ、

$$\mathrm{d_{SF}} = \mathrm{y_{FPi}} / \cos\theta_\mathrm{RPi} \quad\cdots\cdots\cdots\cdots\cdots\cdots\cdots\cdots\cdots\cdots\cdots\cdots\cdots (7\text{-}12)$$

$$\mathrm{d_{SB}} = -\mathrm{y_{BPi}} / \cos\theta_\mathrm{RPi} \quad\cdots\cdots\cdots\cdots\cdots\cdots\cdots\cdots\cdots\cdots\cdots (7\text{-}13)$$

で計算される。$\cos\theta_\mathrm{RPi} \fallingdotseq 1$ として、近似式で考えると、次のようになる。

$$\mathrm{d_{SF}} \fallingdotseq \mathrm{y_{FPi}} \quad\cdots\cdots\cdots\cdots\cdots\cdots\cdots\cdots\cdots\cdots\cdots\cdots\cdots\cdots\cdots (7\text{-}14)$$

$$\mathrm{d_{SB}} \fallingdotseq \mathrm{y_{BPi}} \quad\cdots\cdots\cdots\cdots\cdots\cdots\cdots\cdots\cdots\cdots\cdots\cdots\cdots\cdots (7\text{-}15)$$

まず、検出値の最大値 $\mathrm{d_{LMT}}$ と最小値 $-\mathrm{d_{LMT}}$ の範囲に制限することを考慮した検出値 $\mathrm{d_{SF1}}$、$\mathrm{d_{SB1}}$ は、次式のようにする。

$$\mathrm{d_{SF1}} = \max\{-\mathrm{d_{LMT}}、\min(\mathrm{y_{FPi}}、\mathrm{d_{LMT}})\} \quad\cdots\cdots\cdots\cdots\cdots (7\text{-}16)$$

$$\mathrm{d_{SB1}} = \max\{-\mathrm{d_{LMT}}、\min(-\mathrm{y_{BPi}}、\mathrm{d_{LMT}})\} \quad\cdots\cdots\cdots\cdots (7\text{-}17)$$

これらの値を用いて、式 (7-8)、式 (7-9) を計算すれば、より簡単に磁気センサ F、B で検出される検出値を得られることがわかる。

7．1．4　ループ状の経路を前進する方法

図 7.13 は図 7.4 に示すループ状の目標経路を前進する走行ロボットシステムを、AGV コントローラと SLAM 技術により実現するものである。

直線往復の目標経路を走行する図 7.6 のシステムに対して、後進を行わないため、図 7.13 の構成はいくつか機能を削除している。

　前処理演算部に入力される信号としては、前進指令のみである。また、磁気センサに相当する出力も、前進用磁気センサ F の検出値 d_{SF} とそのディレイル信号だけである。システム構成がシンプルになっていることがわかる。

　このシステムにおける前処理演算部のブロック図を図 7.14 に示す。外部から与えられる前進指令が発生すると、運転を開始できる状態であるかを判断し、走行ロボットがいる位置に対して次の目標経路を目標点選択ブロックに指示する。このブロックでは、目標点切替信号が入力されたとき、次の目標点に切替える。これにより走行ロボットは与えられた目標点を目指して目標経路を移動することができる。

　図 7.7 では、目標点座標のロボット位置ブロックにおいて、R_{Pi} を計算する方法を示している。この方法で計算してもよいが、図 7.14 ではレーザスキャナ S_{Pi} で計算する方法を紹介する。この前提として、レーザスキャナの位置が、図 7.15 (a) に示すように走行ロボット R の前方

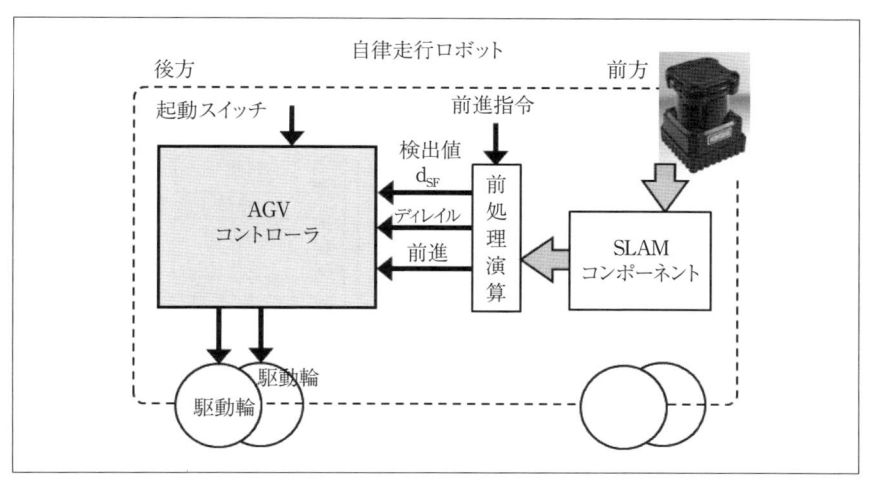

〔図 7.13〕AGV コントローラを用いた自律走行ロボットシステムの構成
（対象：ループ状の目標経路、前進走行のみ）

正面に設置された場合を考える。さらに、そのレーザスキャナの設置位置が想定する前進用磁気センサ F と同じであるとして議論を進める。

目標点 P_i 座標におけるレーザスキャナ $S_{Pi}(=[x_{SPi}、y_{SPi}、\theta_{SPi}]^T)$ は、式 (7-3) と同様に、$S=[x_S、y_S、\theta_S]^T$、$P_i=[x_{Pi}、y_{Pi}、\theta_{Pi}]^T$ の値を用いて、次式で計算される。

$$S_{Pi}=C(\theta_{Pi})\cdot(S-P_i) \quad\cdots\cdots\cdots\cdots\cdots\cdots\cdots\cdots\cdots\cdots (7\text{-}18)$$

図 7.14 に示すように、式 (7-18) で計算した結果を、目標点座標のセンサ位置 S_{Pi} のブロックからそれぞれ出力している。

なお、ここでは活用しないが、ロボット座標系から見たときのレーザスキャナのベクトル S_R は前進用磁気センサ F_R と同じベクトルであり、図 7.15 (a) から次のように表すことができる。

$$S_R=F_R=[W_{SF}、0、0]^T$$

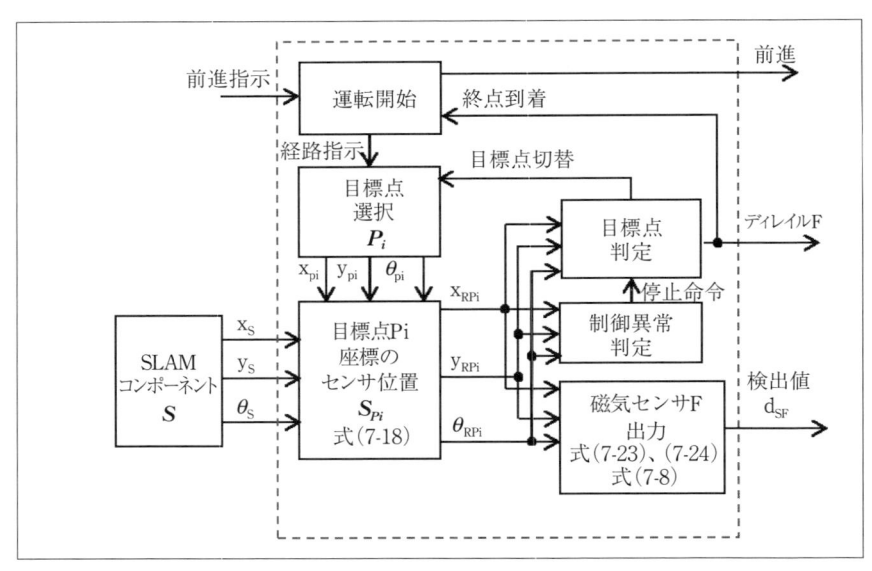

〔図 7.14〕AGV コントローラの前処理演算ブ部のブロック図
（対象：ループ状の目標経路、前進走行のみ）

図 7.12 の磁気センサ **F** 出力ブロックの計算式は、前項の式 (7-16) に示しているとおりであり、さらに、$S_R = F_R$ なので、y_{FPi} を y_{SPi} に置換えても等価である。従って、磁気センサ **F** の検出値 d_{SF1} は、

$$d_{SF1} = \max\{-d_{LMT}、\min(y_{SPi}、d_{LMT})\} \quad \cdots\cdots\cdots\cdots\cdots\cdots (7\text{-}19)$$

と記述できる。最終的に、走行ロボットの角度に関するリミッタを考慮した検出値 d_{SF} は、式 (7-19) により得られた d_{SF1} を用いて、式 (7-8) を計算することで求められる。なお、$\theta_{RPi} = \theta_{SPi}$ である。

　これらの式からわかることは、検出値 d_{SF} がほぼ y 軸方向のセンサ位置 y_{SPi} のことであり、これを制御に用いればよいということである。このように、設定方法、センサの配置方法によっては、計算式が非常に簡単になることを理解していただきたい。また、制御系を統一的に設計するためには、図 7.7 で示した方法のように、一旦、ロボット **R** の位置、角度を計算することにこだわってもよい。

　次に、走行ロボットシステムの状態遷移を図 7.16 により説明する。この図は図 7.8 とほぼ同じであり、始点 S_2 待機モードからの状態遷移が「後進スイッチオン」でなく、「前進スイッチオン」で行われる点が異なる。走行ロボットを操作する操作者は、常に前進ボタンを押すだけで走行ロボットを動かすことができるので、より取り扱いが容易である。

　走行ロボット **R** の動き方については、図 7.17 の目標経路とそれを形

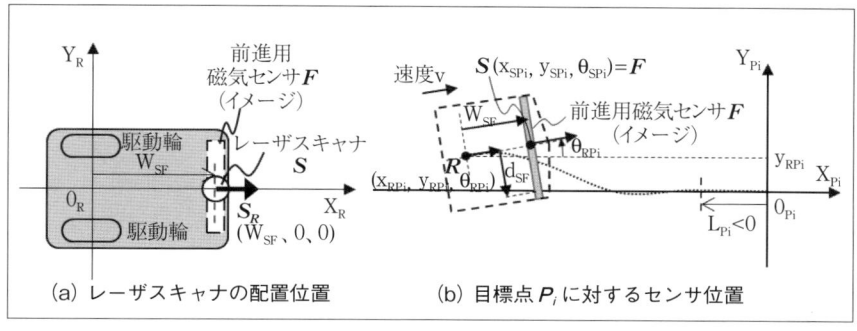

(a) レーザスキャナの配置位置　　　　(b) 目標点 P_i に対するセンサ位置

〔図7.15〕　レーザスキャナ**S**と磁気センサ**F**が同じときの目標点P_iに対する位置関係

成する目標点の配置と、表 7.2 の目標点一覧表を用いて説明する。

　図 7.16 において、始点 S_1 待機モードのときに前進スイッチがオンすると、図 7.17 の始点 S_1 から終点 G_2 に向かって、走行ロボットは前進し始める。始点 S_1、終点 G_2 はそれぞれ表 7.2 の目標点 P_1、P_2 になるので、直線を前進する図 7.6 の動きと同じである。

　始点 S_2 待機モードのときに前進スイッチがオンすると、状態が前進

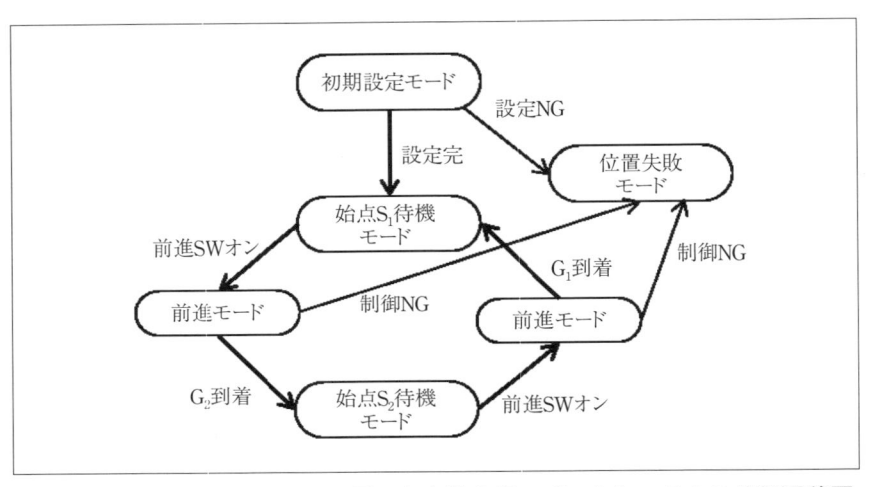

〔図 7.16〕AGV コントローラを用いた自律走行ロボットシステムの状態遷移図
　　　　（対象：ループ状の目標経路、前進走行のみ）

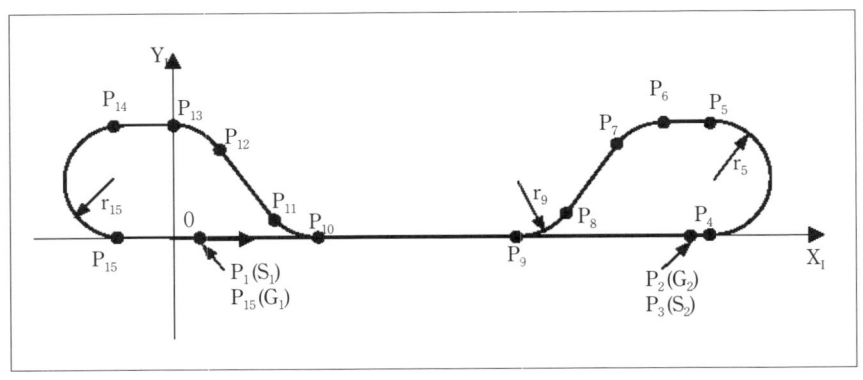

〔図 7.17〕ループ状の目標経路と設定した目標点

モードになって、走行ロボット R は始点 S_2 から終点 G_1 に向かって走行する。初めに、始点 S_2 の目標点 P_3 に走行ロボット R があることを確認すると、図7.14の目標点判定ブロックで目標点切替信号が出力され、目標点選択ブロックにおいて目標点は P_4 に切り替わる。走行ロボット R は目標点 P_4 に向かって直進し、すぐに目標点 P_4 に近づく。前述したように、x_{SPi} の値が目標点切替距離 L_{P4} に一致すると、目標点切替信号が出力され、目標点が P_5 に切り替わる。

ここで、目標点 P_5 に向かって走行するときの目標曲率 $1/r_{P5}$ が0でなく、目標経路が円弧であることに留意しなければならない。表7.2によれば、目標点 P_5 のときの曲率は2.0[1/m]（曲率半径 $r_5 = 0.5$m）である。走行ロボットの角度は0°から180°まで旋回により変化することになる。なお、曲率が正値であることは前進時に反時計方向に旋回することを意味する。このときの磁気センサ F に相当する検出値 d_{SF} の算出方法については後述する。

もし、走行ロボット R が、目標点 P_4 に到着する前の状態で目標点 P_4

〔表7.2〕ループ状の目標経路のための目標点一覧表（$W_{SF}=W_{SB}=0.4$m のとき）

目標点番号 i	目標点	x軸 x_{pi}[m]	y軸 y_{pi}[m]	角度 θ_{pi}[deg]	制限速度 V_{pi}[m/s]	曲率 $1/r_{pi}$[1/m]	停止STOP [on/off]
1	$P_1(S_1)$	0.4	0.0	0	0.3	0.0	Off
2	$P_2(G_2)$	10.4	0.0	0	1.0	0.0	On
3	$P_3(S_2)$	10.4	0.0	0	0.3	0.0	Off
4	P_4	10.5	0.0	0	0.5	0.0	Off
5	P_5	10.5	1.0	180	0.3	2.0	Off
6	P_6	10.0	1.0	180	0.5	0.0	Off
7	P_7	9.85	0.85	−135	0.3	2.0	Off
8	P_8	9.15	0.15	−135	0.5	0.0	Off
9	P_9	9.0	0.0	180	0.3	−2.0	Off
10	P_{10}	1.0	0.0	180	1.3	0.0	Off
11	P_{11}	0.85	0.15	135	0.3	−2.0	Off
12	P_{12}	0.15	0.85	135	0.5	0.0	Off
13	P_{13}	0.0	1.0	180	0.3	2.0	Off
14	P_{14}	−0.5	1.0	180	0.5	0.0	Off
15	P_{15}	−0.5	0.0	0	0.3	2.0	Off
16	$P_{16}(G_1)$	0.4	0.0	0	0.3	0.0	On

から P_5 に切り替わったときには、走行ロボット $R_{P5}=[x_{RP5}、y_{RP5}、\theta_{RP5}]^T$ は図 7.18 に示すような状態になる。それらの値は、$x_{RP5}>0$、$y_{RP5}\fallingdotseq2r_{P5}$、$\theta_{RP5}\fallingdotseq180°$の状態である。目標点判定ブロックにおいて、目標点に到達したか否かの判断は、$x_{RP5}\geqq0$ だけでは間違ってしまうことがわかる。そのため、$x_{RP5}\geqq0$ の他に、y_{RP5} の値も含めて、目標点を切替える判断を行う必要がある。走行ロボット R が目標点 P_i に近づいて、x_{RPi} が目標点切替距離 L_{Pi} になるたびに、目標点判定ブロックにおいて切替え可能かを判断する。そして、次々に目標点を切替えていくことで、図 7.17 のループ状の目標経路に従って、走行ロボット R を終点 G_l になる目標点 P_{16} まで自動的に移動していくことができる。

　終点 G_2、G_l での停止についても、目標点 P_2、P_{16} の座標系における走行ロボット R_{P2}、R_{P16} の位置、角度により容易に判断できる。

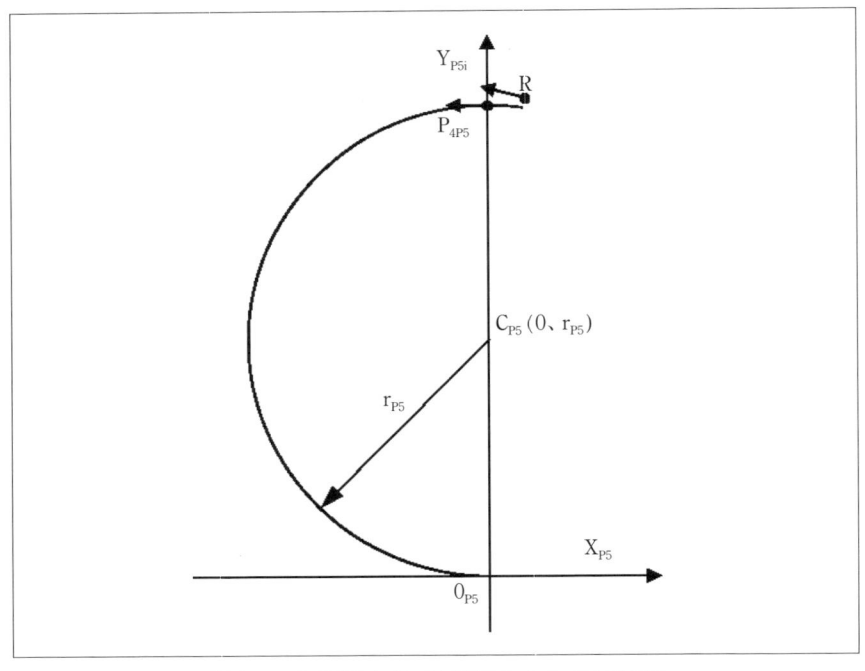

〔図 7.18〕目標点 P_5 に切替えたときの状態

では、磁気センサ F で検出される検出値 d_{SF} を算出する方法について、図 7.19 を用いて述べる。この図からわかるように、実際の磁気センサ F であれば、直線でも、円弧でも、簡単に検出値 d_{SF} を得ることはできる。当然のことながら、一定の曲率 $1/r_{Pi}$ の円弧であれば、センサの位置と目標経路の関係式から、その値 d_{SF} を幾何学的に求めることは可能である。しかし、計算式が複雑になるので、ここでも、近似式を求めることにする。図 7.19 において、レーザスキャナ S_{Pi} の位置を求め、そこから目標経路の円弧の中心 C_{Pi} までの距離 r_S を計算する。

$$r_S = \{x_{SPi}{}^2 + (r_{SPi} - y_{SPi})^2\}^{1/2} > 0 \quad \dots\dots\dots\dots\dots\dots (7\text{-}20)$$

　次に、円弧からレーザスキャナ S_{Pi} までの距離を検出値（近似値）d_{SFO} として求める。曲率が $1/r_{Pi}$ である円弧の中心は $C_{Pi}=[0、r_{Pi}]^T$ であり、y 軸上の r_{Pi} になる。図 7.19 (a) において、曲率 $1/r_{Pi}$ が正値である場合には、レーザスキャナ S_R が円弧より内側、つまり、円弧の中心 C_{Pi} 側にあるときを検出値 d_{SFO} の正値とし、円弧より外側にあるときを検出値 d_{SFO}

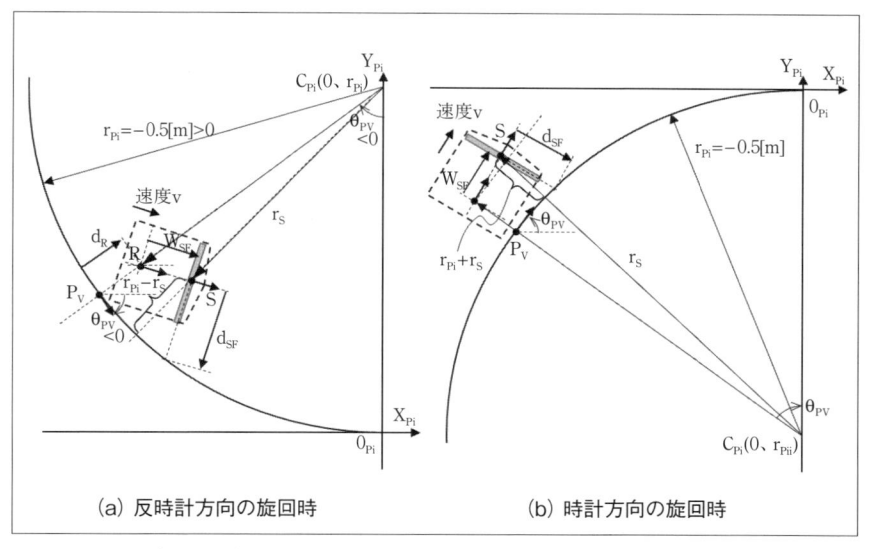

(a) 反時計方向の旋回時　　　　　(b) 時計方向の旋回時

〔図7.19〕　円弧の目標経路に対する検出値d_{SF}の求め方

の負値として定義し、次の式で検出値 d_{SF0} を計算することができる。

$$d_{SF0} \fallingdotseq r_{Pi} - r_S = r_{Pi} - \{x_{SPi}^2 + (r_{Pi} - y_{SPi})^2\}^{1/2} \quad (1/r_{Pi} > 0 \text{ のとき})$$
$$\cdots\cdots (7\text{-}21)$$

　逆に、曲率 $1/r_{Pi}$ が負値である場合には、図 7.19 (b) に示すように、レーザスキャナ S_R が円弧より外側にあるときを検出値 d_{SF0} の正値とし、円弧より内側にあるときを検出値 d_{SF0} の負値として定義すると、検出値 d_{SF0} は次式で与えられる。

$$d_{SF0} \fallingdotseq r_{Pi} + r_S = r_{Pi} + \{x_{SPi}^2 + (r_{Pi} - y_{SPi})^2\}^{1/2} \quad (1/r_{Pi} < 0 \text{ のとき})$$
$$\cdots\cdots (7\text{-}22)$$

$1/r_i \neq 0$ のときの検出値 d_{SF0} が式 (7-21)、式 (7-22) により得られるので、それに加えて、$1/r_{Pi} = 0$ の場合、つまり、式 (7-14) を含めて考えると、次のようにまとめられる。この事例では、$x_{FPi} = x_{SPi}$、$y_{FPi} = y_{SPi}$ である。なお、計算の都合上、曲率半径 r_{Pi} の最大値 r_{MAX} を設定することが望ましい。

$$d_{SF0} = \begin{cases} r_{Pi} - \{x_{FPi}^2 + (r_{Pi} - y_{FPi})^2\}^{1/2} & (1/r_{Pi} > 0 \text{ のとき}) \\ y_{FPi} & (1/r_{Pi} = 0 \text{ のとき}) \quad (7\text{-}23) \\ r_{Pi} + \{x_{FPi}^2 + (r_{Pi} - y_{FPi})^2\}^{1/2} & (1/r_{Pi} < 0 \text{ のとき}) \end{cases}$$

この検出値 d_{SF0} に対して、検出値の最大値 d_{LMT}、最小値 $-d_{LMT}$ によるリミッタで制限し、その検出値を d_{SF1} とすると、次式のようになる。

$$d_{SF1} \fallingdotseq \max\{-d_{LMT}, \min(y_{SF0}, d_{LMT})\} \quad \cdots\cdots\cdots\cdots\cdots (7\text{-}24)$$

さらに、前述した角度のリミッタを考慮する。式 (7-24) により得られた検出値 d_{SF1} を、式 (7-8) に代入することで、磁気センサ F の検出値に相当する検出値 d_{SF} が求められる。

$$d_{SF} = \begin{cases} \min\{0, d_{SF1}\} & (\theta_{RPi} \leq -\theta_{LMT} \text{ のとき}) \\ d_{SF1} & (-\theta_{LMT} < \theta_{RPi} < \theta_{LMT} \text{ のとき}) \quad (7\text{-}8)\,(再記) \\ \max\{0, d_{SF1}\} & (\theta_{RPi} \geq \theta_{LMT} \text{ のとき}) \end{cases}$$

以上のように、磁気センサの代わりに、SLAM コンポーネントと図 7.14 の前処理演算部を活用することで、ループ状の目標経路を比較的容易に安定して走行ロボットを稼働させることができる。AGV コントローラの内部の動きが公開されていないものについては、明確に断言することはできないが、通常の AGV では、旋回が難しい数 10cm 以下の曲率半径が小さい円弧でも、このシステムでは目標経路を見失うことがない特長を持っているので、狭い場所での運用に適していると考える。

７．１．５　分岐を含む往復経路を前後進する方法

　7.1.1 項で説明した図 7.5 の分岐走行ラインについて、SLAM コンポーネントと AGV コントローラを用いた場合の自律走行ロボットシステムの構成を図 7.20 に示す。今まで述べた方式と比較して、このシステムの主な違いは、①作業者が複数の行先を指定してそれに応じて稼働するシステムになっていること、②分岐・合流を含む目標経路に対応できること、③円弧状の目標経路を後進制御しながら移動すること、などであり、それを実現する手法を説明する。

　図 7.20 は図 7.6 の構成とほぼ同じであるが、外部から走行ロボットに、

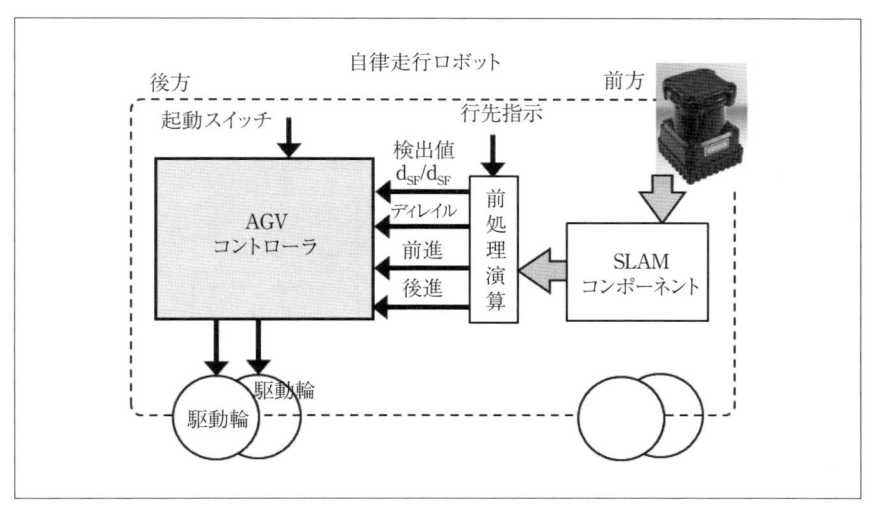

〔図 7.20〕AGV コントローラを用いた自律走行ロボットシステムの構成

複数の行先のうち、1つを選択してそれを指示する点が異なる。行先の選択は、具体的には、図 7.21 に示す前処理演算部の運転開始ブロックから出力される経路指示により実現している。行先指示に対する経路指示とその目標点の与え方については、表7.3、表7.4 を用いるが、その詳細は後述する。また、円弧の目標経路を後進制御させるためには、磁気センサ **B** 出力ブロックにおける計算式を明らかにする必要がある。この詳細についても後述する。

図 7.22 はこのシステムにおけるレーザスキャナの設置位置と、仮想的に設定した前進用磁気センサ **F**、後進用磁気センサ **B** の位置関係である。前項のシステムで用いた図 7.15 のレーザスキャナ **S** と前進用磁気センサ **F** の位置配置に、走行ロボット本体の後方外側の距離 W_{SB} の位置に後進用磁気センサ **B** を追加したものである。つまり、走行ロボット **R** の座標系において、レーザスキャナ **S**、磁気センサ **F**、**B** の位置・

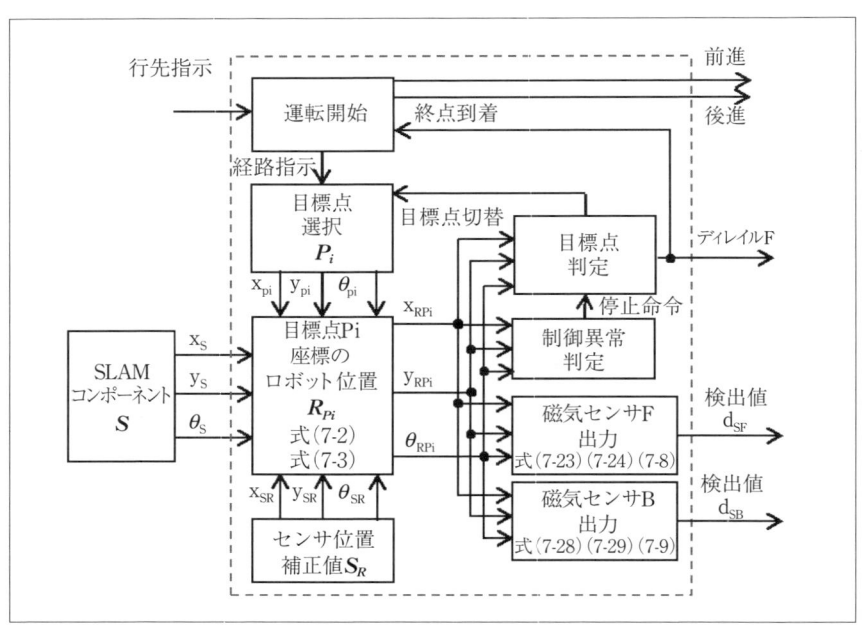

〔図 7.21〕AGV コントローラの前処理演算のブロック図

角度 S_R、F_R、B_R は、それぞれ

$$S_R = F_R = [W_{SF}、0、0]^T、\ B_R = [-W_{SB}、0、0]^T$$

で与えられる。

　図 7.23 がこのシステムの状態遷移図である。図 7.8、図 7.16 に示す前項までの状態遷移図に比べて、若干複雑になっている。始点 S_i 待機モード（i=1,2,3,4）が 4 つあり、そのうち、始点 S_1 待機モードだけが、3 つ

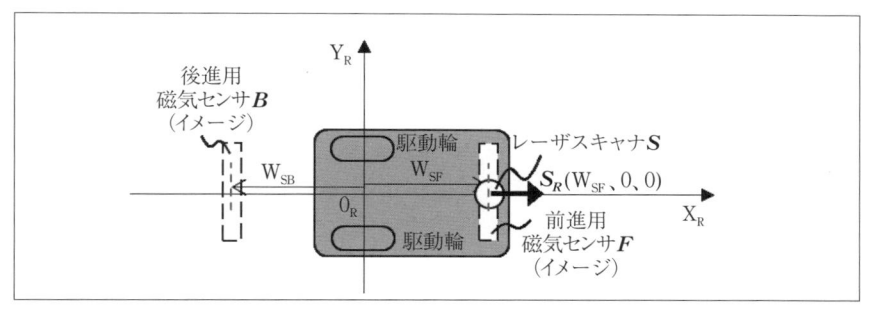

〔図 7.22〕レーザスキャナと磁気センサの位置関係
（対象：ループ状の目標経路、前進走行のみ）

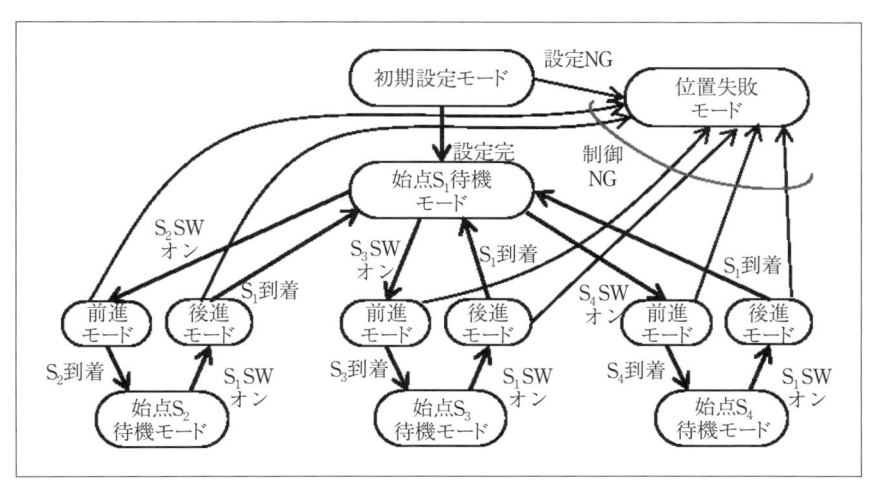

〔図 7.23〕AGV コントローラを用いた自律走行ロボットシステムの状態遷移図
（対象：ループ状の目標経路、前進走行のみ）

の目的地のいずれかに行く選択をすることができる。外部から指示された行先に応じて目的経路が決定され、走行ロボットは前進によりいずれかの目的地に移動することになる。

　各目的地に到着すると、始点 S_i 待機モード（i＝2, 3, 4）において、走行ロボットは待機している。その状態において、目的地1に移動するように外部から指示されると、走行ロボットは後進により目的地1まで戻る。

　このような構成により、例えば、出庫エリア（目的地1）で準備した部品類を、複数の組立エリア（目的地2, 3, 4）に搬送するときなどに利用することができる。

　次に、図 7.24 に分岐する目標経路とそれを実現するための目標点の分布を示す。7.1.1 項の図 7.5 において磁気テープとマーカにより形成していた分岐を含む目標経路を、ソフトウェアとして実現するものである。図 7.24 に示すように、目標点 P_i の数が前項の図 7.17 で示したループ状の目標経路を形成する場合よりもさらに増えている。しかも、分岐する経路を表現しなければならない。前項までは、目標点を順々に切り替えるだけで、目標経路を実現することができた。

　これに対して、分岐を含む目標経路を設定する方法として、表 7.3 の目標点一覧表の他に、表 7.4 のような行先別経路の一覧表を追加する方法を提案する。表 7.3 については、従来の表 7.1、表 7.2 と同じように、目標点 P_i における位置 x_i、y_i、走行ロボットの角度 θ_i、その目標点に到達する経路での制限速度 v_{maxi}、目標曲率 $1/r_{Pi}$、停止指示（オン、オフ）

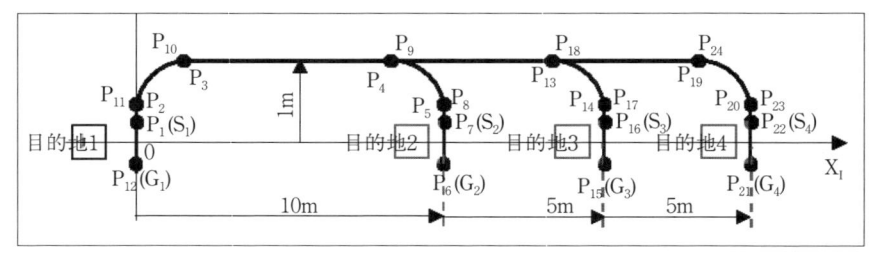

〔図 7.24〕ループ状の目標経路と設定した目標点

を一覧表にしたものであるが、同じ場所でも、その点に向かう目標経路の違いにより、制限速度、目標曲率などが異なるので、違う目標点として取り扱うこととした。例えば、目標点 P_4 と P_9 は同じ場所を示してい

〔表7.3〕分岐を含む目標経路のための目標点一覧表（W=W=0.4m のとき）

目標点番号 i	目標点	x 軸 x_{pi}[m]	y 軸 y_{pi}[m]	角度 θ_{pi}[deg]	制限速度 V_{pi}[m/s]	曲率 $1/r_{pi}$[1/m]	停止 STOP [on/off]
1	$P_1(S_1)$	0.0	0.4	90	0.3	0.0	Off
2	P_2	0.0	0.5	90	0.3	0.0	Off
3	P_3	1.0	1.0	0	0.3	-2.0	Off
4	P_4	9.5	1.0	0	1.0	0.0	Off
5	P_5	10.0	0.5	-90	0.3	-2.0	Off
6	$P_6(G_2)$	10.0	-0.4	-90	0.3	0.0	On
7	$P_7(S_2)$	10.0	0.4	-90	-0.3	0.0	Off
8	P_8	10.0	0.5	-95	-0.3	0.0	Off
9	P_9	9.5	1.0	0	-0.3	-2.0	Off
10	P_{10}	0.5	1.0	0	-0.5	0.0	Off
11	P_{11}	0.0	0.5	90	-0.3	-2.0	Off
12	$P_{12}(G_1)$	0.0	-0.4	90	-0.3	0.0	On
13	P_{13}	14.5	1.0	0	1.0	0.0	Off
14	P_{14}	15.0	0.5	-90	0.3	2.0	Off
15	$P_{15}(G3)$	15.0	-0.4	-90	0.3	0.0	On
16	$P_{16}(S3)$	15.0	0.4	-90	-0.3	0.0	On
17	P_{17}	15.0	0.5	-90	-0.3	0.0	On
18	P_{18}	14.5	1.0	0	-0.3	-2.0	Off
19	P_{19}	19.5	1.0	0	1.0	0.0	Off
20	P_{20}	20.0	0.5	-90	0.3	2.0	Off
21	$P_{21}(G_4)$	20.0	-0.4	-90	0.3	0.0	On
22	$P_{22}(S_4)$	20.0	0.4	-90	-0.3	0.0	Off
23	P_{23}	20.0	0.5	-90	0.3	0.0	Off
24	P_{24}	19.5	1.0	0	0.3	2.0	Off

〔表7.4〕分岐を含む目標経路のための行先別経路一覧表

経路番号 j	始点	終点	経路
1	$P_1(S_1)$	$P_6(G_2)$	P_2, P_3, P_4, P_5
2	$P_1(S_1)$	$P_{15}(G_3)$	P_2, P_3, P_{13}, P_{14}
3	$P_1(S_1)$	$P_{21}(G_4)$	P_2, P_3, P_{19}, P_{20}
4	$P_7(S_2)$	$P_{12}(G_1)$	P_8, P_9, P_{10}, P_{10}
5	$P_{16}(S_3)$	$P_{12}(G_4)$	$P_{17}, P_{18}, P_{10}, P_{11}$
6	$P_{22}(S_4)$	$P_{15}(G_5)$	$P_{23}, P_{24}, P_{10}, P_{11}$

るが、P_4 は目標点 P_3 からの経路に、P_9 は目標点 P_8 からの経路に利用するので、設定するときには注意する必要がある。

　表 7.4 において、始点 S_k は走行ロボットが停止し、待機している場所であり、そこから次の目的地である行先を示すものが終点 G_ℓ である。表 7.4 を見れば、始点 S_1 にいるときには、3 つの目的地に行けることがわかる。始点 S_2、S_3、S_4 の場合は、終点 G_1 しか選択できないように設定していることを意味している。

　一定の曲率の円弧を前進するための磁気センサ F の検出値は前項で説明したので、ここでは、後進するときの磁気センサ B の検出値の演算方法について説明する。

　図 7.25 は円弧の目標経路を後進するときの走行ロボット R と磁気センサ B の位置関係を示したものである。まず、磁気センサ B_{Pi} の位置から、目標ラインの円弧の中心 C_{Pi} までの距離 r_B を計算する。

$$r_B = \{x_{BPi}^2 + (r_{Pi} - y_{BPi})^2\}^{1/2} > 0 \quad \cdots\cdots\cdots\cdots\cdots\cdots (7\text{-}25)$$

　次に、円弧から磁気センサ B_{Pi} までの距離を検出値（近似値）d_{BFO} として求める。

　図 7.25 (a) のように、曲率が $1/r_{Pi}$ が正値である場合には、磁気センサ B_{Pi} が円弧より外側にあるときを検出値 d_{SB0} の正値とし、次の式で後進時の検出値 d_{SB0} を計算することができる。

$$d_{SF0} \fallingdotseq r_B - r_{Pi} = \{x_{BPi}^2 + (r_{Pi} - y_{BPi})^2\}^{1/2} - r_{Pi} \quad (1/r_{Pi} > 0 \text{ のとき})$$
$$\cdots\cdots (7\text{-}26)$$

　図 7.25 (b) に示すとおり、曲率 $1/r_i$ が負値のとき、磁気センサ B_{Pi} が円弧より外側にあるときを検出値 d_{SB0} の負値と定義し、後進時の検出値 d_{BFO} は次の近似式になる。

$$d_{SF0} \fallingdotseq r_B - r_{Pi} = -\{x_{BPi}^2 + (r_{Pi} - y_{BPi})^2\}^{1/2} - r_{Pi} \quad (1/r_{Pi} > 0 \text{ のとき})$$
$$\cdots\cdots (7\text{-}27)$$

この両式に加えて、$1/r_i = 0$ のときの式 (7-15) を含めて、次のようにま

とめられる。

$$
d_{SF0} \fallingdotseq \begin{cases} \{x_{BPi}{}^2 + (r_{Pi} - y_{BPi})^2\}^{1/2} - r_{Pi} & (1/r_{Pi} > 0 \ \text{のとき}) \\ -y_{BPi} & (1/r_{Pi} = 0 \ \text{のとき}) \\ -\{x_{BPi}{}^2 + (r_{Pi} - y_{BPi})^2\}^{1/2} - r_{Pi} & (1/r_{Pi} < 0 \ \text{のとき}) \end{cases} \quad (7\text{-}28)
$$

この後の処理は、前進の検出値 d_{SFO} のときの演算方法と同様である。
式（7-28）の検出値 d_{SBO} に対して、検出値の最大値 d_{LMT}、最小値 $-d_{LMT}$
によるリミッタで制限し、その検出値を d_{SB1} とすると、

$$
d_{SB1} \fallingdotseq \max\{-d_{LMT}、\min(d_{SB0}、d_{LMT})\} \quad \cdots\cdots\cdots\cdots\cdots (7\text{-}29)
$$

となる。さらに、角度のリミッタを考慮するために、式（7-29）の検出
値 d_{SB1} を、式（7-9）に代入することで、磁気センサ **B** の検出値に相当す
る検出値 d_{SB} が求められる。

　これらの式を用いて、図 7.20 の磁気センサ **F**、磁気センサ **B** の検出
値を計算することで、前進でも、後進でも走行することができる。目標

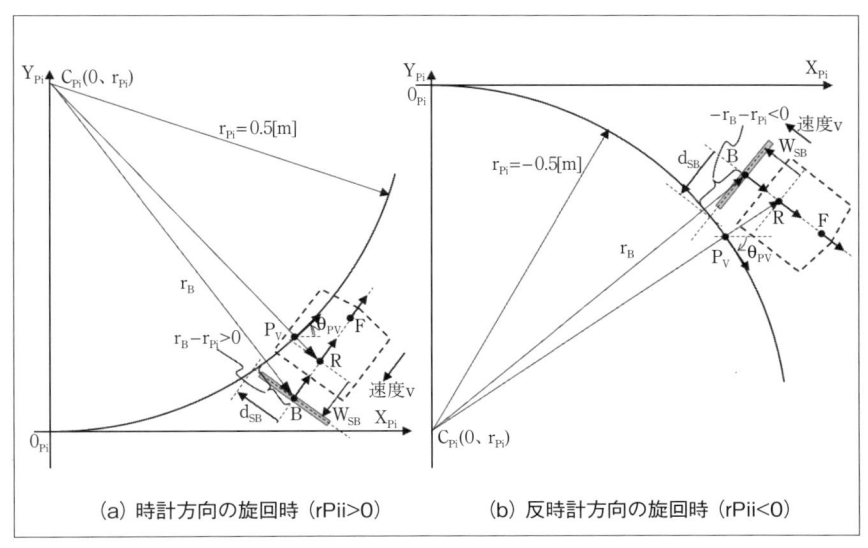

（a）時計方向の旋回時（rPii>0）　　　（b）反時計方向の旋回時（rPii<0）

〔図7.25〕　後進時における円弧の目標経路に対する検出値d_{SB}の求め方

経路についても、直線、円弧に対応できるので、いろいろな経路を動き回れる走行ロボットを実現できる。なお、表7.5、表7.6 に、磁気センサ **F**、磁気センサ **B** の検出値を計算する計算式を一覧表にまとめたので、活用していただきたい。

　以上が、AGV コントローラを活用した走行ロボットシステムの事例である。これらの考え方を利用することでより複雑なシステム構築が可能である。

　この章で紹介した走行ロボットシステムでは、磁気センサの代わりに、レーザスキャナと SLAM コンポーネントを用いることで、従来の AGV

〔表 7.5〕前進用磁気センサ **F** の検出値の計算式

磁気センサF	磁気センサ F d_{SF0} [m]	磁気センサ F リミッタ d_{SF1} [m]	検出値（角度制限付き）d_{SF} [m]
パラメータ	目標曲率 r_{Pi}	センサ制限値 d_{LMT}	ロボット姿勢 $\theta_{RPi}(=\theta_{FPi})$ 角度制限値 θ_{LMT}
位置 **F** x_{FPi} y_{FPi} θ_{FPi}	$r_{Pi}-\sqrt{x_{FPi}^2+(r_{Pi}-y_{FPi})^2}$ （$1/r_{Pi}>0$ のとき） y_{FPi} （$1/r_{Pi}=0$ のとき） $r_{Pi}+\sqrt{x_{FPi}^2+(r_{Pi}-y_{FPi})^2}$ （$1/r_{Pi}<0$ のとき）		$\mathrm{MIN}(0,d_{SF1})$ （$\theta_{RPi}\leqq-\theta_{LMT}$ のとき） d_{SF1} （$-\theta_{LMT}<\theta_{RPi}<\theta_{LMT}$ のとき） $\mathrm{MAX}(0,d_{SF1})$ （$\theta_{RPi}\geqq\theta_{LMT}$ のとき）
計算式	式 (7-23)	式 (7-24)	式 (7-8)

〔表 7.6〕後進用磁気センサ **B** の検出値の計算式

磁気センサB	磁気センサ F d_{SB0} [m]	磁気センサ F リミッタ d_{SB1} [m]	検出値（角度制限付き）d_{SB} [m]
パラメータ	目標曲率 r_{Pi}	センサ制限値 d_{LMT}	ロボット姿勢 $\theta_{RPi}(=\theta_{BPi})$ 角度制限値 θ_{LMT}
位置 **F** x_{BPi} y_{BPi} θ_{BPi}	$-r_{Pi}+\sqrt{x_{BPi}^2+(r_{Pi}-y_{BPi})^2}$ （$1/r_{Pi}>0$ のとき） y_{BPi} （$1/r_{Pi}=0$ のとき） $-r_{Pi}-\sqrt{x_{BPi}^2+(r_{Pi}-y_{BPi})^2}$ （$1/r_{Pi}<0$ のとき）		$\mathrm{MIN}(0,d_{SB1})$ （$\theta_{RPi}\leqq-\theta_{LMT}$ のとき） d_{SB1} （$-\theta_{LMT}<\theta_{RPi}<\theta_{LMT}$ のとき） $\mathrm{MAX}(0,d_{SB1})$ （$\theta_{RPi}\geqq\theta_{LMT}$ のとき）
計算式	式 (7-28)	式 (7-29)	式 (7-9)

に対して、次のような特徴が得られる。

1．床面への誘導線の敷設工事が不要である。

　　この特長は SLAM コンポーネントを採用するすべての走行ロボットが備えるものであるが、経路変更や、レイアウト変更が容易である。それに伴う工事費用がなくなるので、保守費用を大幅に削減できる。長距離を移動する AGV の場合、誘導線の費用も負担になることがあるので、それを必要としないシステムは効果が大きい。また、生産形態の変更などにより、走行ロボットが不要になった場合でも、異なる部署に流用することが可能であり、設備としての有効活用の幅が広がる。誘導線の敷設が難しかったクリーン環境、磁束の検出を妨害する鉄素材の床面がある環境などでも、走行ロボットを活用できる。建屋や設置物などにより、地図を作成することができる環境であれば、屋外を走行する搬送車両としても、このような走行ロボットを活用することが可能である。

2．磁気センサを取り付け条件による駆動方式の制約がない。

　　7.1.5 項で紹介したように、後輪差動 2 輪駆動方式の場合、後進用磁気センサを取り付けるための距離を確保できないので、後進する用途にはあまり適していない。それに対して、レーザスキャナと SLAM コンポーネントを用いる場合には、そのような制約がないので、適用範囲が広がることが期待される。

3．誘導線を見失うことがなく、脱線する可能性がほとんどない。

　　AGV の場合、AGV 本体が誘導線から大幅に離れると誘導線までの距離を計測できないことがあるが、このシステムでは SLAM コンポーネントで走行ロボットの位置、角度を検出する限り、誘導線に相当する目標経路までの距離を計算できるので、脱線・停止することは考えにくい。

4．角度に関するリミッタを設けることができるので、走行ロボットの挙動が安定する。

　　想定した磁気センサの検出値を計算する際にリミッタなどの処理を行うことで、走行ロボットの姿勢を安定することができる。

7.2　走行軌跡に注目した自律走行ロボットシステム

　AGVキットを利用した場合でも、SLAM技術を付加することで、優れた性能の走行ロボットに偏心できることを述べたが、SLAM技術と第5章で説明したような走行ロボットの制御技術を融合することで、さらに高性能のシステムを構築できる可能性がある。そこで、本節では、AGVコントローラを用いないで、筆者が独自に考案した制御方式を紹介する。

7.2.1　システム構築の考え方

　システムを構築する上で、制御的にも優れた性能を追求するために、トルク制御、速度制御の応答性が良いモータ制御を利用することを前提とする。つまり、第3章で説明した速度フィードバックなどを備えたサーボモータを用いることとする。そのサーボモータに対して、走行ロボットが要求する速度指令を与えることで走行制御を行う構成を考える。

　ガイド式AGVの場合、5.4節で示したように、誘導線からの距離を磁気センサで検知し、その距離を0にするように角速度を制御して、AGVを誘導線に一致させるように制御が行われてきた。誘導線上を走行するようにするために、過敏に制御が行われ、常に姿勢を変えながら動くことが基本になっていた。これにより、直線路だけでなく、1m以下の曲率半径の曲線でも走行できる特徴がある。しかしながら、AGV本体の姿勢が常にヨー方向に微妙にふらつきながら走行するので、制御的な安定性に欠けるといわざるを得ない点があった。特に、旋回時には走行すること自体で、制御的な外乱を与えることになり、ふらつきを大きくすることもある。その要因としては、従来のライン追従制御が、(1) 走行速度vと角速度ωを制御変数として制御系を構成していたこと、(2) 主に直線路を対象として評価していたこと、などがあげられる。

　そこで、ここで提案するシステムでは、下記の目標項目を満足するものとした。

①目標点を確実に通過あるいは到着すること

　　終点においては、その目標点ベクトルと完全に一致するように、走行ロボットを位置決めすることが最重要課題であり、その位置決め精

度は仕様として記載されるものである。走行ロボットが終点以外の目標点を通過する際についても、走行ロボットベクトルが目標点ベクトルと一致することがより高度な走行性能を確保することになり、その精度を重要な評価項目と見なす。

②目標経路に沿って安定した走行を行うこと

走行ロボットが目標経路上を走行することは当然重要である。ここでは、走行ロボットのヨー方向のふらつきを低減しながら、かつ、目標経路からの距離を最小にする性能を目指す。

③走行速度に関わらず、同じ走行軌跡であること

制御方法によっては、走行速度が違うと、同じ目標経路であっても走行軌跡が異なることがある。特に、曲線状の目標経路を走行する場合に問題を生じることがある。通常、走行速度は走行する経路により事前に決められているが、障害物の有無や、作業者の接近状態により、減速や停止を余儀なくされる場合もある。そのような状態においても、目標経路上に支障がない限り、走行速度の違いに関わらず、決められた目標経路を通過することが重要である。また、何らかの理由により、目標経路を外れた状態から復帰する場合でも、走行速度によらず、同じ走行軌跡特性を確保することを目指す。

2.2 節で説明したように、角速度 ω を一定とした状態で、走行速度 v を変えたとき、曲率半径が変化する。つまり、走行軌跡が変化することを意味する。このことは上記の目標項目③を満足することと相反するものである。そこで、新しい制御方式の制御変数として、走行速度 v と曲率 1/r を用いることを提案する。曲率 1/r は、走行軌跡に直結する変数であり、それを制御変数とすることにより、上記の目標項目③だけでなく、目標項目①、②の実施にも有効であると考えた。

図 7.26 に本節で提案する自律走行ロボットのシステム構成を示す。

前項で示した AGV コントローラを用いたシステム構成（例えば、図 7.20）と比較して、AGV コントローラがサーボに、前処理演算部が自律走行コントローラに代わっているものの、このシステムはほぼ同じよ

うな構成であることがわかる。AGV コントローラとしては、サーボモータを用いた方式も多く、自律走行コントローラの制御ソフトだけを注目すればいい。なお、入力処理部に、起動スイッチ、直接指示などの走行ロボットのパネルを操作する信号を入力する他に、外部通信により、走行方法を指示する入力もある。

走行制御の性能の優劣は自律走行コントローラにより決まる。従って、サーボモータに出力する右速度指令 $v_R{}^*$、左速度指令 $v_L{}^*$ の与え方が重要である。なお、レーザスキャナ S の設置位置は図 7.27 に示すとおりであり、

$$S_R=[W_{SF}、0、0]^T$$

の状態にあるものとする。

7.2.2 曲率を用いたライン追従制御方式

システムを構築する前に、提案する曲率を用いたライン追従制御方式について説明する。

直線状の目標経路の場合には、5.4.2 項の図 5.32 のように、目標経路

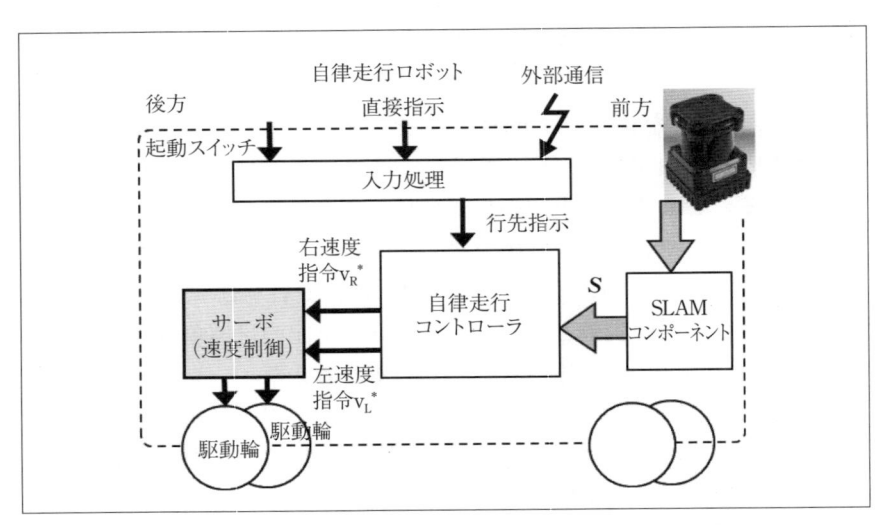

〔図 7.26〕提案する自律走行ロボットシステムの構成

から走行ロボットまでの距離（y軸の位置）y_{RP} と、目標経路に対する走行ロボットの角度 θ_{RP} とをフィードバックすることで、直線状の目標経路上に制御することが可能であることを述べた。そのとき、フィードバック演算を行った結果を、角速度指令 $\omega_R{}^{*}$ として制御入力に用いていた。特に問題なく、安定した制御を行うことができていたが、前述したとおり、走行速度 v により、曲率半径 r が変化してしまうので、ここでは、その逆数である曲率 1/r を制御変数とする。なお、曲率と角速度は、2.2.2 項の式（2-28）に示すように、$\omega_R = (1/r) \cdot v$ の比例関係になるので、速度 v が一定であれば、制御安定性に変化はないことがわかる。

　次に、目標経路が円弧状のときについて、この考え方を拡張してみよう。走行ロボットが前進するときには、直線経路からの距離（y軸の位置）y_{RP} に相当する値、つまり、円弧の経路からの距離 d_R は、7.1.4 項で述べたように、円弧の中心 C_{Pi} から走行ロボット R_{Pi} までの距離と曲率半径 r_{Pi} の差で決まる。磁気センサ F の代わりに、走行ロボット R_{Pi} の値を使用すると、式（7-23）は次式のように書き換えられる。

$$d_R \doteqdot \begin{cases} r_{Pi} - \{x_{RPi}{}^2 + (r_{Pi} - y_{RPi})^2\}^{1/2} & (1/r_{Pi} > 0 \text{ のとき}) \\ y_{RPi} & (1/r_{Pi} = 0 \text{ のとき}) \\ r_{Pi} + \{x_{RPi}{}^2 + (r_{Pi} - y_{RPi})^2\}^{1/2} & (1/r_{Pi} < 0 \text{ のとき}) \end{cases} \quad (7\text{-}30)$$

同様に、後進時については、式（7-28）を次のように書き換えて、目標

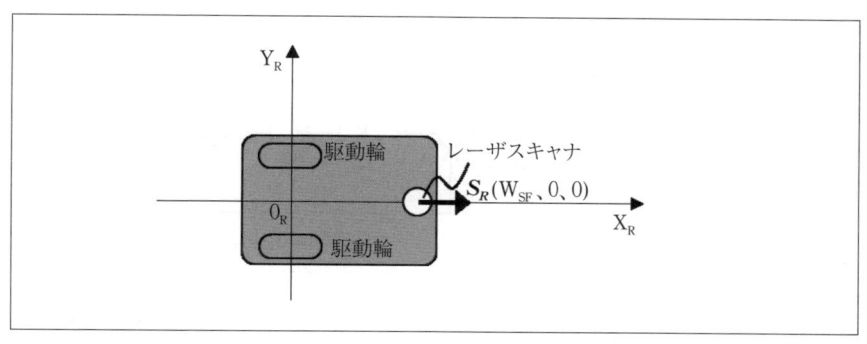

〔図 7.27〕レーザスキャナの位置関係

経路からの距離 d_R が求められる。

$$d_R \fallingdotseq \begin{cases} -r_{Pi}+\{x_{RPi}^{\ 2}+(r_{Pi}-y_{RPi})^2\}^{1/2} & (1/r_{Pi}>0 \ \text{のとき}) \\ -y_{RPi} & (1/r_{Pi}=0 \ \text{のとき}) \\ -r_{Pi}-\{x_{RPi}^{\ 2}+(r_{Pi}-y_{RPi})^2\}^{1/2} & (1/r_{Pi}<0 \ \text{のとき}) \end{cases} \quad (7\text{-}31)$$

この距離 d_R を0にすることが、走行ロボットの位置を目標経路に一致させることを意味している。従って、この値をフィードバックして距離制御を行い、$d_R=0$ となるように、走行ロボットの角度 θ_{RPi} を補正すればよいことがわかる。図7.28の制御ブロックのうち、破線で囲った距離制御部がそれに相当する。従って、目標距離 $d_R{}^*=0$ とし、距離制御ゲインを K_d とすると、距離補正角 $\theta_d{}^*$ は次のように計算される。

$$\theta_{dC}=K_d\cdot(d_R{}^*-d_R)=-K_d\cdot d_R \quad \cdots\cdots\cdots\cdots\cdots\cdots\cdots\cdots\cdots (7\text{-}32)$$

$$\theta_d{}^*=\max\{-\theta_{LMT}、\ \min(\theta_{dC}、\ \theta_{LMT})\} \quad \cdots\cdots\cdots\cdots\cdots\cdots (7\text{-}33)$$

走行ロボットが前進するときの角度 θ_{RPi} に対応する値は次のように考える。

直線ラインの場合は、走行ロボットが目標とすべき目標角度 θ_{REF} は、目標点の座標系においては常に0degであるといえよう。これに対して、円弧の場合には走行ロボット $\boldsymbol{R_{Pi}}$ からの距離が最短になる目標経路の点

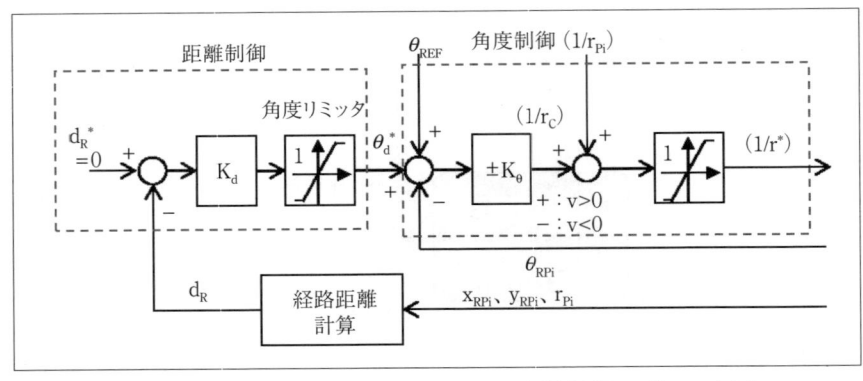

〔図7.28〕曲率指令を出力するライン追従制御のブロック図

P_V（図 7.19 に P_V と表記している。）における目標経路の傾き θ_{PV} を角度 θ_{REF} とすることが妥当である。図 7.19 (a) に示す $r_i > 0$ の場合、この傾き θ_{PV} は R_{Pi} の位置情報から次のように求めることができる。

$$\theta_{REF} = \theta_{PV} = ATAN2\{(r_{Pi} - y_{RPi})、x_{RPi}\} \quad \cdots\cdots\cdots\cdots\cdots\cdots (7\text{-}34)$$

ここで、ATAN2 は C 言語の関数で、$\tan^{-1}\{x_{RPi}/(r_{Pi} - y_{RPi})\}$ を 4 象限に拡張したものである。図 7.19 (b) のように、$r_{Pi} < 0$ の場合には、θ_{PV} は次式で与えられる。

$$\theta_{REF} = \theta_{PV} = ATAN2\{(r_{Pi} - y_{RPi})、x_{RPi}\} - \pi \quad \cdots\cdots\cdots\cdots\cdots (7\text{-}35)$$

ただし、上記の 2 式は $-\pi < \theta_{REF} \leqq \pi$ の範囲で計算される。

　この目標角度 θ_{REF} に対する走行ロボットの角度 θ_{RPi} の差が直線の目標経路における θ_{RPi} に相当することになる。$\theta_{RPi} - \theta_{REF}$ の値に、式 (7-33) で計算された距離補正角 θ_d^* を加えた値が 0 になるように、走行ロボットの角度 θ_{RPi} を変える基になる曲率を制御することにした。つまり、下記の式により曲率指令 $(1/r^*)$ を算出する。

$$(1/r_C) = K_\theta \cdot (\theta_{REF} + \theta_d^* - \theta_{RPi}) \quad \cdots\cdots\cdots\cdots\cdots\cdots\cdots\cdots\cdots (7\text{-}36)$$

$$(1/r^*) = \max\{-1/r_{LMT}、\min(1/r_C、1/r_{LMT})\} \quad \cdots\cdots\cdots\cdots (7\text{-}37)$$

なお、曲率の絶対値を $1/r_{LMT}$ 以下に制限することは、走行ロボットの最小曲率半径を r_{LMT} とすることを意味している。その制限された曲率半径の範囲で、走行ロボットを目標点まで制御することになる。

　後進する場合についても、同様に考えられる。目標角度 θ_{REF} である目標経路の傾き θ_{PV} は前進と変わらないので、式 (7-34)、式 (7-35) をそのまま利用すればよい。曲率指令 $(1/r^*)$ を算出するときの角度制御ゲイン K_θ は、走行方向が逆になるので、符号を式 (7-38) のように変更して制御演算を行う。

$$(1/r_C) = -K_\theta \cdot (\theta_{REF} + \theta_d^* - \theta_{RPi}) \quad \cdots\cdots\cdots\cdots\cdots\cdots\cdots (7\text{-}38)$$

　前述したように、曲率指令 $(1/r^*)$ が得られれば、速度指令 v^* と合わせて、

$$\omega^* = (1/r_C^{\ *}) \cdot v^*$$

の式により、角速度指令 ω^* を計算できる。これにより、左右の速度指令 v_L^*、v_R^* を算出できるので、走行制御が実現される。

　この制御系の主な計算式を表 7.7 にまとめた。表 7.7-1 は走行ロボットが前進するときに、表 7.7-2 は後進するときにそれぞれ用いる計算式

〔表 7.7-1〕曲率を用いたライン追従制御の主な計算式（前進のとき）

	目標経路からの走行ロボットのずれ量 d_R [m]	目標経路の目標角度 θ_{REF} [rad]	曲率指令 $1/r^*$ [1/m]
パラメータ	目標曲率 $1/r_{Pi}$	目標曲率 $1/r_{Pi}$	目標曲率 $1/r_{Pi}$、曲率制限値 $1/r_{LMT}$、角度制限値 θ_{LMT}、距離制御ゲイン K_{ld}、角度制御ゲイン K_θ
走行ロボット位置 R x_{RFi} y_{RFi} θ_{RPi}	$r_{Pi} - \sqrt{x_{RPi}^2 + (r_{Pi} - y_{RPi})^2}$ $(1/r_{Pi} > 0$ のとき$)$ y_{RPi} $(1/r_{Pi} = 0$ のとき$)$ $r_{Pi} + \sqrt{x_{RPi}^2 + (r_{Pi} - y_{RPi})^2}$ $(1/r_{Pi} < 0$ のとき$)$	$\mathrm{Atan2}\{(r_{Pi} - y_{RPi})、x_{RPi}\}$ $(1/r_{Pi} > 0$ のとき$)$ O $(1/r_{Pi} = 0$ のとき$)$ $\mathrm{Atan2}\{(r_{Pi} - y_{RPi})、x_{RPi}\} - \pi$ $(1/r_{Pi} < 0$ のとき$)$	距離制御演算－距離補正角度 θ_d^* $\theta_{dC}^* = -K_d^* d_R$ $\theta_d^* = \max\{-\theta_{LMT}、\min(\theta_{dC}、\theta_{LMT})\}$ 角度制御演算－曲率指令 $(1/r^*)$ $(1/r_C) = K_\theta \cdot (\theta_{REF} + \theta_d^* - \theta_{RPi}) + (1/r_{Pi})$ $(1/r^*) = \max\{-1/r_{LMT}、(1/r_C)、1/r_{LMT}\}$
計算式	式 (7-30)	式 (7-34)、式 (7-35)	式 (7-32)、式 (7-33)、式 (7-36)、式 (7-37)

〔表 7.7-2〕曲率を用いたライン追従制御の主な計算式（後進のとき）

	目標経路からの走行ロボットのずれ量 d_R [m]	目標経路の目標角度 θ_{REF} [rad]	曲率指令 $1/r^*$ [1/m]
パラメータ	目標曲率 $1/r_{Pi}$	目標曲率 $1/r_{Pi}$	目標曲率 $1/r_{Pi}$、曲率制限値 $1/r_{LMT}$、角度制限値 θ_{LMT}、距離制御ゲイン K_{ld}、角度制御ゲイン K_θ
走行ロボット位置 R x_{RPi} y_{RPi} θ_{RFi}	$-r_{Pi} + \sqrt{x_{RPi}^2 + (r_{Pi} - y_{RPi})^2}$ $(1/r_{Pi} > 0$ のとき$)$ y_{RPi} $(1/r_{Pi} = 0$ のとき$)$ $-r_{Pi} - \sqrt{x_{RPi}^2 + (r_{Pi} - y_{RPi})^2}$ $(1/r_{Pi} < 0$ のとき$)$	$\mathrm{Atan2}\{(r_{Pi} - y_{RPi})、x_{RPi}\}$ $(1/r_{Pi} > 0$ のとき$)$ O $(1/r_{Pi} = 0$ のとき$)$ $\mathrm{Atan2}\{(r_{Pi} - y_{RPi})、x_{RPi}\} - \pi$ $(1/r_{Pi} < 0$ のとき$)$	距離制御演算－距離補正角度 θ_d^* $\theta_{dC}^* = -K_d^* d_R$ $\theta_d^* = \max\{-\theta_{LMT}、\min(\theta_{dC}、\theta_{LMT})\}$ 角度制御演算－曲率指令 $(1/r^*)$ $(1/r_C) = K_\theta \cdot (\theta_{REF} + \theta_d^* - \theta_{RPi}) + (1/r_{Pi})$ $(1/r^*) = \max\{-1/r_{LMT}、(1/r_C)、1/r_{LMT}\}$
計算式	式 (7-31)	式 (7-34)、式 (7-35)	式 (7-32)、式 (7-33)、式 (7-38)、式 (7-37)

である。この制御システムの特長は、曲率を制御することで、円弧の目標経路であっても、一旦、走行ロボット R が目標経路と一致すれば、目標点 P_V の一覧表で示した目標曲率 r_{Pi} で安定に走行されることである。

　以上のようなライン追従制御を行うことにより、直進、時計方向の旋回、反時計方向の旋回を問わず、かつ、前進でも、後進でも、目標経路どおりに安定した走行を行うことができる。しかも、走行速度に関係なく、目標経路から外れたときの復帰の軌跡は一定になる。つまり、7.2.1項で示した3つの目標項目（目標点到達、ライン追従、同じ走行軌跡）を実現することが可能になった。

　ここでは、シミュレーションにより計算した応答特性を紹介しておく。

　図 7.29 は直線の目標経路で目標点 P_i にまで走行するとき、走行ロボット R_{Pi} が $[-10、0.2、0]^T$ の状態からの応答特性である。図 7.29 (a)、(b) はそれぞれ y_{RPi} の時間応答、θ_{RPi} の時間応答を表している。実線、一点鎖線、二点鎖線、破線の特性は走行ロボットの速度 1.0m/s、0.5m/s、0.2m/s、0.1m/s のときの特性である。y_{RPi}、θ_{RPi} ともに、その応答特性はオーバーシュートすることなく、スムーズに整定している。また、いずれの特性も走行速度が速くなるに従って整定時間は反比例で短くなっている。横軸、縦軸を x 軸、y 軸としたときの x_{RPi}、y_{RPi} の走行軌跡を図 7.29 (c) に示す。速度が 0.1m/s から 1.0m/s の特性を示しているが、それらの軌跡がほぼ一致していることがわかる。この点が従来の角速度指令を制御入力とした場合との違いであり、曲率指令を制御入力にしたライン追従制御の特長である。走行速度が高速で、かつ、曲率の時間変化が非常に速い場合には、モータの速度応答の遅れが影響して、走行軌跡が異なってくる可能性はあるが、走行速度が低い場合には走行軌跡にほとんど影響を与えない。

　走行速度を 1.0m/s 一定とした状態で、シミュレーションを開始したときの走行ロボット R_{Pi} の角度 θ_{RPi} をパラメータとして評価した特性を図 7.30 に示す。この図において、θ_{RPi} が 0deg、20deg、−20deg のときの特性を、実線、破線、一点鎖線で示す。このシミュレーションにおける最小曲率半径は 0.5m であるので、θ_{RPi}＝20deg のときの特性は、y_{RPi}

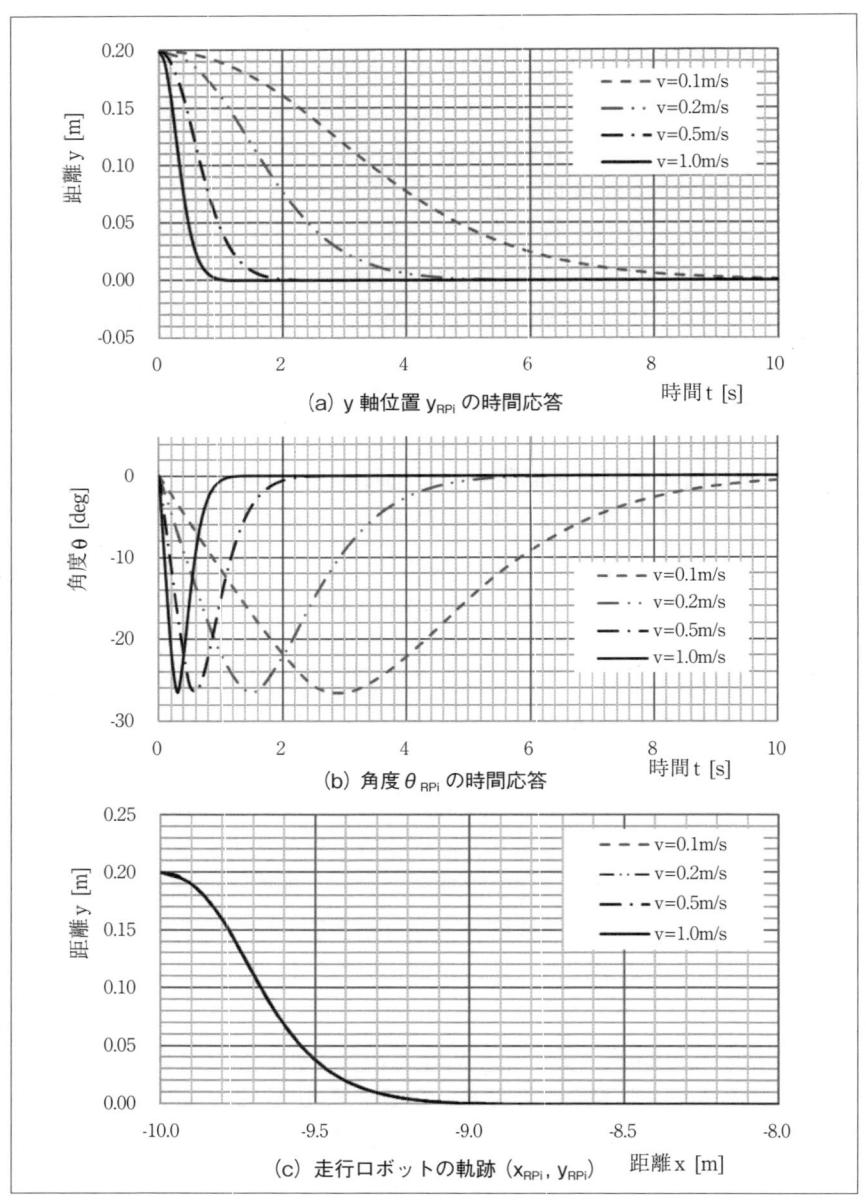

〔図 7.29〕ライン追従制御の応答特性 1（走行速度による影響）

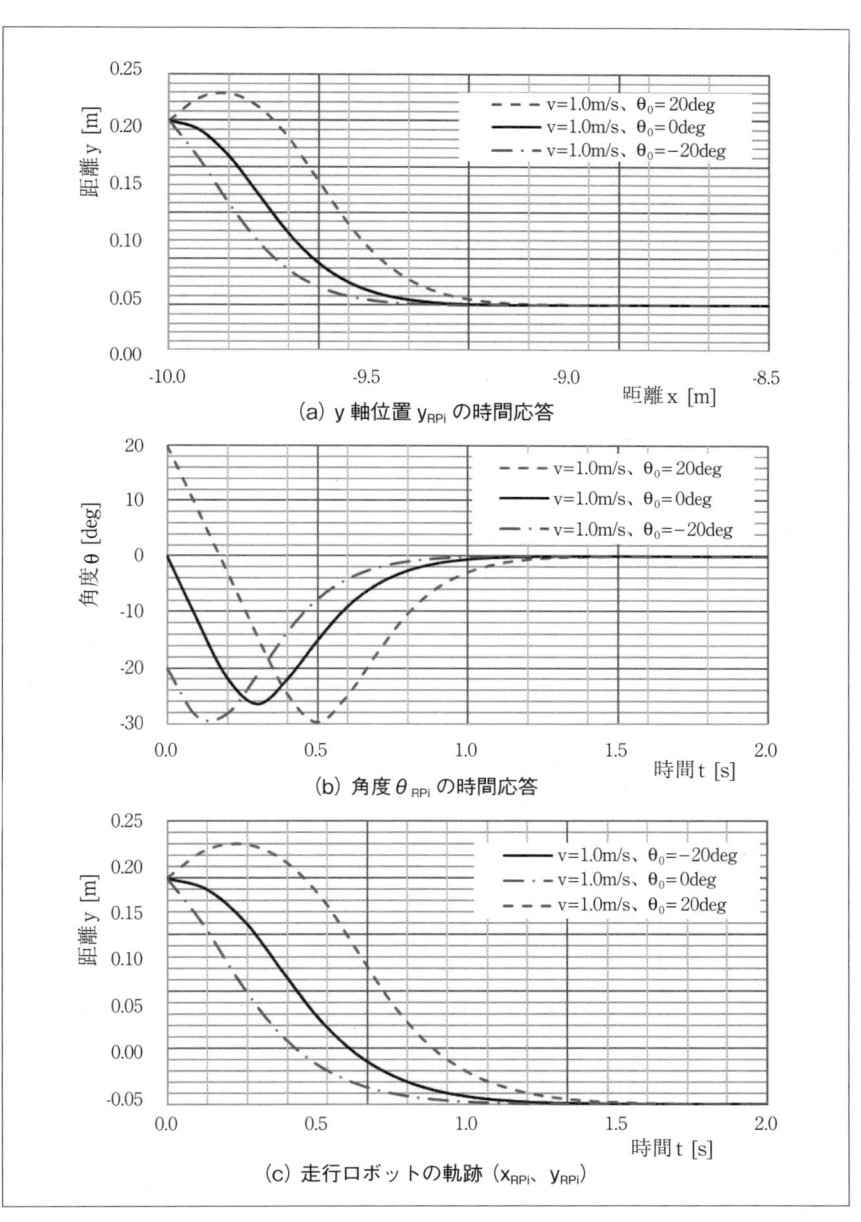

（a）y 軸位置 y_{RPi} の時間応答

（b）角度 θ_{RPi} の時間応答

（c）走行ロボットの軌跡（x_{RPi}、y_{RPi}）

〔図 7.30〕ライン追従制御の応答特性 2（姿勢による影響）

の最大値が約 0.23m となっているが、x 軸への整定状態はオーバーシュートすることなく、安定して制御されている。なお、最小曲率半径は任意に決定できるので、必要な特性に合わせて設計すればよい。

7.2.3 システム構成

図 7.26 で紹介したハードウェアとしてのシステム構成において、自律走行コントローラのソフトウェア構成を図 7.31 に示す。この図は、AGV コントローラを用いたシステムにおける前処理演算部のブロック図（図 7.21）と比較的よく似ていることがわかる。

図 7.21 が磁気センサの検出値 d_{SF}、d_{SB} を計算して出力していたのに対して、図 7.31 の出力は速度指令ブロックで計算する左右の速度指令 v_L^*、d_R^* である。その他に、図 7.21 と異なる点は、位置決め制御ブロックと、ライン追従制御ブロックが磁気センサ出力ブロックの代わりに置き換わったことである。実は、これらの変更だけで、自律走行コントローラを実現することができる。

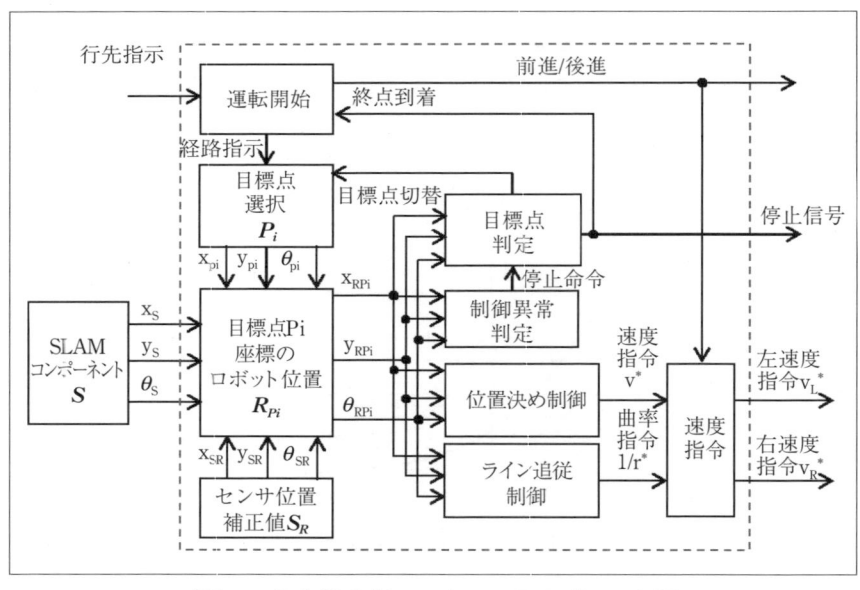

〔図 7.31〕自律走行コントローラのブロック図

位置決め制御ブロック、ライン追従制御ブロックの主な入力はいずれも目標点 P_i 座標のロボット $R_{Pi}=[x_{RPi},\ y_{RPi},\ \theta_{RPi}]^{\mathrm{T}}$ の値である。ライン追従制御については、前項の図 7.28 の制御ブロックを用いて、表 7.7 に示した計算式により曲率指令 $(1/r^{*})$ を求めることができる。

　位置決め制御については、5.3.3 項の図 5.22（b）で示したクリープ速度付き位置決め制御を利用することで、高速走行と高精度・高応答の位置決めを両立することが可能であり、これを採用するものとする。この位置決め制御ブロックは最終的には終点 G における位置決めを行うことが目的であるが、速度指令演算を行っているので、目標経路を走行しているときには、走行ロボットの速度を制御する役割を持っている。

　実際には、いくつかの速度制限を考慮する必要があり、それらをまとめた位置決め制御のブロック図を図 7.32 に示す。

　この図において、複数の仕様から制限速度をその都度計算する。当然、走行ロボットの仕様から、前進最高速度 v_{MAXF}、後進最高速度 v_{MAXB} が

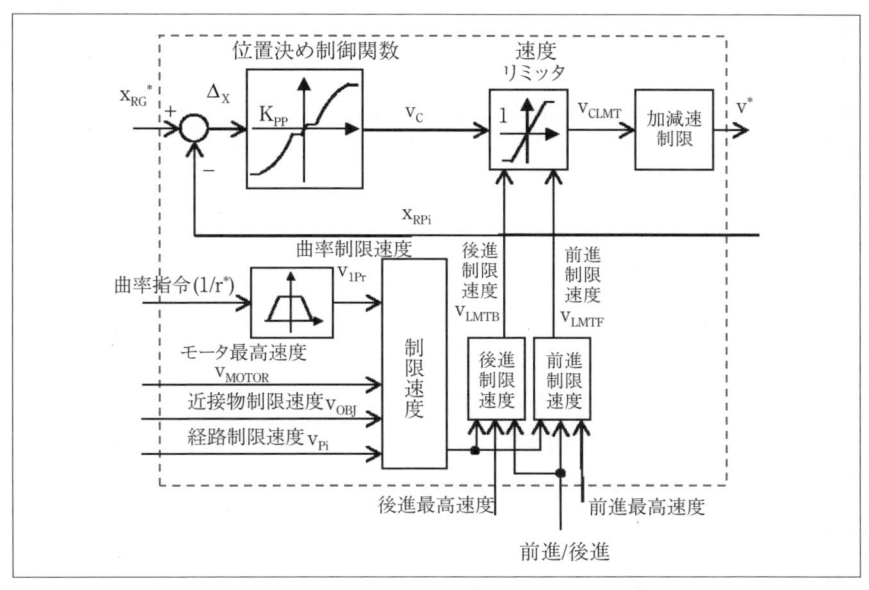

〔図 7.32〕クリープ速度付き位置決め制御のブロック図（対象：図 7.31）

決められている。制限速度を決める要素としては、走行している目標経路の制限速度 v_{Pi} が挙げられ、目標点の一覧表から設定される。また、曲率に応じて、最高速度を制限することが走行ロボットの安定性を確保する上で大切であり、曲率制限速度 v_{1Pr} も曲率指令（$1/r^*$）の関数として与えられる。他に、モータの最高速度 v_{MOTOR} 以内で制御するためには、曲率指令（$1/r^*$）による左右の車輪の速度差とそのときの走行ロボットの速度を考慮しなければならないこともある。一般的には、曲率制限速度 v_{1Pr} を設定する際に、その点も考慮しておけば、モータ最高速度 v_{MOTOR} に関する入力は不要にしてもよい。それぞれの状況により決まるこれらの制限速度のうち、最小の値を制限速度 v_{LMT} として決定すればよい。

　前進時には、その値と前進最高速度 v_{MAXF} のうち、小さい値を前進制限速度 v_{LMTF} とする。後進制限速度 v_{LMTB} に関しては、制限速度 v_{LMT} と後進最高速度 v_{MAXB} のうち、絶対値が大きい値を選択することで決定する。前進／後進信号により、前進時には後進制限速度 v_{LMTB} をより制限したり、後進時には前進制限速度 v_{LMTF} をさらに制限したりする方法も考えられる。これらにより決定された制限速度により、速度リミッタの演算を行う。なお、速度リミッタの出力に加速度、減速度を制限する演算を行うように、図7.32の構成では加減速制限ブロックを挿入している。目標経路を走行している状態では、この位置決め制御ブロックは、専ら、速度制限により決定される速度指令を演算する機能を果たしていることになる。

　位置決め制御の機能が働く主な状態は目標点が終点であり、それに近づいたときである。その他には、次の目標点が一時停止を行うように設定しているときである。これについては後述する。

　走行ロボットの目標点 P_i が終点であるとき、あるいは、一時停止を設定しているときには、図7.32に示した目標位置 $x_{RG}{}^*$ はその目標点の位置、つまり、0とする。目指している目標点 P_i が通過する点である場合には、目標点 P_i から走行中の目標経路で次に停止、あるいは、一時停止する点までの走行距離を目標位置 $x_{RG}{}^*$ として設定する。一般的には、走行ロボットの位置から停止するまでの距離が離れていれば、位置決め

関数の出力値 v_C は最大値（前進時）、あるいは、最小値（後進時）で一定と考えてよく、目標位置 $x_{RG}{}^*$ は概算値で与えておいても問題は生じない。

このような処理方法で、走行ロボットの位置決めを行うことができる。先に述べたように、走行軌跡については、ライン追従制御だけで決定されるので、走行速度は位置決め方向だけを意識して決定できる点が優れている。そのため、急に、物体が走行ロボットに接近してきたときにも、安心して速度を制限しても、走行軌跡は変化しない。もちろん、障害物回避などを行う場合は、その限りではない。

図 7.33 は曲率指令による自律走行ロボットシステムの状態遷移図である。図 7.23 の場合と比較して、走行ロボットが停止する目的地が 1 つ増えて 5 つになったときのもので、目的地 1、2（始点 S_1、S_2 に相当する点）と、目的地 3、4、5（始点 S_3、S_4、S_5 に相当する点）とを相互に往来するときの状態遷移である。これ自体は状態遷移の数が増えて、少し複雑になっただけである。

次に、走行する経路を行先毎の一覧表にまとめたものを表 7.8 に示す。

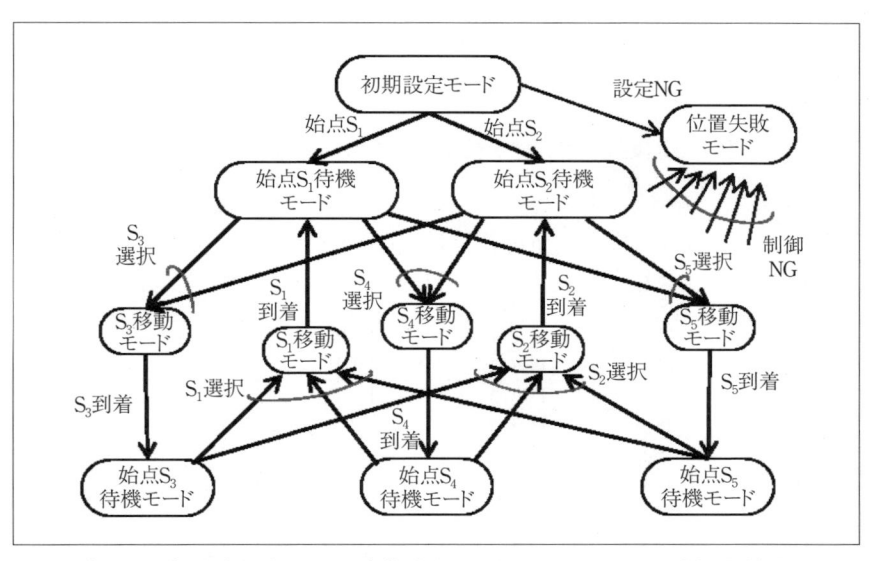

〔図 7.33〕曲率指令による自律走行ロボットシステムの状態遷移図

その経路を構成する目標点の一覧表が表7.9である。これを図で表した
ものが図7.34の目標経路であり、これがこのシステムにおける仮想ラ
インとなる。

　表7.8を見ることにより、走行ロボットが目的地1（始点 S_1）にいる
場合、経路として経路番号1、2、3を選択できることがわかる。例えば、
経路番号j＝3の目標経路は始点 S_1 である目標点 P_1 から目標点 P_2、P_3、
P_{13}、P_{14} を経由して終点 G_5 である目標点 P_{15} に到着するものであるが、
目標点 P_2 までは直進、次の目標点 P_3 までは時計方向に旋回、目標点
P_{13} から目標点 P_{14} の間は反時計方向に旋回する。これらの動きを組合
せて動くことになる。

　この目的地5からは、経路番号11、12のいずれかを選択することが
でき、これにより、この地点からは、目的地1、あるいは、目的地2の
いずれかに走行できることがわかる。例えば、経路番号j＝11の場合には、
始点 S_5 である目標点 P_{34} からは、後進しながら、目標点 P_{35} を経由して、
反時計方向に目標点 P_{36} に向かう。表7.9の目標点 P_{36} における STOP
の項目は一時停止と設定している。このことは走行ロボットを旋回しな
がら後進させることを意味しており、目標点 P_{36} で一旦停止させること
を意味している。その次に、目標点 P_{37} に向かって走行を開始し、前進

〔表7.8〕複数の目的地を往来するための行先別経路一覧表

経路番号 j	始点	終点	経路
1	$P_1(S_1)$	$P_6(G_3)$	P_2, P_3, P_4, P_5
2	$P_1(S_1)$	$P_{12}(G_4)$	P_2, P_3, P_{10}, P_{11}
3	$P_1(S_1)$	$P_{15}(G_5)$	P_2, P_3, P_{13}, P_{14}
4	$P_7(S_2)$	$P_6(G_3)$	P_8, P_9, P_4, P_5
5	$P_7(S_2)$	$P_{12}(G_4)$	P_8, P_9, P_{10}, P_{11}
6	$P_7(S_2)$	$P_{15}(G_5)$	P_8, P_9, P_{13}, P_{14}
7	$P_{16}(S_3)$	$P_{24}(G_1)$	$P_{17}, P_{18}, P_{19}, P_{20}, P_{21}, P_{22}, P_{23}$
8	$P_{16}(S_3)$	$P_{33}(G_2)$	$P_{17}, P_{18}, P_{19}, P_{20}, P_{21}, P_{31}, P_{32}$
9	$P_{25}(S_4)$	$P_{24}(G_1)$	$P_{26}, P_{27}, P_{28}, P_{29}, P_{30}, P_{31}, P_{32}$
10	$P_{25}(S_4)$	$P_{33}(G_2)$	$P_{26}, P_{27}, P_{28}, P_{29}, P_{30}, P_{31}, P_{32}$
11	$P_{34}(S_5)$	$P_{24}(G_1)$	$P_{35}, P_{36}, P_{37}, P_{38}, P_{39}, P_{22}, P_{23}$
12	$P_{34}(S_5)$	$P_{33}(G_2)$	$P_{35}, P_{36}, P_{37}, P_{38}, P_{39}, P_{31}, P_{32}$

〔表7.9〕複数の目的地を往来する目標経路のための目標点一覧表

目標点番号 i	目標点	x軸 x_{pi}[m]	y軸 y_{pi}[m]	角度 θ_{pi}[deg]	制限速度 V_{pi}[m/s]	曲率 $1/r_{pi}$[1/m]	停止STOP [on/off]
1	$P_1(S_1)$	0.0	0.0	90	0.5	0.0	Off
2	P_2	0.0	3.5	90	0.5	0.0	Off
3	P_3	0.5	4.0	0	0.3	-2.0	Off
4	P_4	14.5	4.0	0	1.0	0.0	Off
5	P_5	15.0	4.5	90	0.3	2.0	Off
6	$P_6(G_3)$	15.0	5.0	90	0.3	0.0	On
7	$P_7(S_2)$	5.0	0.0	90	0.5	0.0	Off
8	P_8	5.0	3.5	90	0.5	0.0	Off
9	P_9	5.5	4.0	0	0.3	-2.0	Off
10	P_{10}	19.5	4.0	0	1.0	0.0	Off
11	P_{11}	20.0	4.5	90	0.3	2.0	Off
12	$P_{12}(G_4)$	20.0	5.0	90	0.3	0.0	On
13	P_{13}	24.5	4.0	0	1.0	0.0	Off
14	P_{14}	25.0	4.5	90	0.3	2.0	Off
15	$P_{15}(G_5)$	25.0	5.0	90	0.3	0.0	On
16	$P_{16}(S_3)$	15.0	5.0	90	-0.3	0.0	Off
17	P_{17}	15.0	4.5	90	-0.3	0.0	Off
18	P_{18}	15.5	4.0	180	-0.3	-2.0	一時停止
19	P19	15.0	3.5	-90	0.3	2.0	Off
20	P_{20}	15.0	1.5	-90	0.5	0.0	Off
21	P_{21}	14.5	1.0	180	0.3	-2.0	Off
22	P_{22}	-0.5	1.0	180	1.0	0.0	一時停止
23	P_{23}	0.0	0.5	90	-0.3	2.0	Off
24	$P_{24}(G_1)$	0.0	0.0	90	-0.3	0.0	On
25	$P_{25}(S_4)$	20.0	5.0	90	-0.3	0.0	Off
26	P_{26}	20.0	4.5	90	-0.3	0.0	Off
27	P_{27}	20.5	4.0	180	-0.3	-2.0	一時停止
28	P_{28}	20.0	3.5	-90	0.3	2.0	Off
29	P_{29}	20.0	1.5	-90	0.5	0.0	Off
30	P_{30}	19.5	1.0	180	0.3	-2.0	Off
31	P_{31}	4.5	1.0	180	1.0	0.0	Off
32	P_{32}	5.0	0.5	90	-0.3	2.0	Off
33	$P_{33}(G_2)$	5.0	0.0	90	-0.3	0.0	On
34	$P_{34}(S_5)$	25.0	5.0	90	-0.3	0.0	Off
35	P_{35}	25.0	4.5	90	-0.3	0.0	Off
36	P_{36}	25.5	4.0	180	-0.3	-2.0	Off
37	P_{37}	25.0	3.5	-90	0.3	2.0	Off
38	P_{38}	25.0	1.5	-90	0.5	0.0	Off
39	P_{39}	24.5	1.0	180	0.3	-2.0	Off

で反時計方向に旋回する。目標点 P_{38} から目標点 P_{39} の間は、時計方向の旋回をしながら前進することになる。

　このように、比較的簡単な経路である図 7.34 の場合でも、前進・後進と、直進・反時計旋回・時計旋回とのすべての組合せを含む走行パターンになっている。

　以上のような方法により、高性能な自律走行ロボットシステムを構築することができる。複数の走行ロボットをさらに効率よく運用するためには、上位システムにおいて、外部通信を介して走行ロボットを操作するロボット運用システムを構築することも有効である。

7.2.4　走行制御特性

　この節で提案した曲率を用いた自律走行ロボットシステムの走行制御特性について述べる。直線の目標経路の場合については、走行ロボットが目標経路から外れた位置にある場合でも、オーバーシュートすることなく、安定して目標経路に一致するように制御されること、しかも、走行速度に関係なく、その走行軌跡が一致することを 7.2.2 項で紹介した。円弧の目標経路の場合でも、速度に関係なく、走行速度が一致する。走

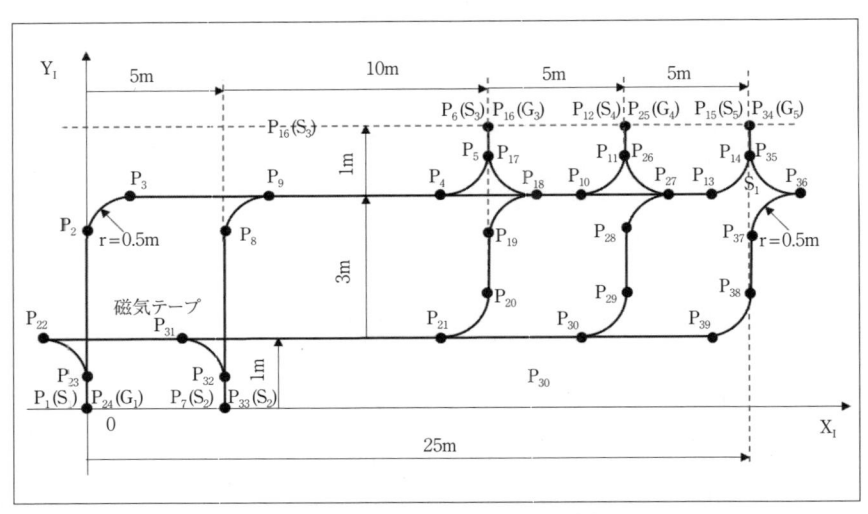

〔図 7.34〕複数の目的地を往来する目標経路と目標点の例

行ロボットの速度指令、曲率指令の関係で、モータの速度指令がその最高速度を超えるような状態でも、図 7.32 の位置決め制御のブロック図により、速度指令が制限されて走行軌跡が変化しないように配慮されている。そのため、走行速度に影響されることなく、走行軌跡の一致が保持される。ここでは、位置決めを含む特性を示している図 7.37 の特性を除いて、すべて、走行速度は 0.2m/s としてシミュレーションした。

図 7.35 は曲率 $(1/r_{Pi})$ ±2[1/m]（曲率半径± 0.5m）の円弧状の目標経路上に走行ロボットがあるときからの走行軌跡の特性である。実線は走行ロボット R_{Pi} の姿勢 θ_{Pi} が目標経路の方向と一致している状態から走行したときの特性を表す。破線はそれよりも θ_{Pi} が 20deg だけ x 軸の正方向を向いている状態（+70deg あるいは−70deg）からの特性、一点鎖線は 20deg だけ x 軸の負方向を向いている状態（+110deg あるいは−110deg）からの特性である。図 7.35（a）は前進で反時計旋回したときの特性であり、図 7.34 の目標経路では、例えば、目標点 P_4 から目標点 P_5 までの走行状態に相当する。図 7.35（b）については、目標点 P_2 から目標点 P_3 までの経路に相当し、時計方向に旋回しながら前進する状態である。後進で時計方向に旋回する図 7.35（c）の軌跡は目標点 P_{22} から目標点 P_{23} までの経路での動きである。図 7.35（d）は目標点 P_{17} から目標点 P_{18} までの経路で、反時計方向で後進の旋回をするときの特性である。

図 7.35（a）に $R_{Pi}=[-0.5\text{m}、0.5\text{m}、-90\text{deg} \pm \alpha]^{\mathrm{T}} (\alpha =0\text{deg}、\pm 20\text{deg})$ からの特性を示す。$\theta_{RPi}=-90\text{deg}$ からの特性は外乱がないときのシミュレーションであり、目標経路上を走行する軌跡になっている。$\theta_{RPi}=-70\text{deg}$ の破線の特性は円弧の内側から目標経路に追従している。走行軌跡と目標経路の距離は最大約 15mm である。$\theta_{RPi}=-110\text{deg}$ の一点鎖線の特性は円弧の外側から目標経路に追従しているが、このときの目標経路までの距離は最大約 30mm である。このシミュレーションでは、最大曲率を 5[1/m]（最小曲率半径 0.2m）と設定したため、このような軌跡の特性になったものである。

図 7.35（b）、（c）、（d）についても、シミュレーション開始時の走行ロボット R_{Pi} の位置は異なるが、図 7.35（a）と同様の特性になっているこ

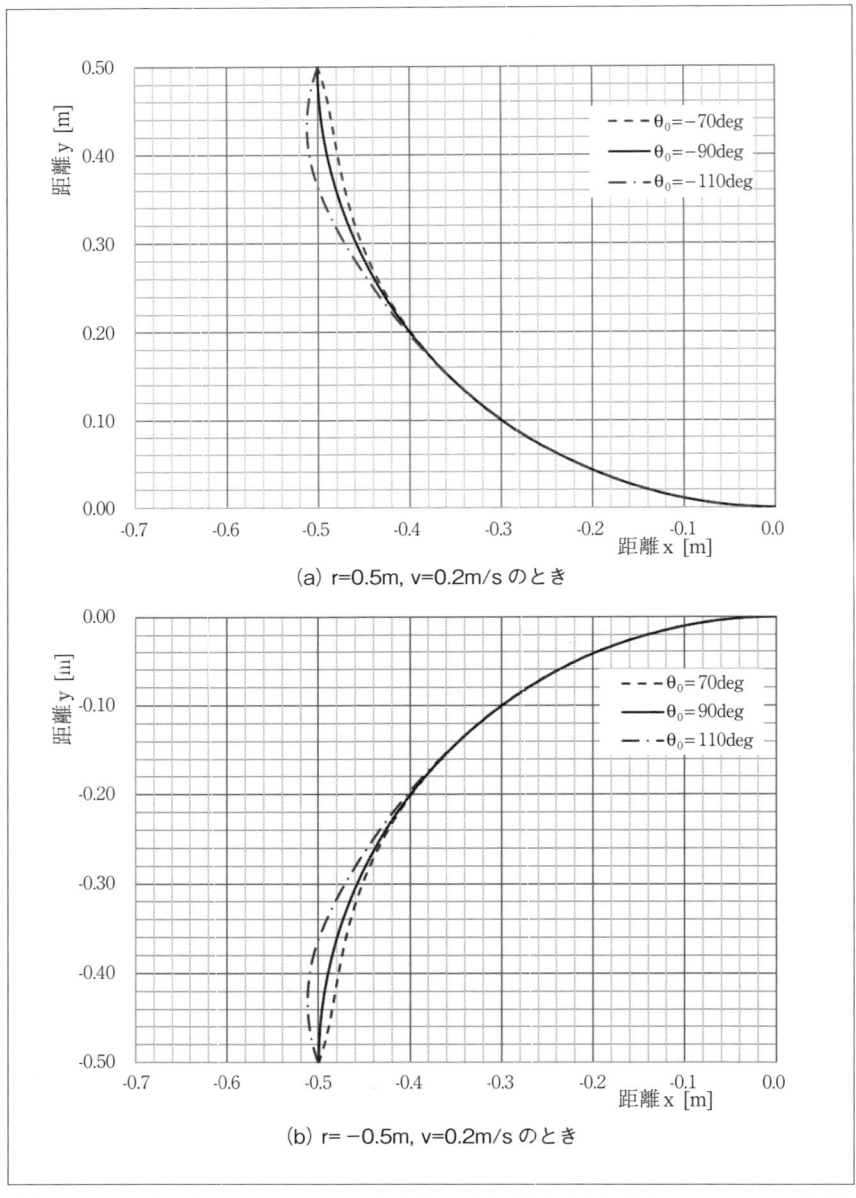

(a) r=0.5m, v=0.2m/s のとき

(b) r=−0.5m, v=0.2m/s のとき

〔図7.35-1〕曲率を用いたライン追従制御の走行軌跡（目標経路からの走行、前進）

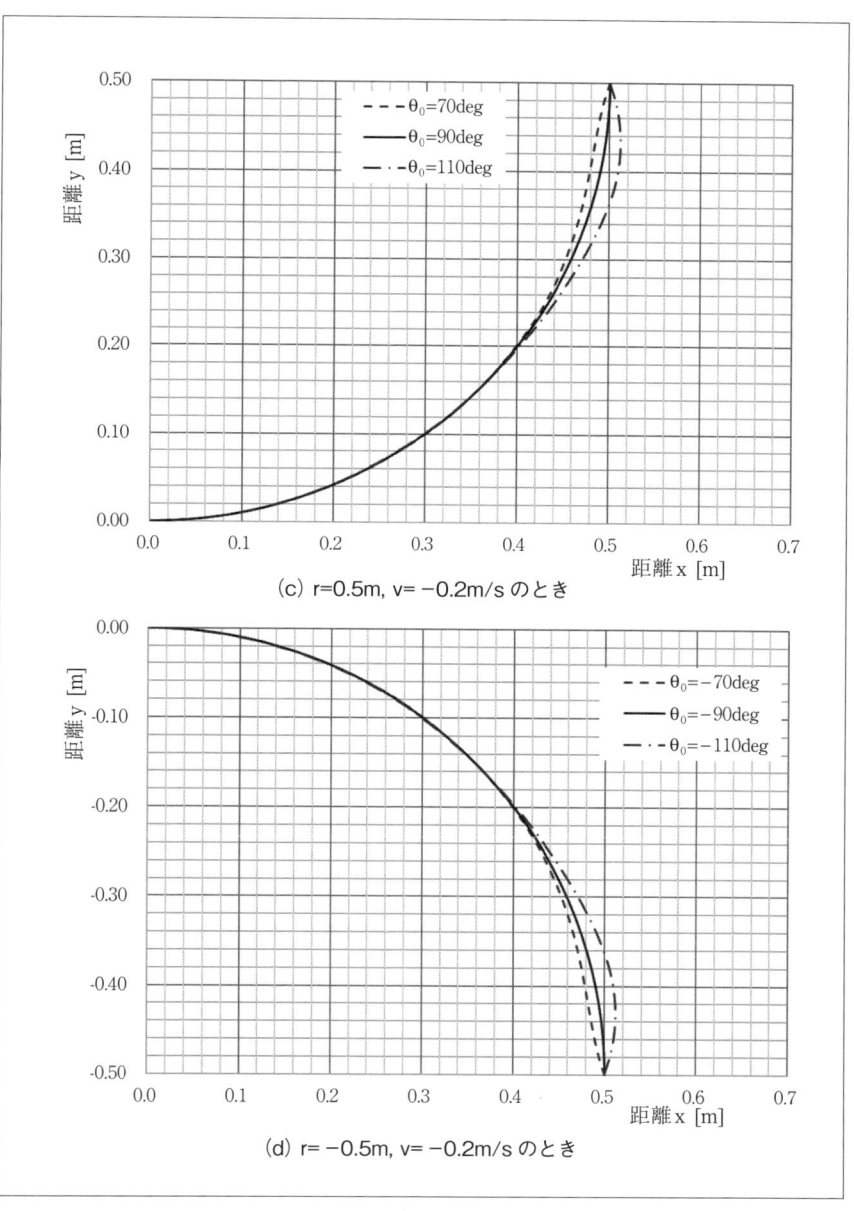

(c) r=0.5m, v=−0.2m/s のとき

(d) r=−0.5m, v=−0.2m/s のとき

〔図 7.35-2〕曲率を用いたライン追従制御の走行軌跡（目標経路からの走行、後進）

とが明らかである。

　図 7.36 は曲率 2[1/m] の円弧状の目標経路から 0.1m 内側に寄った位置で、かつ、目標経路から 20deg だけ x 軸方向に向いた走行ロボット R_{Pi} が走行するときのシミュレーションの特性である。つまり、$R_{Pi}=[-0.4\mathrm{m}、0.5\mathrm{m}、-70\mathrm{deg}]^{\mathrm{T}}$ からのシミュレーションが開始されている。図 7.36 (a) には、目標経路と走行軌跡を、それぞれ破線と実線で示している。走行ロボットの角度が目標経路から離れる方向を向いているので、一旦、目標経路までの距離は大きくなっているが、その後は走行ロボットの角度 θ_{RPi} が目標経路の方向を向き、その距離が小さくなっていることが読み取れる。このようにして、直線の目標経路の場合と同様に、走行ロボット R_{Pi} はオーバーシュートすることなく、スムーズに目標経路上を走行するように追従している。図 7.36 (b) には、その走行軌跡に、ライン追従制御で設定した最小曲率半径 0.2m の円（一点鎖線の2つの円）を合わせて表示したものである。[53]

　この制御では、最初に、走行ロボットを目標経路に近づけるように、ほぼ、最小曲率半径 0.2m の円上を時計方向に旋回している。目標経路に近づくと、逆に、反時計方向に最小曲率半径 0.2m の円の上を旋回して、目標経路までの距離を小さくするとともに、走行ロボットの角度も目標経路の方向と一致するように制御されている。最小曲率半径により制限されている走行ロボットの軌跡としては、最小曲率半径の2つの円と、目標経路の円弧がいずれも接している状態のときが、目標経路までの距離の面積を最も小さくするものであり、最適な走行軌跡の1つと考えることができる。そういう意味で言えば、提案した曲率を用いたライン追従制御方式はほぼ最適な制御システムを与えるものとすることができる。図 7.36 (b) において、その2つの最小曲率半径の円の間の距離と、その2つめの円から目標経路の円弧の間の距離は、図 7.28 の制御における角度制御ゲイン K_θ、距離制御ゲイン K_d により決まるものである。

　図 7.37 に示す特性は図 7.36 のシミュレーション結果を時間応答特性として表したもので、このときの目標点 P_i に位置決め制御させたときのものである。図 7.37 (c) では、図 7.36 (a) の走行軌跡に経過時間

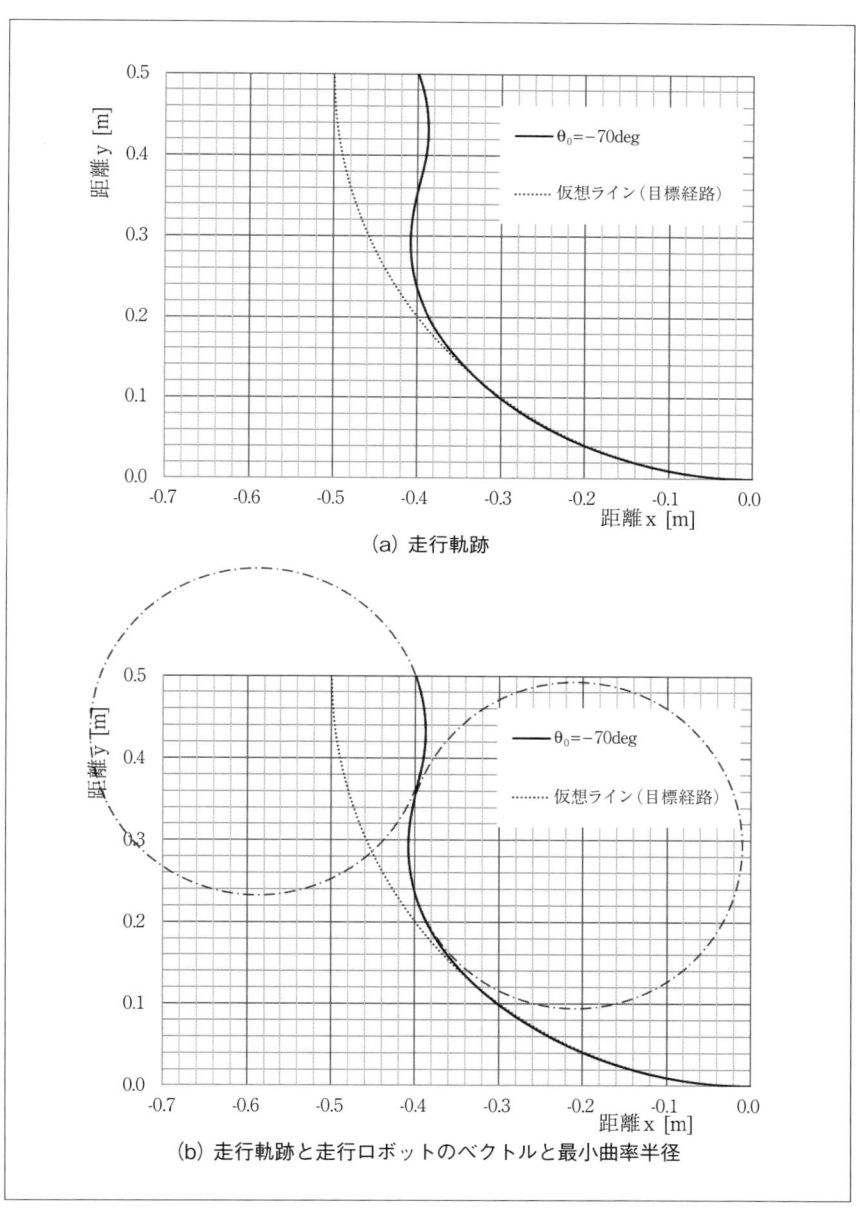

（a）走行軌跡

（b）走行軌跡と走行ロボットのベクトルと最小曲率半径

〔図 7.36〕曲率を用いたライン追従制御の走行軌跡（目標経路からの距離 +0.1m）

を追記している。走行速度 0.2m/s から開始し、約 0.7m 離れた目標点 $P_i = [0、0、0]^T$（原点）に 4.5s で位置決めしている。x 軸方向の距離 x_{RPi} は −0.4m 付近を往復しているが、これは走行軌跡を見れば、理解できる動作である。目標経路からの距離 d_R は 100mm から始まり、約 110mm まで増加している。走行ロボットの角度が +20deg だけ目標経路から x 軸側を向いているために、一旦、約 10mm 増加したものである。制御的には、角度指令 θ^*_d が時刻 t=0.5s まで、−20deg になっている。そのため、ほぼ同じ時刻まで、曲率指令（$1/r^*$）も −5[1/m] になっている。このため、走行ロボットは最小旋回半径（$r^* = -0.2m$）の円上で走行するように角度が制御されることがわかる。なお、r^* は負値であり、前進時には時計方向の旋回を意味している。

　同様に、図 7.38 では、走行ロボット R_{Pi} が目標経路の円弧よりも内側に 0.1m 離れた位置にあるときの前進 / 後進、反時計旋回 / 時計旋回の組合せで走行を開始したときの特性をまとめた。図 7.38 (a)、(b)、(c)、(d) は図 7.35 と同じ配置で特性を示している。いずれも安定して制御できることがわかる。図 7.39 についても同様に、円弧状の目標経路から外側 0.1m の位置に走行ロボット R_{Pi} がある状態からシミュレーションを行ったときの結果である。

　曲率を制御することのメリットはヨー方向のふらつきが、角速度を制御する場合に比べて大幅に少ないことである。ここで紹介したシミュレーションは外乱がない場合の特性を示したものにすぎないが、外乱があった場合の特性に優れていると考える。主な外乱としては、駆動している車輪のスリップ、センサの検出ノイズ等が考えられる。駆動輪のスリップについては、位置ずれよりも角度の変化と考えることができるので、そこからの制御は図 7.35 で示したような特性で行われると見なせばよい。スリップの影響が大きいときには、走行速度、駆動トルクの低減等、制御的な配慮が必要になる場合もある。

　また。センサの検出ノイズの影響がある場合には、図 7.38、図 7.39 のように、走行ロボットの位置がずれたように検出されるが、制御的には角度を慌てて変化させるのではなく、曲率を制御する。ノイズの場合、

検出値は元の正しい値に戻ることもあり、走行ロボットの角度は変えないで曲率の制御が続くことになり、安定した走行特性となることが期待できる。

　なお、この制御システムは差動2輪駆動方式を前提として説明したが、曲率を制御する方式であり、前輪操舵、あるいは、4輪操舵駆動方式などの制御方式としても有効である。

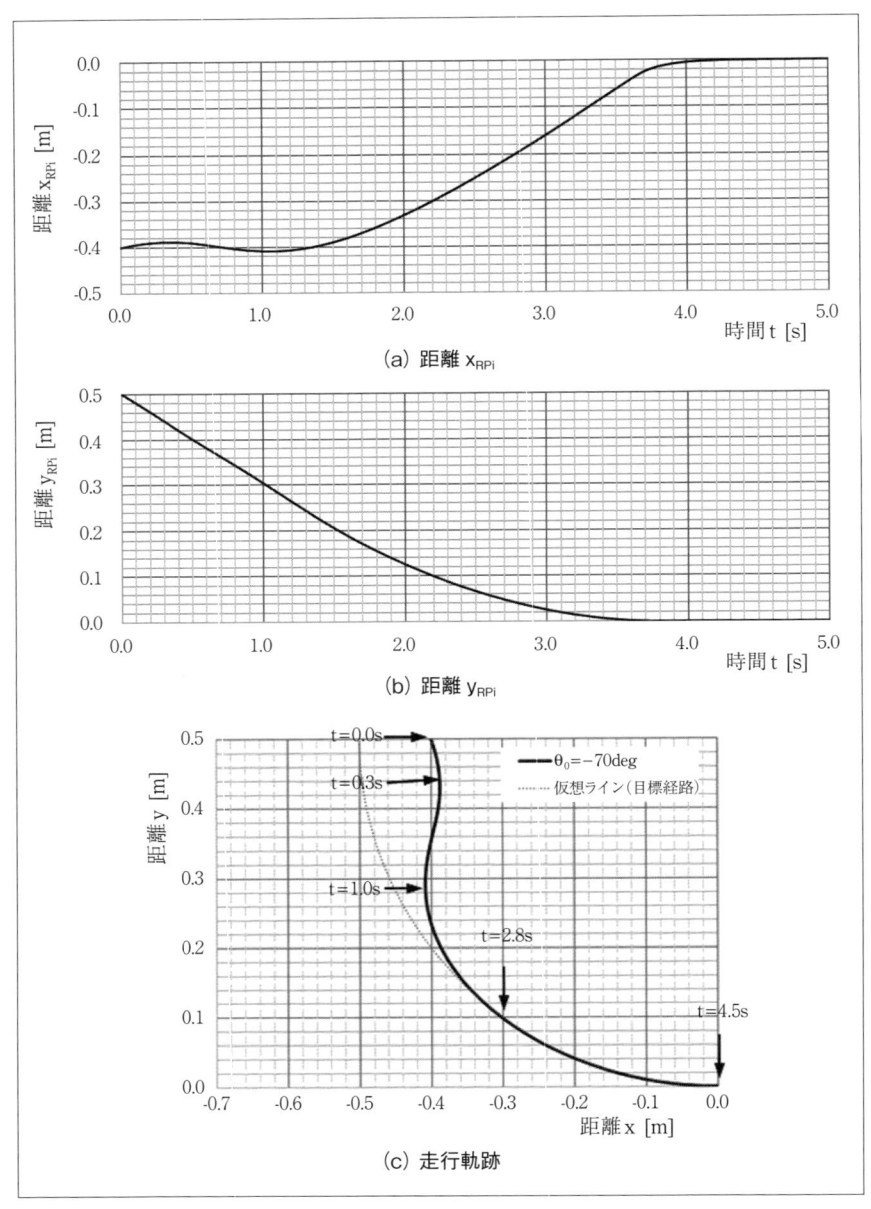

〔図7.37-1〕曲率を用いたライン追従制御の応答特性（目標経路からの距離 +0.1m）

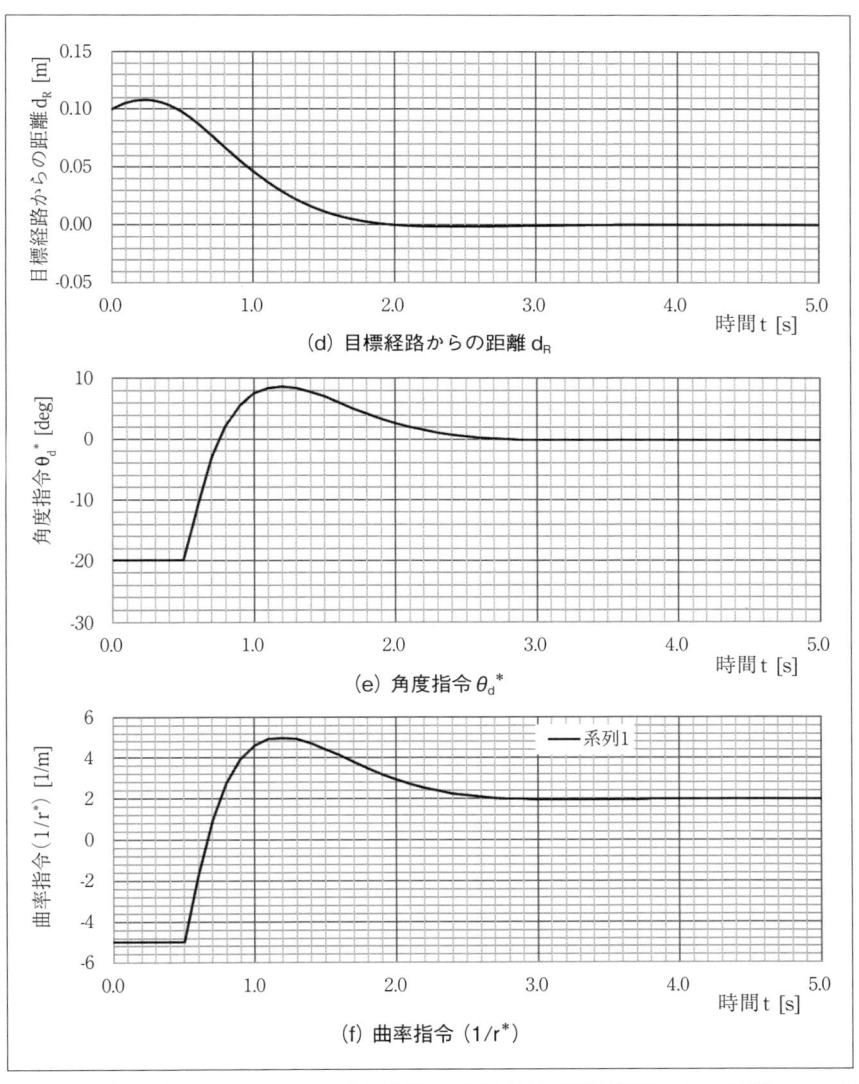

〔図 7.37-2〕曲率を用いたライン追従制御の応答特性（目標経路からの距離 +0.1m）

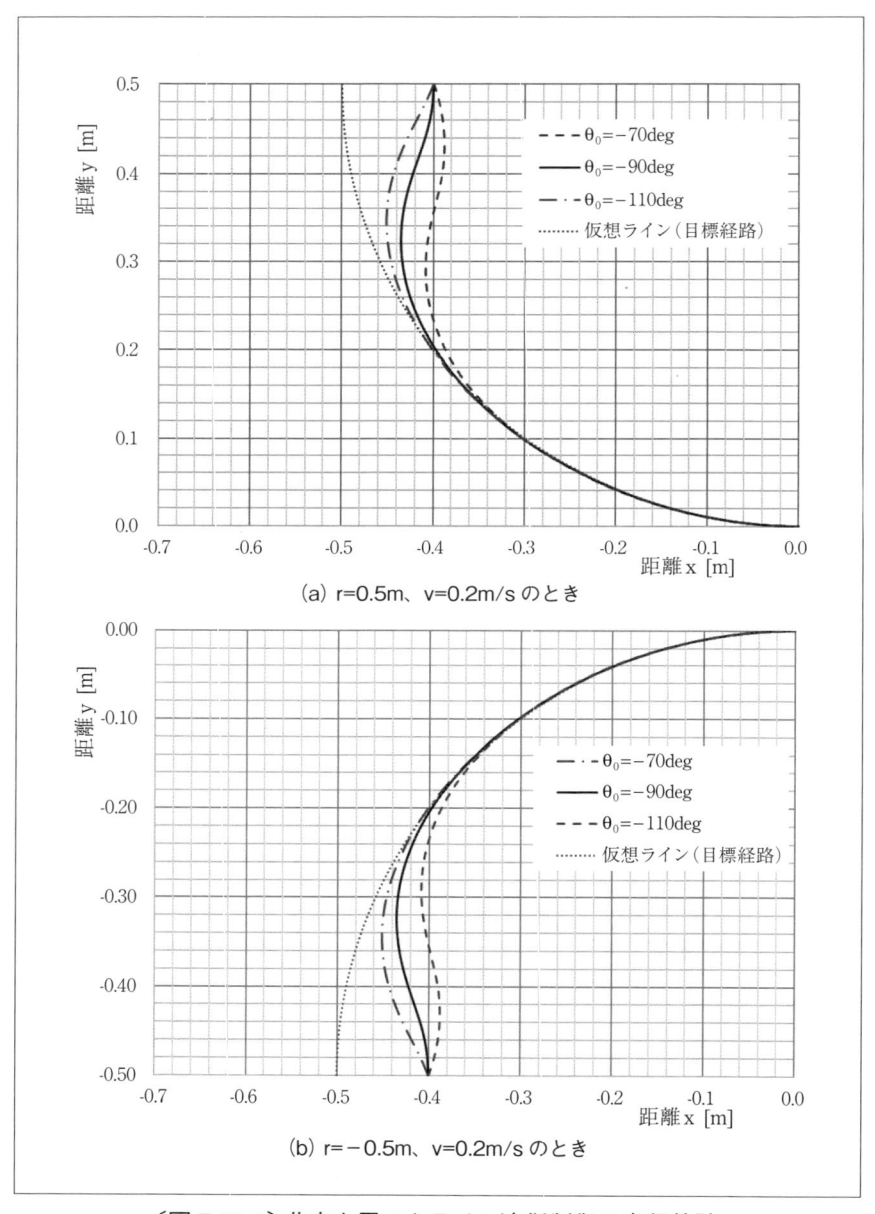

〔図 7.38-1〕曲率を用いたライン追従制御の走行軌跡
（円弧状の目標経路の内側 0.1m のとき）

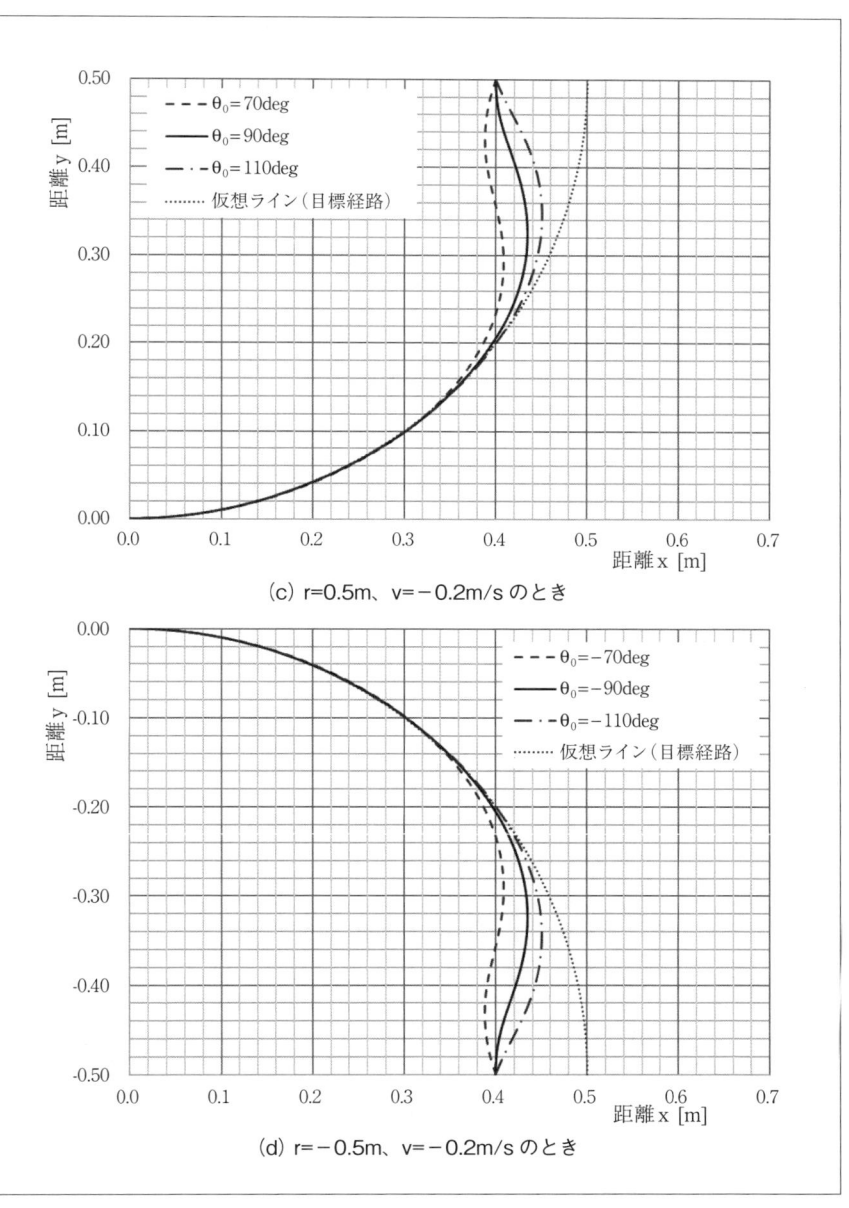

(c) r=0.5m、v=−0.2m/s のとき

(d) r=−0.5m、v=−0.2m/s のとき

〔図 7.38-2〕曲率を用いたライン追従制御の走行軌跡
（円弧状の目標経路の内側 0.1m のとき）

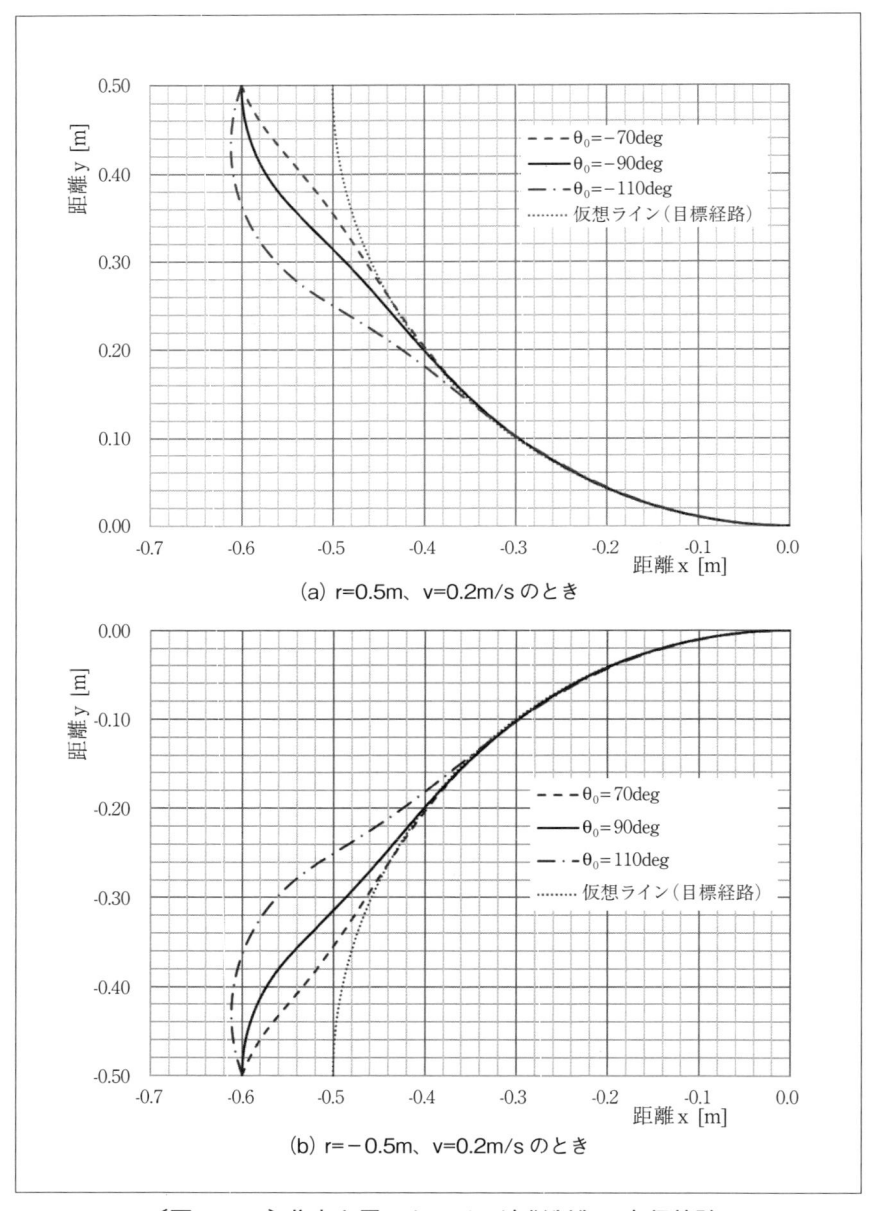

(a) r=0.5m、v=0.2m/s のとき

(b) r=−0.5m、v=0.2m/s のとき

〔図 7.39-1〕曲率を用いたライン追従制御の走行軌跡
（円弧状の目標経路の外側 0.1m のとき）

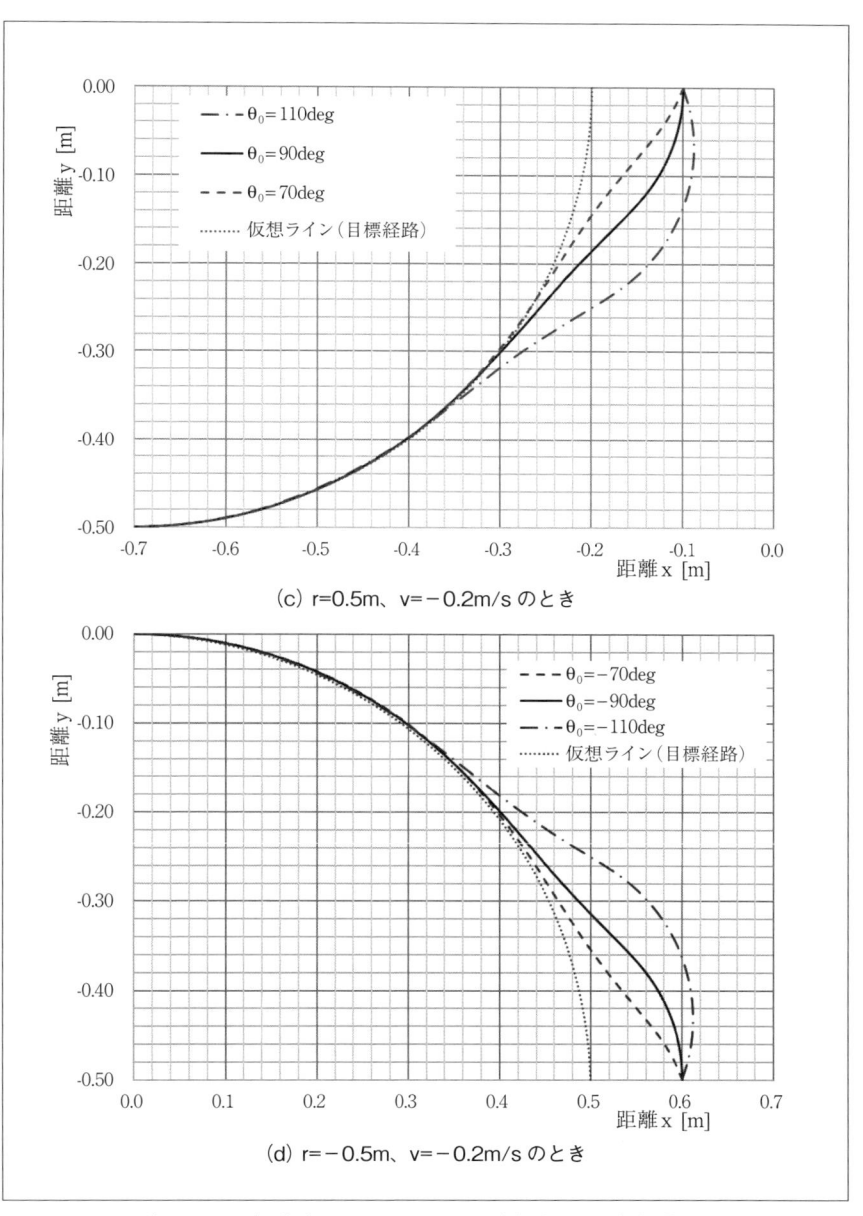

(c) r=0.5m、v=−0.2m/s のとき

(d) r=−0.5m、v=−0.2m/s のとき

〔図 7.39-2〕曲率を用いたライン追従制御の走行軌跡
（円弧状の目標経路の外側 0.1m のとき）

8.

まとめ

以上、自律走行ロボットのシステムを実現する方法について、その一例を紹介した。

　この本の中では、制御方式の１つである超信地旋回の制御について紹介しなかったが、比較的簡単に制御系を構成することはできるので、考察していただきたい。

　自律走行ロボットとしては、台車などを牽引する方式や、棚の下に潜り込んでリフトアップして走行する方式などを紹介した。台車の走行軌跡に着目した制御方法、台車を牽引した状態で後進する制御方法、棚の位置を検出しながら、それに合わせて潜り込むときの制御方法など、紹介したい制御方法はたくさんある。しかし、これらの制御は多関節型ロボットなどの３次元の制御に比べれば、比較的理解しやすいものであり、物理的な特性をよく考察することで、誰でもそれらを含む制御システムを構築することは可能であろう。

　衝突回避制御、経路変更制御なども、制御的に興味深いテーマである。走行ロボットシステムとしては、複数台のロボットを統合的に管理する方式、効率的な運用方式など、既に、実用化されているものもあるが、学術的に高いレベルのシステム構築方法等を、今後、明確にしていくことが重要である。

　本書を執筆するにあたり、㈱日立産機システム 槙修一技師、金子卓哉主任には、原稿に対するご指摘をいただきました。また、本書の企画・出版にあたり、科学情報出版㈱ 松塚晃医代表取締役、書籍編集部の皆様にたいへんお世話になりました。ここに、感謝し御礼申し上げます。

参考文献

1) 米田完、坪内孝司、大隅久：初めてのロボット創造設計　改訂第2版、講談社、2013

2) 米田完、大隅久、坪内孝司：ここが知りたいロボット創造設計、講談社、2005

3) 日本工業規格 JIS D6801 － 1994「無人搬送車システム－用語」

4) （一社）日本産業車両協会ホームページ：お知らせ「平成29年（2017年）無人搬送車システム納入実績」、2018/9/1、http://www.jiva.or.jp/news.html

5) 矢野経済研究所：AGV（無人搬送車）市場に関する調査結果 2014、2015年1月19日

6) 日立製作所ニュースリリース「無人搬送車に登録された倉庫内の配置図をリアルタイムに更新し自車の位置を認識する技術を開発」、2015年8月4日

7) 津村俊弘：無人搬送車とその制御、計測と制御、Vol.26、No.7、PP593 - 598、1987

8) 柏原功：産業界における無人搬送設備－Ⅱ．無人搬送車、電気学会論文集 D, 114巻2号, 1994

9) 住友重機械工業ニュースリリース「ジャイロ誘導方式の無人搬送車システム「3Way AGF」販売開始」、2001年4月18日

10) 三菱ロジスネクスト プレスリリース「PLATTERAuto（プラッターオート）を新発売」、2017年4月1日

11) 松下祐也、森宜仁、上野俊之、井倉浩司：サービス分野 AGV、明電時報　通巻335号、No.2、2012

12) 田畑克彦：超音波センサアレイを用いた新しいナビゲーションシステム、計測自動制御学会論文集、Vol.48、No.1、2012

13) 日立産機システム　ホームページ：製品情報＞IoT/M2M コンポーネントソリューション＞ICHIDAS シリーズ、http://www.hitachi-ies.co.jp/products/ubiquitous/gps/index.htm

14) 槙修一、白根一登、正木良三：物流支援ロボットの地図とその応用、

日本ロボット学会誌　Vol.33、No.2、2015

15) 村田機械ニュースリリース「自律移動走行制御システム「It's Navi®（イッツナビ）」搭載のロボット床面洗浄機「Buddy」の海外販売を開始」、2016 年 5 月 10 日

16) 経済産業省 中国経済産業局 研究開発成果等報告書（別冊）：平成 21 年度戦略的基盤技術高度化支援事業「画像処理と 3 次元モデルを組み合わせたガイドレスロケーションシステムの開発」、平成 22 年 5 月

17) ㈱モルフォ　ホームページ：ニュース一覧＞［お知らせ］2017 年 9 月 01 日、「ステレオカメラで自己位置推定と環境地図の生成を実現する『Visual SLAM』技術の提供を開始」、http://www.morphoinc.com/news/20170901-jpr-vslam_m_q

18) ㈱コンセプト　ホームページ：テクノロジー＞ Visual SLAM、http://qoncept.co.jp/ja/technology.html

19) 大木絵利、土井暁、金子智弥：低床式 AGV の開発、大林組技術研究所報、No.80、2016

20) NEXUS ROBOT　ホームページ、http://www.nexusrobot.com/

21) オムロン　リーフレット、モバイルロボット LD シリーズ、カタログ番号 SBCE-088E、2017 年 9 月

22) 日本電産シンポ リーフレット、無人搬送台車エスカート S-CART、WA-1710050 41060G、2017 年 10 月

23) ダイヘン　リーフレット、AI 搬送ロボット、2016

24) 田辺工業　リーフレット、次世代 AGV、AGV-006（2017 年 10 月発行）

25) アマノ　リーフレット：クリーンバーニー自律走行式ロボット床面洗浄機 SE-500iX Ⅱ、CAT-823804、K9905A20-2017.10

26) 日立産機システム　リーフレット、レーザ測位システム ICHIDAS Laser、UN-108p、2018.8

27) KKS　リーフレット、自動搬送車 AGS、2017 年

28) NEC ネッツエスアイ　リーフレット、デリバリーロボット「Relay」活用サービス〜企業様向け〜、2017 年 9 月

29) 日立プラントメカニクス　自律型移動ロボット HiMoveRo（ハイモベ

ロ）、HPM-M7-02. 2017-05

30) KUKA　ホームページ、KMRiiwa、https://www.kuka.com/ja-jp/ 製品・サービス / モビリティ / 移動型ロボット /kmr-iiwa

31) 堀洋一、寺谷達夫、正木良三編：自動車用モータ技術、日刊工業新聞社、2003

32) 古田勝久、佐野昭：基礎システム理論、コロナ社、1978

33) 阿部健一、吉沢誠：システム制御工学、朝倉書店、2007

34) R.Tagawa：On the Compensation foRLineaRFeedback Control System：IFAC World Congress/81,24-28, Aug., 1981

35) 田川遼三郎：補償限界型制御器によるディジタル制御系の設計 , 計測と制御 , 22-7, 620/626（1983）

36) 則次俊郎、五百井清、他 3 名：ロボット工学、朝倉書店、2003

37) Roland SiegwarTand Illah R. Nourbakhsh：Introduction to Autonomous Mobile Robots, A Bradford Book, The MITPress, Cambridge, Massachusetts, London, England ©2004

38) ロボット学会編：ロボットテクノロジー、オーム社、2011

39) 高野政晴：詳説　ロボットの運動学、オーム社、2004

40) 松元明弘、横田和隆：ロボットメカニクス－構造と機械要素・機構－（図解ロボット技術入門シリーズ）、オーム社、2009

41) 白根一登、槇修一、正木良三、高橋一郎：仮想ガイドラインを用いた自動搬送車の制御手法、第 57 回自動計測制御連合講演会、1B09-6、2014

42) 友納正裕：移動ロボットのための確率的な自己位置推定と地図構築、日本ロボット学会誌、Vol.29, No.5, PP.423‐426, 2011

43) 原祥尭：ベイズ理論に基づく移動ロボットの自己位置推定と地図生成に関する研究、筑波大学　学位論文、報告番号 12102 甲第 7298 号 , 2015

44) 北陽電機　PRODUCT SELECTION GUIDE Vol.9、カタログ No.CZZ-0068E、18.07.4H

45) SICK　取扱説明書　セーフティレーザスキャナ microScan3-EtherNet/

IPTM、8021123/ZQD6/2017-09-07

46）オムロン　OS32C ユーザーズマニュアル、OSTI P/N 99863-0040 Rev. L、マニュアル番号 SCHG-729L

47）森雅夫、松井知己：オペレーションズ・リサーチ、朝倉書店、2004（6.2 節）

48）セック、リーフレット、屋内自律移動ロボットソフトウェア「Rtino」、2018

49）上海思嵐科技（Shanhai SLAMTEC Co.,Ltd）　リーフレット、IntelligenTSolution foRLaseRLocalization MappinGand Navigation、2018

50）槙修一、松本高斉、正木良三、谷口素也：位置同定コンポーネントの開発と自律移動ロボット Lapi への適用、電子情報通信学会技術研究報告、111、306、pp15 - 19、2011

51）槙修一、松本高斉、正木良三：位置同定コンポーネントの開発と精度評価、Robomec2013、2013

52）松本高斉、槙修一、正木良三、高橋一郎：地図作成・位置同定用コンポーネントの開発と実環境での評価、映像情報メディア学会誌、Vol 68、No.8、pp329 - 334、2014

53）宮崎文夫、升谷保博、西川敦：ロボティクス入門、共立出版、2000

54）玉木徹：［招待講演］姿勢推定と回転行列：信学技報 IEICE Technical Report, SIP2009-48, SIS2009-23, 2009-09

55）米倉清治、丸山栄助、安藤司文、川野滋祥：光学誘導形地上搬送ロボット「ホイバーサ」の開発、日立評論 Vol.75、No.10、1975-10

56）薮下英典、美馬一博、森健光、朝原佳昭：移動体の軌道追従制御システム及び軌道追従制御方法：特許公報　特許第 4297113 号

57）ワコー技研、アナログ出力タイプ磁気誘導センサ ME-9100W 製品仕様書、20110613-Rev1.1

58）木村駿：建設テック革命、日経 BP 社、2018

59）上村弘幸、今岡紀章、グエンジェイヒン、他：自動停止機能・自律移動機能を有するロボティックス電動車いす、パナソニック技報、Vol.64、No.1、2018.5

索引

■ 著者紹介 ■

正木 良三（まさき りょうそう）

　所属：SunDAS、茨城大学工学部　非常勤講師。

　1878 年　呉工業高等専門学校　電気工学科卒業。

　1982 年　長岡技術科学大学大学院　電気電子システム工学専攻　修士課程修了。

　同年　㈱日立製作所入社。日立研究所にて、モータ制御技術、ハイブリッド自動車などの開発に従事。2004 年、㈱日立産機システムに入社。アモルファスモータ、ロボット技術の開発・事業化を担当。2017 年に定年。2018 年に独立。

　所属学会：電気学会、自動車技術会、計測自動制御学会。

以上

●ISBN 978-4-904774-76-2

月刊EMC編集部 編集

設計技術シリーズ

車載機器のEMC技術

—低ノイズ・省エネルギーの実現方法—

本体 3,700 円＋税

発行／科学情報出版（株）

● ISBN 978-4-904774-75-5

月刊 EMC 編集部　編集

設計技術シリーズ

電源系のEMC・ノイズ対策技術

本体 3,700 円＋税

発行／科学情報出版（株）

●ISBN 978-4-904774-64-9

立命館大学　木股 雅章　著

設計技術シリーズ

赤外線センサ原理と技術

本体 4,600 円＋税

発行／科学情報出版（株）

●ISBN 978-4-904774-66-3　一般社団法人 電気学会・電気システムセキュリティ特別技術委員会　編
スマートグリッドにおける電磁的セキュリティ特別調査専門委員会

設計技術シリーズ

IoT時代の電磁波セキュリティ
～21世紀の社会インフラを電磁波攻撃から守るには～

本体 4,600 円＋税

発行／科学情報出版（株）

設計技術シリーズ

自律走行ロボットの制御技術
ーモータ制御から SLAM 技術までー

2018年12月19日　　初版発行

著　者	正木　良三	©2018

発行者　　松塚　晃医

発行所　　科学情報出版株式会社

〒 300-2622　茨城県つくば市要443-14 研究学園

電話　029-877-0022

http://www.it-book.co.jp/

ISBN 978-4-904774-72-4　C2053